개념 PLUS 유형

유형편

실력 향상 POWER

중등 수학

3·1

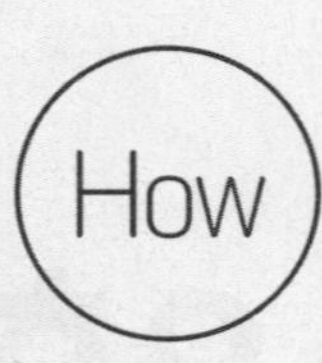

어떻게 만들어졌나요?

전국 250여 개 학교의 기출문제들을 모두 모아 유형별로 분석하여 정리하였답니다.
기출문제를 유형별로 정리하였기 때문에 문제를 통해 핵심을 알 수 있어요!

언제 활용할까요?

개념편 진도를 나간 후 한 번 더 정리하고 싶을 때! 유형편 라이트를 공부한 후 다양한 실전 문제를 접하고 싶을 때!
시험 기간에 공부한 내용을 확인하고 싶을 때! 어떤 문제가 시험에 자주 출제되는지 궁금할 때!

왜 유형편 파워를 보아야 하나요?

전국의 기출문제들을 분석·정리하여 쉬운 문제부터 까다로운 문제까지 다양한 유형으로 구성하였으므로
수학 성적을 올리고자 하는 친구라면 누구나 꼭 갖고 있어야 할 교재입니다.
이 한 권을 내 것으로 만든다면 내신 만점~. 자신감 UP~!!

유형편 파워 의 구성

- 문제 풀이의 비법을 담은 내용 정리
- 틀리기 쉬운 유형과 까다로운 유형
- 난이도와 출제율을 반영한 단원 마무리 문제

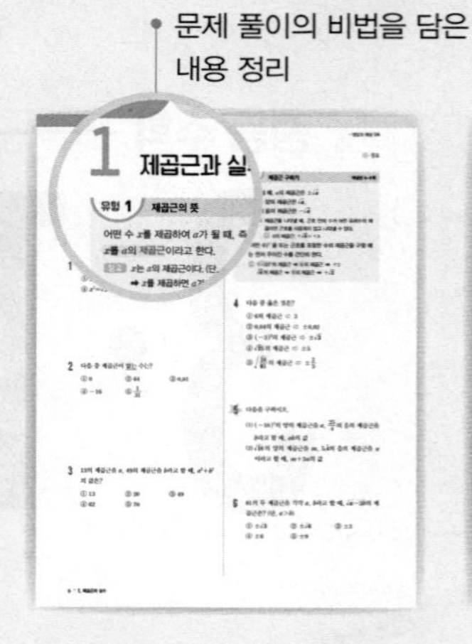

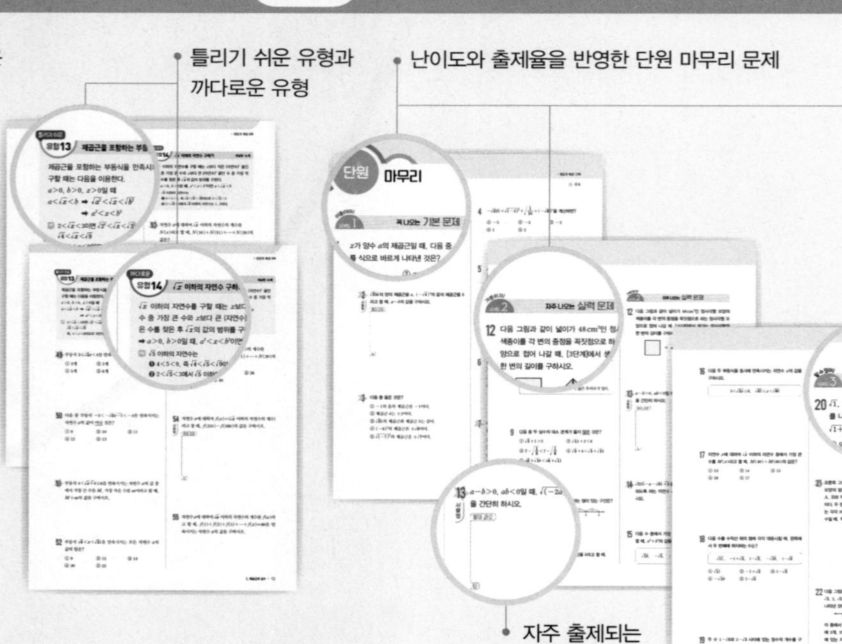

- 자주 출제되는 서술형 문제

차례 ••• CONTENTS

1 제곱근과 실수

유형 1 제곱근의 뜻

유형 2 제곱근 구하기

유형 3 제곱근에 대한 이해

유형 4 제곱근의 성질

유형 5 제곱근의 성질을 이용한 식의 계산

유형 6 $\sqrt{a^2}$ 꼴을 포함한 식을 간단히 하기

유형 7 $\sqrt{(a-b)^2}$ 꼴을 포함한 식을 간단히 하기

유형 8 $\sqrt{Ax}$가 자연수가 되도록 하는 자연수 x의 값 구하기

유형 9 $\sqrt{\frac{A}{x}}$가 자연수가 되도록 하는 자연수 x의 값 구하기

유형 10 $\sqrt{A+x}$가 자연수가 되도록 하는 자연수 x의 값 구하기

유형 11 $\sqrt{A-x}$가 자연수가 되도록 하는 자연수 x의 값 구하기

유형 12 제곱근의 대소 관계

유형 13 제곱근을 포함하는 부등식

유형 14 $\sqrt{x}$ 이하의 자연수 구하기

유형 15 유리수와 무리수 구분하기

유형 16 무리수에 대한 이해

유형 17 실수의 분류

유형 18 무리수를 수직선 위에 나타내기

유형 19 실수와 수직선

유형 20 제곱근표를 이용하여 제곱근의 값 구하기

유형 21 두 실수의 대소 관계

유형 22 세 실수의 대소 관계

유형 23 수직선에서 무리수에 대응하는 점 찾기

유형 24 두 실수 사이의 수

유형 25 무리수의 정수 부분과 소수 부분

• 정답과 해설 5쪽

1 제곱근과 실수

★ 중요

유형 1 제곱근의 뜻

개념편 8~9쪽

어떤 수 x를 제곱하여 a가 될 때, 즉 $x^2=a$일 때 x를 a의 제곱근이라고 한다.

참고 x는 a의 제곱근이다. (단, $a\geq 0$)
➡ x를 제곱하면 a가 된다.
➡ x는 $x^2=a$를 만족시킨다.

예 $2^2=4$, $(-2)^2=4$이므로 4의 제곱근은 2, -2이다.

1 x가 5의 제곱근일 때, 다음 중 옳은 것은?

① $\sqrt{x}=\sqrt{5}$　② $\sqrt{x}=5$　③ $x=5$
④ $x^2=\sqrt{5}$　⑤ $x^2=5$

2 다음 중 제곱근이 없는 수는?

① 0　② 64　③ 0.01
④ -16　⑤ $\frac{1}{31}$

3 13의 제곱근을 a, 49의 제곱근을 b라고 할 때, a^2+b^2의 값은?

① 13　② 20　③ 49
④ 62　⑤ 70

유형 2 제곱근 구하기

개념편 8~9쪽

(1) $a>0$일 때, a의 제곱근은 $\pm\sqrt{a}$
➡ a의 양의 제곱근은 $\sqrt{a}$,
a의 음의 제곱근은 $-\sqrt{a}$

참고 제곱근을 나타낼 때, 근호 안의 수가 어떤 유리수의 제곱이면 근호를 사용하지 않고 나타낼 수 있다.
예 9의 제곱근: $\pm\sqrt{9}=\pm 3$

(2) (어떤 수)^2 꼴 또는 근호를 포함한 수의 제곱근을 구할 때는 먼저 주어진 수를 간단히 한다.

예 $(-2)^2$의 제곱근 ➡ 4의 제곱근 ➡ ± 2
$\sqrt{4}$의 제곱근 ➡ 2의 제곱근 ➡ $\pm\sqrt{2}$

4 다음 중 옳은 것은?

① 6의 제곱근 ⇨ 3
② 0.04의 제곱근 ⇨ ± 0.02
③ $(-3)^2$의 제곱근 ⇨ $\pm\sqrt{3}$
④ $\sqrt{25}$의 제곱근 ⇨ ± 5
⑤ $\sqrt{\frac{16}{81}}$의 제곱근 ⇨ $\pm\frac{2}{3}$

5 ★ 다음을 구하시오.

(1) $(-10)^2$의 양의 제곱근을 a, $\frac{25}{4}$의 음의 제곱근을 b라고 할 때, ab의 값

(2) $\sqrt{16}$의 양의 제곱근을 m, $5.\dot{4}$의 음의 제곱근을 n이라고 할 때, $m+3n$의 값

6 81의 두 제곱근을 각각 a, b라고 할 때, $\sqrt{a-3b}$의 제곱근은? (단, $a>b$)

① $\pm\sqrt{3}$　② $\pm\sqrt{6}$　③ ± 3
④ ± 6　⑤ ± 9

7 오른쪽 그림과 같이 한 변의 길이가 각각 2 m, 3 m인 정사각형 모양의 땅이 나란히 붙어 있다. 이 두 땅의 넓이의 합과 넓이가 같은 정사각형 모양의 땅을 하나 만들 때, 새로 만든 땅의 한 변의 길이는?

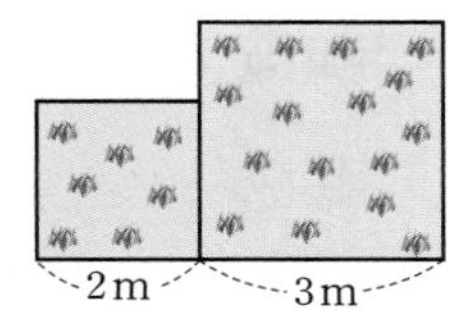

① $\sqrt{10}$ m ② $\sqrt{11}$ m ③ $\sqrt{13}$ m
④ $\sqrt{14}$ m ⑤ $\sqrt{15}$ m

8 오른쪽 그림과 같이 $\angle C=90°$인 직각삼각형 ABC에서 $\overline{AC}=7$ cm, $\overline{BC}=5$ cm일 때, x의 값을 구하시오.

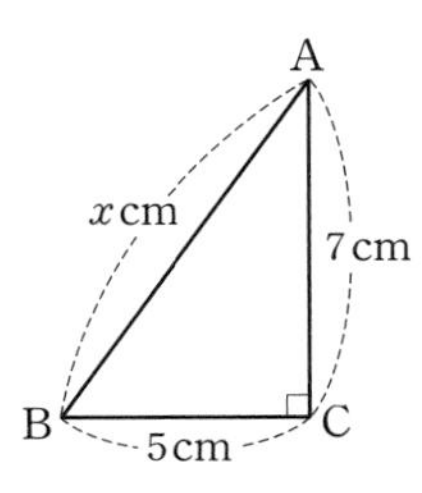

9 다음 중 근호를 사용하지 않고 나타낼 수 없는 수는 모두 몇 개인가?

$\sqrt{\dfrac{49}{36}}$, $\sqrt{12}$, $\sqrt{0.1}$, $\sqrt{0.\dot{4}}$, $\sqrt{\dfrac{9}{250}}$, $\sqrt{200}$

① 1개 ② 2개 ③ 3개
④ 4개 ⑤ 5개

10 다음 수의 제곱근 중에서 근호를 사용하지 않고 나타낼 수 있는 것은?

① 0.001 ② $0.0\dot{4}$ ③ $\dfrac{25}{144}$
④ 48 ⑤ 125

유형 3 제곱근에 대한 이해 개념편 8~9쪽

(1) a의 값의 범위에 따른 a의 제곱근

	$a>0$	$a=0$	$a<0$
a의 제곱근	$\pm\sqrt{a}$	0	없다.
제곱근의 개수	2개	1개	0개

(2) a의 제곱근과 제곱근 a의 차이 (단, $a>0$)
① a의 제곱근 ➡ 제곱하여 a가 되는 수 ➡ $\pm\sqrt{a}$
② 제곱근 a ➡ a의 양의 제곱근 ➡ $\sqrt{a}$

11 다음 중 옳은 것을 모두 고르면? (정답 2개)

① 0의 제곱근은 없다.
② 3의 제곱근은 $\pm\sqrt{3}$이다.
③ $\sqrt{49}$의 양의 제곱근은 $\sqrt{7}$이다.
④ 제곱근 64는 ± 8이다.
⑤ -2는 -4의 음의 제곱근이다.

12 다음 보기의 설명 중 옳지 않은 것을 모두 고른 것은?

보기
ㄱ. 모든 자연수의 제곱근은 2개이다.
ㄴ. $\sqrt{(-4)^2}$의 두 제곱근의 합은 0이다.
ㄷ. -5의 음의 제곱근은 $-\sqrt{5}$이다.
ㄹ. 0.09의 제곱근은 0.3이다.

① ㄱ, ㄴ ② ㄱ, ㄷ ③ ㄷ, ㄹ
④ ㄱ, ㄴ, ㄷ ⑤ ㄴ, ㄷ, ㄹ

13 다음 중 그 값이 나머지 넷과 다른 하나는?

① 9의 제곱근
② 제곱하여 9가 되는 수
③ $x^2=9$를 만족시키는 x의 값
④ $\sqrt{81}$의 제곱근
⑤ 제곱근 9

유형 4 제곱근의 성질 개념편 11쪽

$a>0$일 때

(1) $(\sqrt{a})^2=a$, $(-\sqrt{a})^2=a$

예 $(\sqrt{3})^2=3$, $(-\sqrt{3})^2=3$

(2) $\sqrt{a^2}=a$, $\sqrt{(-a)^2}=a$

예 $\sqrt{3^2}=3$, $\sqrt{(-3)^2}=3$

14 다음 중 그 값이 나머지 넷과 다른 하나는?

① $\sqrt{4}$ ② $\sqrt{(-2)^2}$ ③ $(-\sqrt{2})^2$

④ $-(-\sqrt{2})^2$ ⑤ $-(-\sqrt{2^2})$

15 다음 중 옳지 않은 것은?

① $(\sqrt{0.2})^2=0.2$ ② $-(-\sqrt{7})^2=-7$

③ $\sqrt{\left(\frac{2}{3}\right)^2}=\frac{2}{3}$ ④ $\sqrt{\left(-\frac{5}{16}\right)^2}=-\frac{5}{16}$

⑤ $-\sqrt{\left(\frac{1}{11}\right)^2}=-\frac{1}{11}$

16 다음 수를 크기가 작은 것부터 차례로 나열할 때, 네 번째에 오는 수를 구하시오.

$\sqrt{3^2}$, $-\sqrt{5^2}$, $-(\sqrt{7})^2$, $-(-\sqrt{10})^2$, $\sqrt{(-13)^2}$

17 $(-\sqrt{9})^2$의 양의 제곱근을 a, $\sqrt{(-25)^2}$의 음의 제곱근을 b라고 할 때, $a-b$의 값을 구하시오.

유형 5 제곱근의 성질을 이용한 식의 계산 개념편 11쪽

제곱근을 포함한 식을 계산할 때는 제곱근의 성질을 이용하여 근호를 사용하지 않고 나타낸 후 계산한다.

예 $\sqrt{(-2)^2}-(\sqrt{2})^2=2-2=0$

18 다음 중 계산 결과가 옳지 않은 것은?

① $-(\sqrt{3})^2+\sqrt{(-4)^2}=1$

② $(-\sqrt{5})^2-(-\sqrt{2^2})=7$

③ $\sqrt{16}\times\sqrt{\left(-\frac{1}{2}\right)^2}=2$

④ $\sqrt{(-9)^2}\div\sqrt{\frac{9}{4}}=6$

⑤ $-(-\sqrt{10})^2\times\sqrt{0.36}=6$

19 다음을 계산하시오.

$$(-\sqrt{8})^2-\sqrt{(-6)^2}-\sqrt{\left(\frac{1}{2}\right)^2}-\sqrt{(-3)^2}$$

20 $\sqrt{(-2)^4}\times\sqrt{\left(-\frac{3}{2}\right)^2}\div\left(-\sqrt{\frac{3}{4}}\right)^2$을 계산하면?

① -8 ② -4 ③ 1

④ 4 ⑤ 8

21 두 수 A, B가 다음과 같을 때, $A+B$의 값을 구하시오.

$$A=\sqrt{144}+\sqrt{(-5)^2}-\sqrt{(-3)^4}$$
$$B=\sqrt{16}+(-\sqrt{11})^2-(\sqrt{7})^2\times\sqrt{\left(-\frac{4}{7}\right)^2}$$

유형 6 $\sqrt{a^2}$ 꼴을 포함한 식을 간단히 하기 개념편 12쪽

(1) $\sqrt{a^2}=|a|=\begin{cases} a\geq 0\text{일 때,} & a \\ a<0\text{일 때,} & -a \end{cases}$] $\sqrt{a^2}$은 항상 0 또는 양수

→ $\sqrt{(\text{음수})^2}=-(\text{음수})$

(2) $\sqrt{a^2}$ 꼴을 포함한 식을 간단히 할 때는 먼저 a의 부호를 판단한다.

① $a>0$이면 ➡ $\sqrt{a^2}=a$ ←부호 그대로

② $a<0$이면 ➡ $\sqrt{a^2}=-a$ ←부호 반대로

22 $a>0$일 때, 다음 중 옳지 않은 것은?

① $\sqrt{(-a)^2}=a$

② $-\sqrt{(3a)^2}=-3a$

③ $\sqrt{(-5a)^2}=5a$

④ $-\sqrt{9a^2}=-3a$

⑤ $-\sqrt{(-4a)^2}=4a$

23 $a<0$일 때, $\sqrt{(-a)^2}-\sqrt{(5a)^2}+\sqrt{4a^2}$을 간단히 하면?

① $-2a$ ② $-a$ ③ 0
④ a ⑤ $2a$

24 $a-b>0$, $ab<0$일 때, $\sqrt{16a^2}-\sqrt{(-3b)^2}+\sqrt{b^2}$을 간단히 하시오.

까다로운 기출문제

$\sqrt{a^2}=a$, $\sqrt{(-b)^2}=-b$에서 a, b의 부호를 먼저 판단해야 해.

25 $\sqrt{a^2}=a$, $\sqrt{(-b)^2}=-b$일 때,
$(-\sqrt{a})^2-\sqrt{(-a)^2}+\sqrt{9b^2}$을 간단히 하면?

① $2a$ ② $-2a$ ③ $-3b$
④ $2a+3b$ ⑤ $2a-3b$

유형 7 $\sqrt{(a-b)^2}$ 꼴을 포함한 식을 간단히 하기 개념편 12쪽

$\sqrt{(a-b)^2}$ 꼴을 포함한 식을 간단히 할 때는 먼저 $a-b$의 부호를 판단한다.

(1) $a-b>0$이면 ➡ $\sqrt{(a-b)^2}=a-b$ ←부호 그대로

(2) $a-b<0$이면 ➡ $\sqrt{(a-b)^2}=-(a-b)$ ←부호 반대로

26 다음 식을 간단히 하시오.

(1) $0<a<1$일 때, $\sqrt{(a-1)^2}+\sqrt{(-a)^2}$

(2) $1<x<3$일 때, $\sqrt{(x-1)^2}+\sqrt{(x-3)^2}$

(3) $-2<a<2$일 때, $\sqrt{(a+2)^2}-\sqrt{(a-2)^2}$

27 $1<a<2$일 때, $\sqrt{(4-2a)^2}-\sqrt{(1-a)^2}$을 간단히 하면?

① $-3a+5$ ② $-a-3$ ③ $-a+3$
④ $3a+5$ ⑤ $(5-3a)^2$

28 $a<b$, $ab<0$일 때, 다음 식을 간단히 하시오.

$$\sqrt{a^2}-\sqrt{(-2a)^2}+\sqrt{(b-a)^2}$$

29 $a>b>c>0$일 때,
$\sqrt{(a-b)^2}-\sqrt{(b-a)^2}-\sqrt{(c-a)^2}$을 간단히 하면?

① $a-c$ ② $b-c$ ③ $c-a$
④ $3a-c$ ⑤ $-a-2b+c$

유형 8 $\sqrt{Ax}$가 자연수가 되도록 하는 자연수 x의 값 구하기

개념편 13쪽

A가 자연수일 때, $\sqrt{Ax}$가 자연수가 되려면

➡ Ax는 (자연수)^2 꼴인 수이어야 한다.
(↑ 소인수의 지수가 모두 짝수)

❶ A를 소인수분해한다.

❷ A의 소인수의 지수가 모두 짝수가 되도록 하는 자연수 x의 값을 구한다.

30 $\sqrt{108x}$가 자연수가 되도록 하는 가장 작은 자연수 x의 값은?

① 2 ② 3 ③ 4
④ 6 ⑤ 8

31 $\sqrt{28x}$가 자연수가 되도록 하는 두 자리의 자연수 x는 모두 몇 개인가?

① 1개 ② 2개 ③ 3개
④ 4개 ⑤ 5개

32 $30 \le a \le 100$일 때, $\sqrt{48a}$가 자연수가 되도록 하는 모든 자연수 a의 값의 합은?

① 27 ② 48 ③ 75
④ 123 ⑤ 180

유형 9 $\sqrt{\frac{A}{x}}$가 자연수가 되도록 하는 자연수 x의 값 구하기

개념편 13쪽

A가 자연수일 때, $\sqrt{\frac{A}{x}}$가 자연수가 되려면

➡ $\frac{A}{x}$는 (자연수)^2 꼴인 수이어야 한다.
(↑ 소인수의 지수가 모두 짝수)

❶ A를 소인수분해한다.

❷ A의 약수이면서 A의 소인수의 지수가 모두 짝수가 되도록 하는 자연수 x의 값을 구한다.

33 $\sqrt{\frac{60}{a}}$이 자연수가 되도록 하는 가장 작은 자연수 a의 값을 구하시오.

34 (서술형) $\sqrt{\frac{90}{x}}$이 자연수가 되도록 하는 모든 자연수 x의 값의 합을 구하시오.

풀이 과정

답

35 $\sqrt{\frac{540}{x}}$과 $\sqrt{150y}$가 각각 자연수가 되도록 하는 가장 작은 자연수 x, y에 대하여 $x+y$의 값을 구하시오.

● 정답과 해설 7쪽

유형10 $\sqrt{A+x}$가 자연수가 되도록 하는 자연수 x의 값 구하기

개념편 13쪽

A가 자연수일 때, $\sqrt{A+x}$가 자연수가 되려면
➡ $A+x$는 A보다 큰 (자연수)^2 꼴인 수이어야 한다.

36 $\sqrt{40+x}$가 자연수가 되도록 하는 가장 작은 자연수 x의 값은?

① 5 ② 9 ③ 11
④ 24 ⑤ 41

37 다음 중 $\sqrt{27+x}$가 자연수가 되도록 하는 자연수 x의 값이 아닌 것은?

① 9 ② 13 ③ 22
④ 73 ⑤ 94

38 $\sqrt{20+a}=b$라고 할 때, b가 자연수가 되도록 하는 가장 작은 자연수 a에 대하여 $a+b$의 값을 구하시오.

유형11 $\sqrt{A-x}$가 자연수가 되도록 하는 자연수 x의 값 구하기

개념편 13쪽

(1) A가 자연수일 때, $\sqrt{A-x}$가 자연수가 되려면
➡ $A-x$는 A보다 작은 (자연수)^2 꼴인 수이어야 한다.
(2) A가 자연수일 때, $\sqrt{A-x}$가 정수가 되려면
➡ $A-x$는 0 또는 A보다 작은 (자연수)^2 꼴인 수이어야 한다.

39 다음 중 $\sqrt{17-n}$이 자연수가 되도록 하는 자연수 n의 값이 아닌 것은?

① 1 ② 8 ③ 9
④ 13 ⑤ 16

40 $\sqrt{14-n}$이 정수가 되도록 하는 자연수 n의 개수는?

① 1개 ② 2개 ③ 3개
④ 4개 ⑤ 5개

41 $\sqrt{64-3n}$이 자연수가 되도록 하는 자연수 n의 값 중 가장 큰 수를 A, 가장 작은 수를 B라고 할 때, $A+B$의 값은?

① 24 ② 25 ③ 26
④ 27 ⑤ 28

● 정답과 해설 7쪽

한 걸음 더 연습 유형 8~11

42 $\sqrt{\frac{72}{5}x}$가 자연수가 되도록 하는 가장 작은 자연수 x의 값은?

① 3 ② 5 ③ 10
④ 15 ⑤ 20

43 $\sqrt{\frac{n}{27}}$이 유리수가 되도록 하는 자연수 n의 값을 가장 작은 것부터 차례로 a, b, c라고 할 때, $a+b+c$의 값은?

① 27 ② 42 ③ 84
④ 240 ⑤ 378

44 $\sqrt{\frac{61-n}{2}}$이 정수가 되도록 하는 자연수 n의 개수를 구하시오.

$\sqrt{71-a}$가 가장 큰 자연수, $\sqrt{b+13}$이 가장 작은 자연수이어야 해.

까다로운 기출문제

45 $\sqrt{71-a}-\sqrt{b+13}$을 계산한 결과가 가장 큰 자연수가 되도록 하는 자연수 a, b에 대하여 ab의 값을 구하시오.

유형 12 제곱근의 대소 관계

개념편 14쪽

$a>0$, $b>0$일 때
(1) $a<b$이면 ➡ $\sqrt{a}<\sqrt{b}$
(2) $\sqrt{a}<\sqrt{b}$이면 ➡ $a<b$
(3) $\sqrt{a}<\sqrt{b}$이면 ➡ $-\sqrt{a}>-\sqrt{b}$

참고 a와 $\sqrt{b}$의 대소 비교 (단, $a>0$, $b>0$)
➡ 근호가 없는 수를 근호가 있는 수로 바꾸어 비교한다.
➡ $\sqrt{a^2}$과 $\sqrt{b}$의 대소를 비교한다.

보기 다多 모아~

46 다음 중 두 수의 대소 관계가 옳지 않은 것을 모두 고르면?

① $\sqrt{26}<\sqrt{29}$ ② $-\sqrt{8}>-\sqrt{7}$
③ $4>\sqrt{12}$ ④ $-\sqrt{5}<-2$
⑤ $\frac{\sqrt{2}}{6}<\frac{\sqrt{3}}{6}$ ⑥ $\sqrt{\frac{1}{3}}>\frac{1}{2}$
⑦ $-\frac{1}{3}<-\sqrt{\frac{1}{10}}$ ⑧ $\sqrt{0.5}<0.5$

47 다음 수를 크기가 작은 것부터 차례로 나열할 때, 네 번째에 오는 수를 구하시오.

0.2, $\sqrt{0.2}$, $\sqrt{\frac{1}{7}}$, $\sqrt{0.25}$, 0.7

48 $0<a<1$일 때, 다음 중 그 값이 가장 큰 것은?

① a ② a^2 ③ $\sqrt{a}$
④ $\frac{1}{a}$ ⑤ $\sqrt{\frac{1}{a}}$

틀리기 쉬운

유형 13 제곱근을 포함하는 부등식

개념편 14쪽

제곱근을 포함하는 부등식을 만족시키는 자연수 x의 값을 구할 때는 다음을 이용한다.

$a>0$, $b>0$, $x>0$일 때

$a<\sqrt{x}<b$ ➡ $\sqrt{a^2}<\sqrt{x}<\sqrt{b^2}$

➡ $a^2<x<b^2$

예 $2<\sqrt{x}<3$이면 $\sqrt{2^2}<\sqrt{x}<\sqrt{3^2}$

$\sqrt{4}<\sqrt{x}<\sqrt{9}$

즉, $4<x<9$이므로 자연수 x의 값은 5, 6, 7, 8이다.

49 부등식 $3\le\sqrt{2x}<4$를 만족시키는 자연수 x의 개수는?

① 2개 ② 3개 ③ 4개
④ 5개 ⑤ 6개

50 다음 중 부등식 $-5<-\sqrt{2x-1}<-4$를 만족시키는 자연수 x의 값이 아닌 것은?

① 9 ② 10 ③ 11
④ 12 ⑤ 13

51 부등식 $4<\sqrt{x+4}\le6$을 만족시키는 자연수 x의 값 중에서 가장 큰 수를 M, 가장 작은 수를 m이라고 할 때, $M+m$의 값을 구하시오.

52 부등식 $\sqrt{6}<x<\sqrt{31}$을 만족시키는 모든 자연수 x의 값의 합은?

① 9 ② 12 ③ 14
④ 20 ⑤ 22

까다로운

유형 14 $\sqrt{x}$ 이하의 자연수 구하기

개념편 14쪽

$\sqrt{x}$ 이하의 자연수를 구할 때는 x보다 작은 (자연수)^2 꼴인 수 중 가장 큰 수와 x보다 큰 (자연수)^2 꼴인 수 중 가장 작은 수를 찾은 후 $\sqrt{x}$의 값의 범위를 구한다.

➡ $a>0$, $b>0$일 때, $a^2<x<b^2$이면 $a<\sqrt{x}<b$

예 $\sqrt{5}$ 이하의 자연수는

❶ $4<5<9$, 즉 $\sqrt{4}<\sqrt{5}<\sqrt{9}$이므로 $2<\sqrt{5}<3$

❷ $2<\sqrt{5}<3$에서 $\sqrt{5}$ 이하의 자연수는 1, 2이다.

53 자연수 x에 대하여 $\sqrt{x}$ 이하의 자연수의 개수를 $N(x)$라고 할 때, $N(10)+N(11)+\cdots+N(20)$의 값은?

① 32 ② 34 ③ 36
④ 38 ⑤ 40

54 서술형

자연수 x에 대하여 $f(x)=(\sqrt{x}$ 이하의 자연수의 개수) 라고 할 때, $f(224)-f(168)$의 값을 구하시오.

풀이 과정

답

55 자연수 a에 대하여 $\sqrt{a}$ 이하의 자연수의 개수를 $f(a)$라고 할 때, $f(1)+f(2)+f(3)+\cdots+f(x)=80$을 만족시키는 자연수 x의 값을 구하시오.

유형15 유리수와 무리수 구분하기 개념편 16쪽

(1) 유리수: $\frac{(\text{정수})}{(0\text{이 아닌 정수})}$ 꼴로 나타낼 수 있는 수

① 정수, 유한소수, 순환소수는 유리수이다.

예 $-3,\ 0.1,\ 1.\dot{5}$

② 근호가 있는 수를 근호를 사용하지 않고 나타낼 수 있으면 유리수이다. 예 $\sqrt{9}=\sqrt{3^2}=3$

(2) 무리수: 유리수가 아닌 수

① 순환소수가 아닌 무한소수는 무리수이다.

예 $\pi,\ 0.12345\cdots$

② 근호가 있는 수를 근호를 사용하지 않고 나타낼 수 없으면 무리수이다. 예 $\sqrt{2}$

56 다음 중 무리수인 것은?

① 5.41 ② 3.14 ③ $0.\dot{4}5\dot{5}$
④ $\sqrt{49}$ ⑤ $0.232232223\cdots$

57 다음 수 중 소수로 나타내었을 때 순환소수가 아닌 무한소수가 되는 것은 모두 몇 개인가?

$\sqrt{0.9},\ \sqrt{9}-\sqrt{4},\ \pi,\ \sqrt{(-5)^2},$
$-\frac{\sqrt{3}}{3},\ \sqrt{0.\dot{4}},\ -\sqrt{100},\ \sqrt{2}+1$

① 2개 ② 3개 ③ 4개
④ 5개 ⑤ 6개

까다로운 기출문제

먼저 $\sqrt{a}$가 유리수가 되도록 하는 a의 개수를 구해 봐.

58 a가 20 이하의 자연수일 때, $\sqrt{a}$가 무리수가 되도록 하는 a의 개수는?

① 4개 ② 8개 ③ 10개
④ 12개 ⑤ 16개

유형16 무리수에 대한 이해 개념편 16쪽

(1) 무리수는 $\frac{(\text{정수})}{(0\text{이 아닌 정수})}$ 꼴로 나타낼 수 없다.

(2) 무리수는 순환소수가 아닌 무한소수로 나타낼 수 있다.

참고 무한소수 중 순환소수는 유리수이다.

(3) 유리수이면서 동시에 무리수인 수는 없다.

59 다음 보기 중 옳은 것을 모두 고른 것은?

보기
ㄱ. 무한소수는 무리수이다.
ㄴ. 순환소수는 유리수이다.
ㄷ. 유한소수는 유리수이다.
ㄹ. 순환소수는 무한소수이다.

① ㄱ, ㄴ ② ㄱ, ㄷ ③ ㄷ, ㄹ
④ ㄱ, ㄴ, ㄷ ⑤ ㄴ, ㄷ, ㄹ

보기 다多 모아~

60 다음 중 옳은 것을 모두 고르면?

① 유리수이면서 무리수인 수도 있다.
② 무리수는 순환소수로 나타낼 수도 있다.
③ 근호를 사용하여 나타낸 수는 모두 무리수이다.
④ 무한소수 중에는 유리수도 있다.
⑤ 넓이가 9인 정사각형의 한 변의 길이는 무리수가 아니다.
⑥ 0은 유리수도 아니고 무리수도 아니다.

61 다음 중 $-\sqrt{5}$에 대한 설명으로 옳은 것을 모두 고르면? (정답 2개)

① 제곱근 5이다.
② -3보다 작은 수이다.
③ 근호를 사용하지 않고 나타낼 수 없다.
④ 순환소수가 아닌 무한소수로 나타낼 수 있다.
⑤ $\frac{(\text{정수})}{(0\text{이 아닌 정수})}$ 꼴로 나타낼 수 있다.

유형 17 실수의 분류 개념편 17쪽

유리수와 무리수를 통틀어 실수라고 한다.

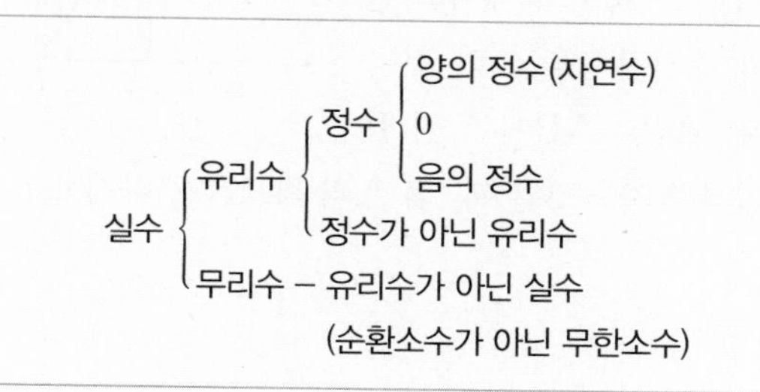

62 다음 중 □ 안에 해당하는 수는?

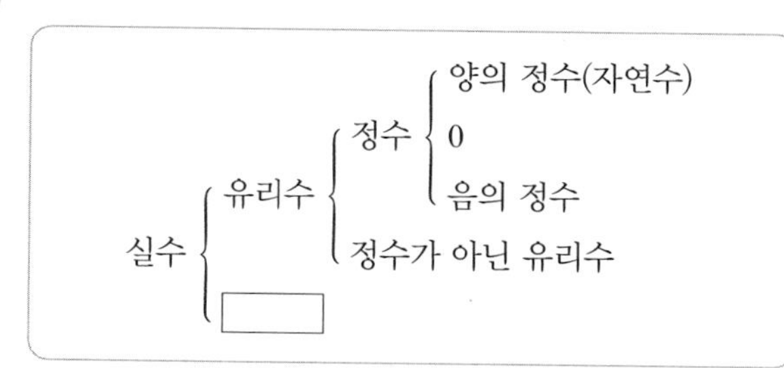

① $\sqrt{\dfrac{9}{64}}$　② $\sqrt{0.02}$　③ $5-\sqrt{4}$
④ $\sqrt{0.16}$　⑤ $-\dfrac{2}{\sqrt{25}}$

63 다음 보기의 수 중 실수의 개수를 a개, 유리수의 개수를 b개라고 할 때, $a-b$의 값은?

보기

$1.333\cdots$, $\dfrac{3}{4}$, $-\sqrt{36}$, $-\sqrt{4.9}$,
$\sqrt{0.001}$, $\sqrt{\dfrac{16}{81}}$, 0, $\sqrt{15}$

① 1　② 2　③ 3
④ 4　⑤ 5

유형 18 무리수를 수직선 위에 나타내기 개념편 20쪽

❶ 기준점(p)을 중심으로 하고 반지름의 길이가 직각삼각형의 빗변의 길이 $\sqrt{a}$와 같은 원을 그린다.
❷ 수직선과 만나는 점에 대응하는 수가

기준점(p)의 ➡ 오른쪽에 있으면: $p+\sqrt{a}$
　　　　　　　　왼쪽에 있으면: $p-\sqrt{a}$

[64~67] $\sqrt{2}$를 수직선 위에 나타내기

64 오른쪽 그림은 수직선 위에 한 변의 길이가 1인 정사각형 ABCD를 그린 것이다. $\overline{AC}=\overline{AP}$일 때, 점 P에 대응하는 수를 구하시오.

65 다음 그림에서 $1-\sqrt{2}$에 대응하는 점은?
(단, 모눈 한 칸의 가로와 세로의 길이는 각각 1이다.)

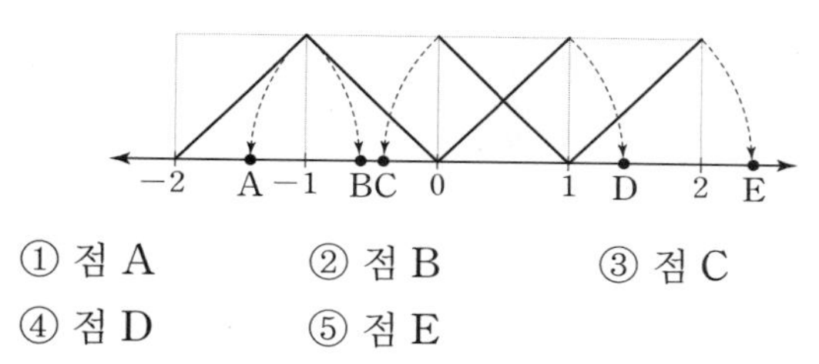

① 점 A　② 점 B　③ 점 C
④ 점 D　⑤ 점 E

66 다음 그림은 한 칸의 가로와 세로의 길이가 각각 1인 모눈종이 위에 수직선과 두 정사각형을 그린 것이다. 이때 네 점 A, B, C, D의 좌표를 각각 구하시오.

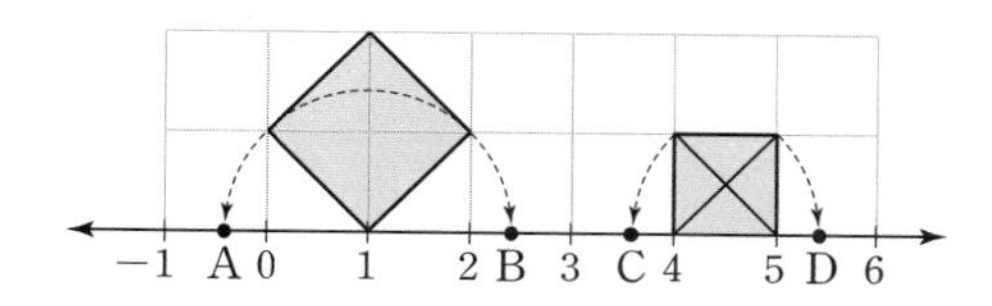

67 오른쪽 그림의 정사각형 ABCD에서 $\overline{AC}=\overline{PC}$, $\overline{BD}=\overline{BQ}$일 때, 다음 중 옳지 않은 것을 모두 고르면? (정답 2개)

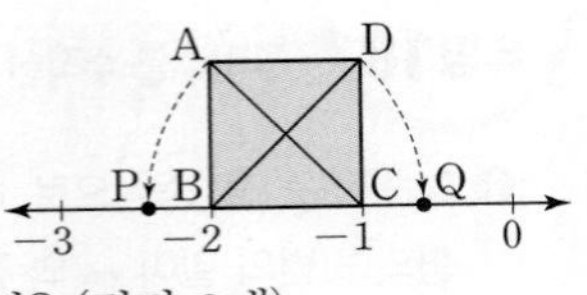

① $\overline{AC}=\sqrt{2}$ ② $P(1-\sqrt{2})$ ③ $Q(-2+\sqrt{2})$
④ $\overline{BQ}=\sqrt{2}$ ⑤ $\overline{PB}=\sqrt{2}+1$

[68~72] $a\neq2$일 때, 무리수 $\sqrt{a}$를 수직선 위에 나타내기

68 다음 그림은 한 칸의 가로와 세로의 길이가 각각 1인 모눈종이 위에 수직선과 두 직각삼각형 ABC, AED를 그린 것이다. $\overline{AB}=\overline{AP}$, $\overline{AD}=\overline{AQ}$일 때, 두 점 P, Q에 대응하는 수를 차례로 구하시오.

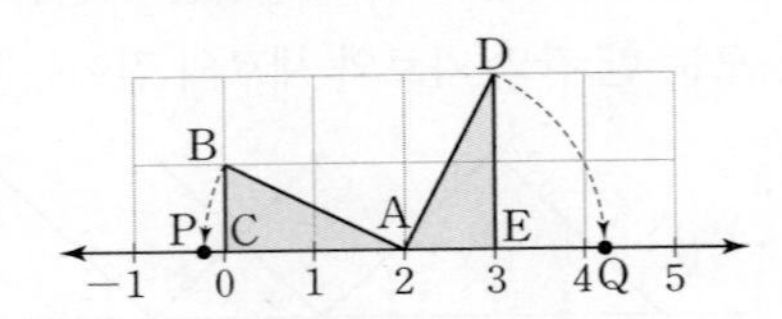

69 오른쪽 그림과 같이 수직선 위에 넓이가 7인 정사각형 ABCD가 있다. $\overline{AB}=\overline{AP}$이고 점 A에 대응하는 수가 −6일 때, 점 P에 대응하는 수를 구하시오.

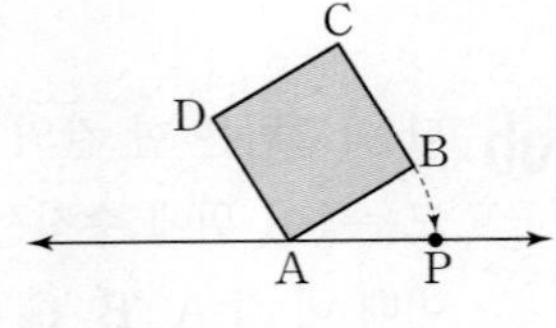

70 오른쪽 그림은 한 칸의 가로와 세로의 길이가 각각 1인 모눈종이 위에 수직선과 직사각형을 그린 것이다. $\overline{AB}=\overline{AP}$이고 점 P의 좌표가 −3일 때, 점 A의 좌표를 구하시오.

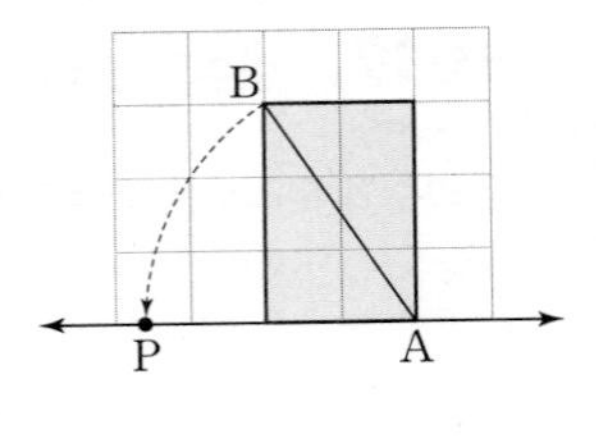

71 다음 그림은 한 칸의 가로와 세로의 길이가 각각 1인 모눈종이 위에 수직선을 그린 것이다. $\overline{AB}=\overline{AP}$, $\overline{AC}=\overline{AQ}$이고 점 Q에 대응하는 수는 $4+\sqrt{10}$이다. 점 P에 대응하는 수가 $a-\sqrt{b}$일 때, $a+b$의 값을 구하시오. (단, a, b는 자연수)

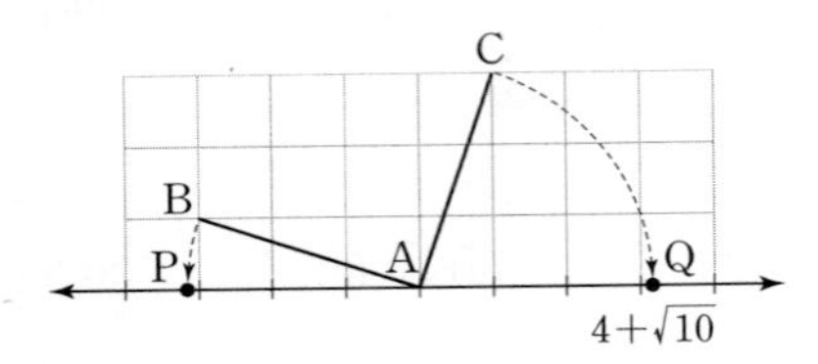

점 A와 점 P 사이의 거리는 원의 둘레의 길이와 같아!

까다로운 기출문제

72 다음 그림과 같이 지름의 길이가 4인 원이 수직선 위의 점에 접하고 있다. 이 접점을 A라 하고, 원을 수직선을 따라 시계 방향으로 한 바퀴 굴려 점 A가 다시 수직선과 만나는 점을 P라고 하자. 점 A에 대응하는 수가 3일 때, 점 P에 대응하는 수를 구하시오.

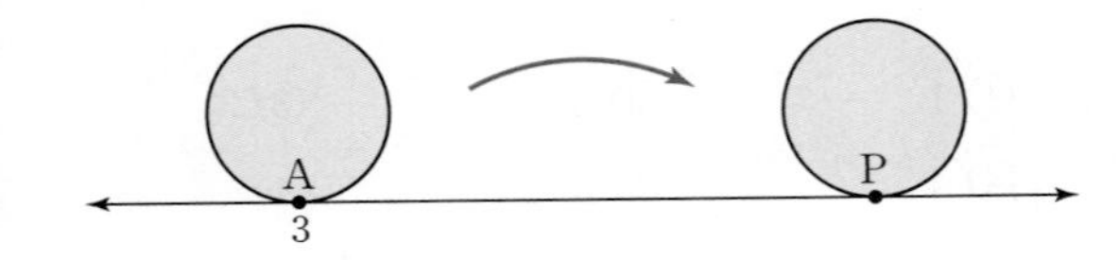

유형19 실수와 수직선

개념편 21쪽

(1) 모든 실수는 각각 수직선 위의 한 점에 대응하고, 또 수직선 위의 한 점에는 한 실수가 반드시 대응한다.
(2) 서로 다른 두 실수 사이에는 무수히 많은 실수가 있다.
(3) 수직선은 실수에 대응하는 점들로 완전히 메울 수 있다.

73 다음 중 옳지 않은 것은?

① 수직선 위의 한 점에는 한 실수가 반드시 대응한다.
② 수직선은 무리수에 대응하는 점들로 완전히 메울 수 있다.
③ 서로 다른 두 자연수 사이에는 무수히 많은 유리수가 있다.
④ 서로 다른 두 실수 사이에는 무수히 많은 실수가 있다.
⑤ 서로 다른 두 유리수 사이에는 무수히 많은 무리수가 있다.

74 다음 보기 중 옳은 것을 모두 고르시오.

보기
ㄱ. $\sqrt{2}$와 $\sqrt{7}$ 사이의 정수는 1개뿐이다.
ㄴ. $\sqrt{3}$과 $\sqrt{6}$ 사이에는 무수히 많은 유리수가 있다.
ㄷ. $\sqrt{3}$과 2 사이에는 무수히 많은 무리수가 있다.
ㄹ. 무리수 중 수직선 위에 나타낼 수 없는 것도 있다.

75 다음은 4명의 학생이 실수와 수직선에 대하여 나눈 대화의 일부이다. 바르게 말한 학생을 모두 고른 것은?

지연: 0과 1 사이에는 무수히 많은 실수가 있어.
선우: 1과 $\sqrt{2}$ 사이에는 무리수가 없어.
혜나: 유리수에 대응하는 점들로 수직선을 완전히 메울 수 있어.
창민: 서로 다른 두 유리수 사이에는 무수히 많은 유리수가 있어.

① 지연, 선우 ② 지연, 창민 ③ 선우, 혜나
④ 선우, 창민 ⑤ 혜나, 창민

유형20 제곱근표를 이용하여 제곱근의 값 구하기

개념편 22쪽

예 제곱근표에서 $\sqrt{1.54}$의 값을 구할 때, 1.5의 가로줄과 4의 세로줄이 만나는 곳의 수를 읽는다.
➡ $\sqrt{1.54}=1.241$

수	…	4	…
⋮	⋮		⋮
1.5		1.241	
⋮	⋮	⋮	⋮

76 다음 제곱근표에서 $\sqrt{4.65}=a$이고, $\sqrt{4.82}=b$일 때, $a+b$의 값을 구하시오.

수	1	2	3	4	5
4.5	2.124	2.126	2.128	2.131	2.133
4.6	2.147	2.149	2.152	2.154	2.156
4.7	2.170	2.173	2.175	2.177	2.179
4.8	2.193	2.195	2.198	2.200	2.202
4.9	2.216	2.218	2.220	2.223	2.225

77 다음 제곱근표에서 $\sqrt{71.4}=x$, $\sqrt{y}=8.608$일 때, $1000x-100y$의 값을 구하시오.

수	0	1	2	3	4
70	8.367	8.373	8.379	8.385	8.390
71	8.426	8.432	8.438	8.444	8.450
72	8.485	8.491	8.497	8.503	8.509
73	8.544	8.550	8.556	8.562	8.567
74	8.602	8.608	8.614	8.620	8.626
75	8.660	8.666	8.672	8.678	8.683

유형21 두 실수의 대소 관계 개념편 24쪽

두 실수의 대소를 비교할 때는 다음 중 하나를 이용한다.

(1) 두 수의 차를 이용한다. (단, a, b는 실수)

① $a-b>0$이면 $a>b$
② $a-b=0$이면 $a=b$
③ $a-b<0$이면 $a<b$

두 실수 a, b의 대소 관계는 $a-b$의 부호로 알 수 있다.

(2) 부등식의 성질을 이용한다.

78 다음 중 두 실수의 대소 관계가 옳지 않은 것은?

① $\sqrt{2}+3>4$　② $5-\sqrt{3}>3$
③ $\sqrt{6}+2<\sqrt{7}+2$　④ $3-\sqrt{2}<-\sqrt{2}+\sqrt{5}$
⑤ $4+\sqrt{3}>\sqrt{3}+\sqrt{8}$

79 다음 중 □ 안에 알맞은 부등호의 방향이 나머지 넷과 다른 하나는?

① $\sqrt{7}-1$ □ 2　② $\sqrt{5}+\sqrt{2}$ □ $\sqrt{5}+\sqrt{3}$
③ $4-\sqrt{8}$ □ $3-\sqrt{8}$　④ $\sqrt{10}-3$ □ 1
⑤ $-\sqrt{\frac{1}{3}}-5$ □ $-\sqrt{\frac{1}{4}}-5$

80 다음 보기 중 두 실수의 대소 관계가 옳은 것은 모두 몇 개인가?

보기
ㄱ. $\sqrt{3}+4<6$　ㄴ. $2+\sqrt{2}>2+\sqrt{3}$
ㄷ. $3<\sqrt{11}$　ㄹ. $\sqrt{\frac{1}{2}}<\frac{1}{3}$
ㅁ. $\sqrt{10}-3>\sqrt{10}-\sqrt{8}$　ㅂ. $3-\sqrt{\frac{1}{7}}>3-\sqrt{\frac{1}{6}}$

① 2개　② 3개　③ 4개
④ 5개　⑤ 6개

유형22 세 실수의 대소 관계 개념편 24쪽

세 실수 a, b, c에 대하여
$a<b$이고 $b<c$이면 $a<b<c$이다.

81 $a=3-\sqrt{2}$, $b=2$, $c=\sqrt{10}$일 때, 세 수 a, b, c의 대소 관계로 옳은 것은?

① $a<b<c$　② $a<c<b$　③ $b<a<c$
④ $b<c<a$　⑤ $c<b<a$

82 서술형 다음 세 수 a, b, c의 대소 관계를 부등호를 사용하여 나타내시오.

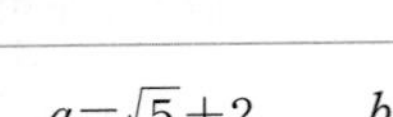

$a=\sqrt{5}+2$,　$b=\sqrt{5}+\sqrt{7}$,　$c=3$

풀이 과정

답

83 다음 수를 크기가 큰 것부터 차례로 나열할 때, 두 번째에 오는 수를 구하시오.

$\sqrt{3}+\sqrt{6}$,　$-1-\sqrt{6}$,　$3+\sqrt{6}$,　7

유형23 수직선에서 무리수에 대응하는 점 찾기

개념편 24쪽

오른쪽 수직선에서 $\sqrt{20}$에 대응하는 점을 찾아보면

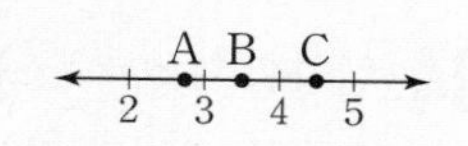

❶ $16<20<25$, 즉 $\sqrt{16}<\sqrt{20}<\sqrt{25}$이므로
$4<\sqrt{20}<5$

❷ 따라서 수직선에서 $\sqrt{20}$에 대응하는 점은 점 C이다.

84 다음 수직선에서 $\sqrt{50}$에 대응하는 점이 있는 구간은?

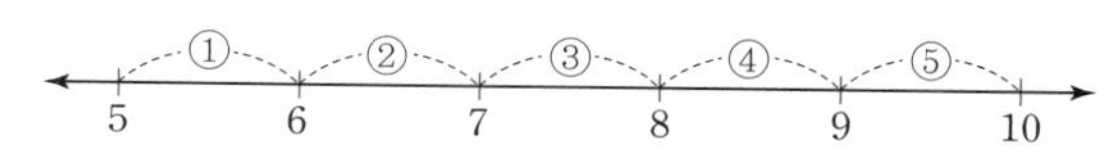

85 다음 수직선 위의 점 중에서 $\sqrt{7}-4$에 대응하는 점은?

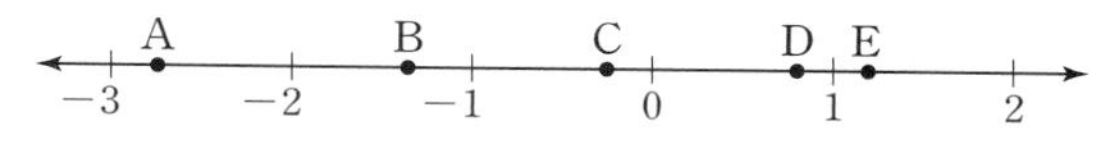

① 점 A　② 점 B　③ 점 C
④ 점 D　⑤ 점 E

86 다음 수직선 위의 점 중에서 $\sqrt{8}$, $1-\sqrt{3}$, $\sqrt{6}+1$에 대응하는 점을 차례로 구하시오.

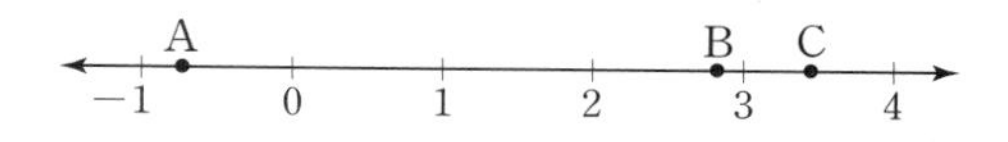

까다로운

유형24 두 실수 사이의 수

개념편 24쪽

(1) $\sqrt{c}$가 두 자연수 a, b 사이의 수인지 알아보려면
$\sqrt{a^2}<\sqrt{c}<\sqrt{b^2}$인지 확인한다.

(2) 양수 c가 두 무리수 $\sqrt{a}$, $\sqrt{b}$ 사이의 수인지 알아보려면
$\sqrt{a}<\sqrt{c^2}<\sqrt{b}$인지 확인한다.

87 다음 중 $\sqrt{5}$와 $\sqrt{18}$ 사이에 있는 수가 아닌 것은?

① π　② $\sqrt{5}+0.1$　③ $\sqrt{10}$
④ $\frac{\sqrt{5}-3}{2}$　⑤ $\frac{\sqrt{5}+\sqrt{18}}{2}$

88 두 수 $1-\sqrt{6}$과 $2+\sqrt{7}$ 사이에 있는 정수의 개수를 구하시오.

89 다음 중 옳지 않은 것은?

① $\sqrt{3}+0.1$은 $\sqrt{3}$과 $\sqrt{10}$ 사이에 있다.
② $4-\sqrt{10}$은 $\sqrt{3}$과 $\sqrt{10}$ 사이에 있다.
③ $\frac{\sqrt{3}+\sqrt{10}}{2}$은 $\sqrt{3}$과 $\sqrt{10}$ 사이에 있다.
④ $\sqrt{3}$과 $\sqrt{10}$ 사이에는 2개의 정수가 있다.
⑤ $\sqrt{3}$과 $\sqrt{10}$ 사이에는 무수히 많은 유리수가 있다.

틀리기 쉬운

유형25 무리수의 정수 부분과 소수 부분 개념편 25쪽

(1) 무리수는 순환소수가 아닌 무한소수로 나타내어지는 수이므로 정수 부분과 소수 부분으로 나눌 수 있다.
→ $0<$(소수 부분)<1

즉, (무리수)=(정수 부분)+(소수 부분)

(2) 무리수의 소수 부분은 무리수에서 정수 부분을 뺀 것과 같다. 즉, (소수 부분)=(무리수)−(정수 부분)

➡ 무리수 $\sqrt{a}$의 정수 부분이 n이면 소수 부분은 $\sqrt{a}-n$이다.

90 $\sqrt{3}$의 정수 부분을 a, 소수 부분을 b라고 할 때, $2a+b$의 값은?

① $\sqrt{3}$ ② $1-\sqrt{3}$ ③ $1+\sqrt{3}$
④ $2-\sqrt{3}$ ⑤ $2+\sqrt{3}$

91 다음을 구하시오.

(1) $3+\sqrt{2}$의 정수 부분을 a, 소수 부분을 b라고 할 때, $b-a$의 값

(2) $4-\sqrt{3}$의 정수 부분을 a, 소수 부분을 b라고 할 때, $2a+b$의 값

92 서술형

$5-\sqrt{7}$의 정수 부분을 a, $5+\sqrt{7}$의 소수 부분을 b라고 할 때, $a+b$의 값을 구하시오.

풀이 과정

답

93 $\sqrt{5}$의 소수 부분을 a라고 할 때, $5-\sqrt{5}$의 소수 부분을 a를 사용하여 나타내면?

① a ② $1-a$ ③ $2-a$
④ $a-1$ ⑤ $a-2$

톡톡 튀는 문제

94 일차함수 $y=ax+b$의 그래프가 오른쪽 그림과 같을 때, $\sqrt{(3a)^2}-\sqrt{(-5b)^2}+\sqrt{(a-b)^2}$을 간단히 하면? (단, a, b는 상수)

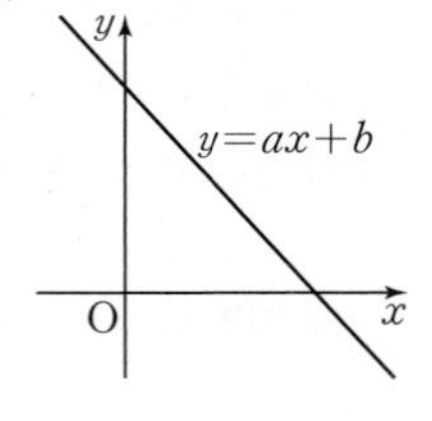

① $2a-4b$ ② $2a+4b$
③ $4a-6b$ ④ $-4a-4b$
⑤ $4a+4b$

95 다음 조건을 모두 만족시키는 수를 아래 보기에서 찾아 정육면체의 전개도에 적을 때, ㉢에 적힌 수는?

보기

$\sqrt{5}$, $\sqrt{12}$, 3, 5, 12

조건

(가) 전개도에서 가로로 이웃하는 두 면에 적힌 수가 왼쪽부터 차례로 a, b이면 $a<b$이다.

(나) 정육면체를 만들었을 때 마주 보는 면에 적힌 두 수 중 한 수는 다른 한 수의 양의 제곱근이다.

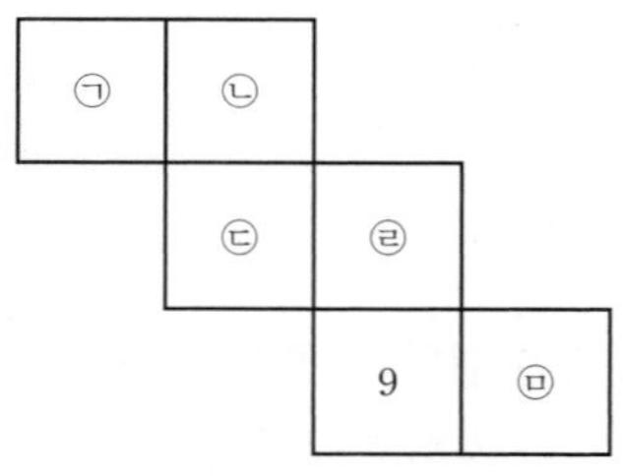

① $\sqrt{5}$ ② $\sqrt{12}$ ③ 3
④ 5 ⑤ 12

★ 중요

꼭 나오는 기본 문제

1 x가 양수 a의 제곱근일 때, 다음 중 x와 a 사이의 관계를 식으로 바르게 나타낸 것은?

① $x=a$　② $x=a^2$　③ $x=2a$
④ $x=\pm\sqrt{a}$　⑤ $a=\sqrt{x}$

2 (서술형) $\sqrt{256}$의 양의 제곱근을 a, $(-\sqrt{4})^2$의 음의 제곱근을 b라고 할 때, $a-b$의 값을 구하시오.

풀이 과정

답

3 다음 중 옳은 것은?

① -1의 음의 제곱근은 -1이다.
② 제곱근 4는 ± 2이다.
③ $\sqrt{25}$의 제곱근과 제곱근 5는 같다.
④ $(-6)^2$의 제곱근은 $\pm\sqrt{6}$이다.
⑤ $\sqrt{(-7)^2}$의 제곱근은 $\pm\sqrt{7}$이다.

4 $-\sqrt{225}\div\sqrt{(-3)^2}+\sqrt{\frac{1}{16}}\times(-\sqrt{8})^2$을 계산하면?

① -5　② -3　③ -2
④ 1　⑤ 2

5 $A=\sqrt{(x+1)^2}-\sqrt{(x-1)^2}$일 때, 다음 보기 중 옳은 것을 모두 고른 것은?

보기
ㄱ. $x<-1$이면 $A=-2$이다.
ㄴ. $-1<x<1$이면 $A=2x$이다.
ㄷ. $x>1$이면 $A=0$이다.

① ㄴ　② ㄱ, ㄴ　③ ㄱ, ㄷ
④ ㄴ, ㄷ　⑤ ㄱ, ㄴ, ㄷ

6 자연수 a, b에 대하여 $\sqrt{75a}=b$일 때, $a+b$의 값 중 가장 작은 값은?

① 10　② 14　③ 18
④ 22　⑤ 26

7 다음 중 오른쪽 □ 안에 해당하는 수로만 짝 지어진 것은?

실수 { 유리수 / □ }

① 0.1, $\sqrt{2}$, $\sqrt{4}$
② $-\sqrt{16}$, $\sqrt{6}$, π
③ $\sqrt{1.\dot{7}}$, $\sqrt{3}$, $\sqrt{(-5)^2}$
④ $\sqrt{0.9}$, $\sqrt{7}$, π
⑤ $\sqrt{\frac{1}{36}}$, $\sqrt{11}$, 2π

8 다음 그림은 한 칸의 가로와 세로의 길이가 각각 1인 모눈종이 위에 수직선과 두 정사각형을 그린 것이다. $\overline{AD}=\overline{AP}$, $\overline{EF}=\overline{EQ}$일 때, 보기 중 옳은 것을 모두 고르시오.

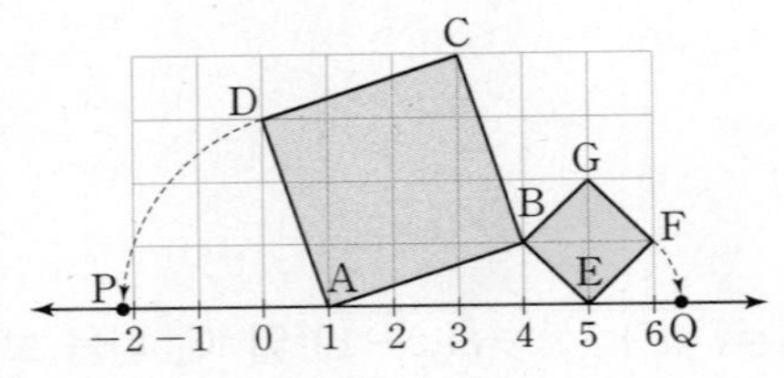

보기
ㄱ. $\overline{EF}$의 길이는 $\sqrt{2}$이다.
ㄴ. 점 P에 대응하는 수는 $1-\sqrt{10}$이다.
ㄷ. 점 Q에 대응하는 수는 $5+\sqrt{5}$이다.
ㄹ. 점 P와 점 Q 사이에는 무수히 많은 무리수가 있다.

9 다음 중 두 실수의 대소 관계가 옳지 <u>않은</u> 것은?

① $\sqrt{3}+1>2$　② $\sqrt{13}+2<6$
③ $7-\sqrt{\frac{1}{5}}<7-\sqrt{\frac{1}{6}}$　④ $\sqrt{3}+4<\sqrt{3}+\sqrt{15}$
⑤ $\sqrt{6}+\sqrt{10}<\sqrt{6}+\sqrt{11}$

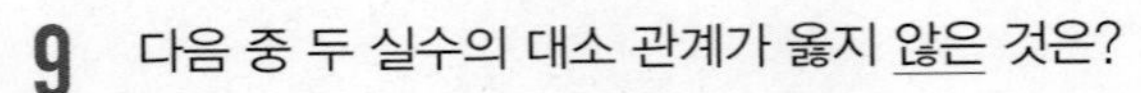

10 다음 수직선에서 $5-\sqrt{3}$에 대응하는 점이 있는 구간은?

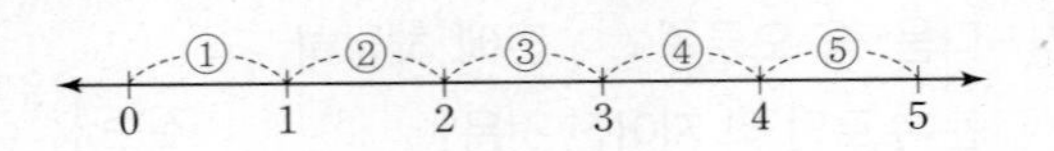

11 $5+\sqrt{3}$의 정수 부분을 a, 소수 부분을 b라고 할 때, $b-a$의 값을 구하시오.

자주 나오는 실력 문제

12 다음 그림과 같이 넓이가 $48\,cm^2$인 정사각형 모양의 색종이를 각 변의 중점을 꼭짓점으로 하는 정사각형 모양으로 접어 나갈 때, [3단계]에서 생기는 정사각형의 한 변의 길이를 구하시오.

13 서술형 $a-b>0$, $ab<0$일 때, $\sqrt{(-2a)^2}-\sqrt{(2b-a)^2}+\sqrt{9b^2}$을 간단히 하시오.

풀이 과정

답

14 $\sqrt{225-a}-\sqrt{81+b}$를 계산한 결과가 가장 큰 정수가 되도록 하는 자연수 a, b에 대하여 $a+b$의 값을 구하시오.

15 다음 수 중에서 가장 작은 수를 a, 가장 큰 수를 b라고 할 때, a^2+b^2의 값을 구하시오.

$\sqrt{19}$,　$-\sqrt{5}$,　-3,　$\sqrt{(-4)^2}$,　$-\sqrt{11}$,　$\sqrt{\frac{7}{2}}$

16 다음 두 부등식을 동시에 만족시키는 자연수 x의 값을 구하시오.

$$5<\sqrt{3x}\le 6,\quad \sqrt{45}\le x<\sqrt{90}$$

17 자연수 x에 대하여 $\sqrt{x}$ 이하의 자연수 중에서 가장 큰 수를 $M(x)$라고 할 때, $M(40)+M(60)$의 값은?

① 13 ② 14 ③ 15
④ 16 ⑤ 17

18 다음 수를 수직선 위의 점에 각각 대응시킬 때, 왼쪽에서 두 번째에 위치하는 수는?

$$\sqrt{11},\quad -1+\sqrt{3},\quad 1-\sqrt{2},\quad -\sqrt{10},\quad 1-\sqrt{5}$$

① $\sqrt{11}$ ② $-1+\sqrt{3}$ ③ $1-\sqrt{2}$
④ $-\sqrt{10}$ ⑤ $1-\sqrt{5}$

19 두 수 $1-\sqrt{5}$와 $3-\sqrt{3}$ 사이에 있는 정수의 개수를 구하시오.

만점을 위한 도전 문제

20 $\sqrt{1}$, $\sqrt{1+3}$, $\sqrt{1+3+5}$, $\sqrt{1+3+5+7}$, $\cdots$과 같이 수를 나열할 때, 근호를 사용하지 않고 $\sqrt{1+3+5+7+\cdots+17+19}$를 나타내면?

① 9 ② 10 ③ 11
④ 12 ⑤ 13

21 오른쪽 그림은 하나의 직사각형 모양의 밭을 두 개의 정사각형 A, B와 직사각형 C로 나눈 것이다. 두 정사각형 A, B의 넓이는 각각 $20x$, $109-x$이고, 각 변의 길이가 모두 자연수일 때, 직사각형 C의 넓이를 구하시오.

(단, x는 자연수)

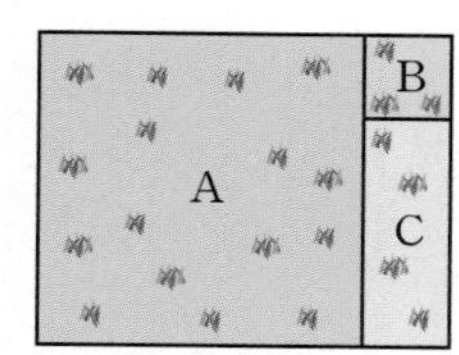

22 다음 그림은 수직선 위에 자연수의 양의 제곱근 1, $\sqrt{2}$, $\sqrt{3}$, 2, $\sqrt{5}$, $\sqrt{6}$, $\sqrt{7}$, $\sqrt{8}$, 3, $\cdots$에 대응하는 점을 각각 나타낸 것이다.

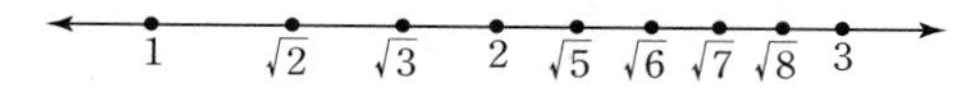

이 중에서 무리수에 대응하는 점의 개수는 1과 2 사이에 2개, 2와 3 사이에 4개이다. 이때 101과 102 사이에 있는 자연수의 양의 제곱근 중 무리수에 대응하는 점의 개수를 구하시오.

2 근호를 포함한 식의 계산

2 근호를 포함한 식의 계산

★ 중요

유형 1 제곱근의 곱셈 개념편 36쪽

$a>0$, $b>0$이고, m, n이 유리수일 때

(1) $\sqrt{a}\times\sqrt{b}=\sqrt{ab}$

(2) $m\sqrt{a}\times n\sqrt{b}=mn\sqrt{ab}$

1 다음 중 옳지 않은 것은?

① $\sqrt{2}\sqrt{3}=\sqrt{6}$　② $(-\sqrt{3})\times(-\sqrt{12})=6$

③ $\sqrt{\frac{4}{3}}\sqrt{\frac{6}{4}}=\sqrt{2}$　④ $\sqrt{6}\times\sqrt{\frac{1}{3}}=\sqrt{2}$

⑤ $5\sqrt{3}\times2\sqrt{7}=5\sqrt{21}$

2 ★ 다음을 간단히 하시오.

$$5\sqrt{2}\times4\sqrt{5}\times\left(-\sqrt{\frac{3}{5}}\right)$$

3 $2\sqrt{3}\times3\sqrt{2}\times\sqrt{a}=6\sqrt{42}$를 만족시키는 자연수 a의 값은?

① 6　② 7　③ 8

④ 9　⑤ 10

4 $\sqrt{2}\times\sqrt{3}\times\sqrt{a}\times\sqrt{12}\times\sqrt{2a}=48$을 만족시키는 자연수 a의 값을 구하시오.

유형 2 제곱근의 나눗셈 개념편 36쪽

$a>0$, $b>0$, $c>0$, $d>0$이고, m, n이 유리수일 때

(1) $\sqrt{a}\div\sqrt{b}=\sqrt{\frac{a}{b}}$

(2) $m\sqrt{a}\div n\sqrt{b}=\frac{m}{n}\sqrt{\frac{a}{b}}$ (단, $n\neq0$)

(3) $\frac{\sqrt{a}}{\sqrt{b}}\div\frac{\sqrt{c}}{\sqrt{d}}=\frac{\sqrt{a}}{\sqrt{b}}\times\frac{\sqrt{d}}{\sqrt{c}}=\sqrt{\frac{a}{b}\times\frac{d}{c}}=\sqrt{\frac{ad}{bc}}$

역수의 곱셈으로 고친다.

5 ★ 다음 중 옳지 않은 것은?

① $\frac{\sqrt{15}}{\sqrt{5}}=\sqrt{3}$　② $-\frac{\sqrt{18}}{\sqrt{6}}=-\sqrt{3}$

③ $\sqrt{30}\div\sqrt{3}=\sqrt{10}$　④ $(-\sqrt{45})\div\sqrt{5}=3$

⑤ $8\sqrt{14}\div(-2\sqrt{7})=-4\sqrt{2}$

6 다음을 만족시키는 유리수 a, b에 대하여 $a+b$의 값을 구하시오.

$$\frac{\sqrt{70}}{\sqrt{5}}=\sqrt{a},\qquad \frac{\sqrt{35}}{\sqrt{20}}\div\frac{\sqrt{7}}{\sqrt{8}}=\sqrt{b}$$

7 $\frac{\sqrt{15}}{\sqrt{2}}\div\frac{\sqrt{20}}{\sqrt{6}}\div\sqrt{\frac{18}{24}}$을 간단히 하시오.

유형 3 근호가 있는 식의 변형 (1) 개념편 37쪽

$a>0$, $b>0$일 때

(1) $\sqrt{a^2b}=\sqrt{a^2}\sqrt{b}=a\sqrt{b}$

(2) $a\sqrt{b}=\sqrt{a^2}\sqrt{b}=\sqrt{a^2b}$

8 다음 중 옳지 않은 것은?

① $\sqrt{8}=2\sqrt{2}$ ② $\sqrt{45}=3\sqrt{5}$
③ $-\sqrt{27}=-3\sqrt{3}$ ④ $2\sqrt{7}=\sqrt{28}$
⑤ $-3\sqrt{2}=\sqrt{18}$

9 $4\sqrt{6}=\sqrt{a}$, $\sqrt{75}=b\sqrt{3}$을 만족시키는 유리수 a, b에 대하여 $a-b$의 값을 구하시오.

10 $\sqrt{2}\times\sqrt{3}\times\sqrt{4}\times\sqrt{5}\times\sqrt{6}\times\sqrt{7}=a\sqrt{35}$를 만족시키는 유리수 a의 값을 구하시오.

11 추운 겨울철에 야생 동물에게 먹이를 주기 위해 지면으로부터 h m의 높이에 떠 있는 헬리콥터에서 먹이를 떨어뜨렸을 때, 먹이가 지면에 닿을 때까지 걸리는 시간은 $\sqrt{\frac{h}{4.9}}$초라고 한다. 지면으로부터 245 m의 높이에서 먹이를 떨어뜨렸을 때, 먹이가 지면에 닿을 때까지 걸리는 시간을 $a\sqrt{b}$초 꼴로 나타내면?
(단, a는 자연수, b는 가장 작은 자연수)

① $2\sqrt{2}$초 ② $3\sqrt{2}$초 ③ $2\sqrt{5}$초
④ $4\sqrt{2}$초 ⑤ $5\sqrt{2}$초

12 오른쪽 그림에서 색칠한 정사각형은 큰 정사각형의 각 변의 중점을 연결하여 만든 것이다. 큰 정사각형의 넓이가 1000일 때, 색칠한 정사각형의 한 변의 길이를 $a\sqrt{b}$ 꼴로 나타내시오.
(단, a는 자연수, b는 가장 작은 자연수)

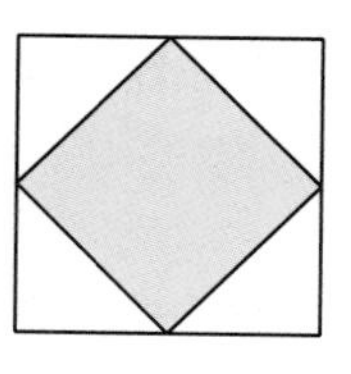

유형 4 근호가 있는 식의 변형 (2) 개념편 37쪽

$a>0$, $b>0$일 때

(1) $\sqrt{\frac{b}{a^2}}=\frac{\sqrt{b}}{\sqrt{a^2}}=\frac{\sqrt{b}}{a}$

(2) $\frac{\sqrt{b}}{a}=\frac{\sqrt{b}}{\sqrt{a^2}}=\sqrt{\frac{b}{a^2}}$

13 다음 보기 중 옳은 것을 모두 고르시오.

보기

ㄱ. $\sqrt{\frac{7}{25}}=\frac{\sqrt{7}}{5}$ ㄴ. $\sqrt{\frac{3}{100}}=\frac{\sqrt{3}}{10}$
ㄷ. $\sqrt{\frac{28}{18}}=\frac{\sqrt{7}}{3}$ ㄹ. $\sqrt{0.24}=\frac{\sqrt{6}}{5}$

14 $\sqrt{0.005}=k\sqrt{2}$를 만족시키는 유리수 k의 값은?

① $\frac{1}{100}$ ② $\frac{1}{50}$ ③ $\frac{1}{20}$
④ $\frac{1}{5}$ ⑤ $\frac{1}{2}$

15 $\frac{\sqrt{3}}{3\sqrt{2}}=\sqrt{a}$, $\frac{\sqrt{2}}{2\sqrt{5}}=\sqrt{b}$를 만족시키는 유리수 a, b에 대하여 $6a+10b$의 값을 구하시오.

유형 5 제곱근표에 없는 수의 제곱근의 값 구하기

개념편 38쪽

다음과 같이 $\sqrt{a^2b}=a\sqrt{b}$, $\sqrt{\frac{b}{a^2}}=\frac{\sqrt{b}}{a}$임을 이용하여 근호 안의 수를 제곱근표에 있는 수로 바꾸어 구한다.

a가 제곱근표에 있는 수일 때

(1) 근호 안의 수가 100보다 큰 경우

➡ $\sqrt{100a}=10\sqrt{a}$, $\sqrt{10000a}=100\sqrt{a}$, …임을 이용한다.

예 $\sqrt{1230}=\sqrt{12.3\times100}=10\sqrt{12.3}$

(2) 근호 안의 수가 0보다 크고 1보다 작은 경우

➡ $\sqrt{\frac{a}{100}}=\frac{\sqrt{a}}{10}$, $\sqrt{\frac{a}{10000}}=\frac{\sqrt{a}}{100}$, …임을 이용한다.

예 $\sqrt{0.02}=\sqrt{\frac{2}{100}}=\frac{\sqrt{2}}{10}$

16 $\sqrt{2}=1.414$, $\sqrt{20}=4.472$일 때, 다음 중 옳지 않은 것은?

① $\sqrt{20000}=141.4$ ② $\sqrt{2000}=44.72$
③ $\sqrt{0.2}=0.4472$ ④ $\sqrt{0.002}=0.1414$
⑤ $\sqrt{0.0002}=0.01414$

17 $\sqrt{3.4}=1.844$일 때, 다음 보기 중 이를 이용하여 그 값을 구할 수 없는 것을 모두 고르시오.

보기
ㄱ. $\sqrt{0.034}$ ㄴ. $\sqrt{0.34}$
ㄷ. $\sqrt{340}$ ㄹ. $\sqrt{3400}$

18 다음 표는 제곱근표의 일부이다. 이 표를 이용하여 $\sqrt{0.314}+\sqrt{313}$의 값을 구하시오.

수	0	1	2	3	4
3.0	1.732	1.735	1.738	1.741	1.744
3.1	1.761	1.764	1.766	1.769	1.772
⋮	⋮	⋮	⋮	⋮	
30	5.477	5.486	5.495	5.505	5.514
31	5.568	5.577	5.586	5.595	5.604

$\sqrt{580}$을 $a\sqrt{b}$(a는 자연수, b는 제곱근표에 있는 수) 꼴로 나타내 봐.

까다로운 기출문제

19 다음 표는 제곱근표의 일부이다. 이 표를 이용하여 $\sqrt{580}$의 값을 구하면?

수	0	1	2	3	4	5
1.2	1.095	1.100	1.105	1.109	1.114	1.118
1.3	1.140	1.145	1.149	1.153	1.158	1.162
1.4	1.183	1.187	1.192	1.196	1.200	1.204
1.5	1.225	1.229	1.233	1.237	1.241	1.245

① 22.36 ② 23.24 ③ 24
④ 24.08 ⑤ 24.9

29.27을 2.927과 10의 거듭제곱의 곱으로 나타내 봐.

까다로운 기출문제

20 $\sqrt{8.57}=2.927$일 때, $\sqrt{a}=29.27$을 만족시키는 유리수 a의 값은?

① 85.7 ② 857 ③ 8570
④ 85700 ⑤ 8570000

유형 6 제곱근을 문자를 사용하여 나타내기

개념편 37쪽

제곱근을 주어진 문자를 사용하여 나타낼 때는
❶ 근호 안의 수를 소인수분해한다.
❷ 제곱인 인수는 근호 밖으로 꺼낸다.
❸ 주어진 문자를 사용하여 나타낸다.

예 $\sqrt{3}=a$, $\sqrt{5}=b$라고 할 때, $\sqrt{180}$을 a, b를 사용하여 나타내면

$\sqrt{180}=\sqrt{2^2\times3^2\times5}$ ← ❶

$=2\times\sqrt{3^2}\times\sqrt{5}=2\times(\sqrt{3})^2\times\sqrt{5}$ ← ❷

$=2a^2b$ ← ❸

21 $\sqrt{2}=a$, $\sqrt{3}=b$라고 할 때, $\sqrt{108}$을 a, b를 사용하여 나타내면?

① ab^2 ② a^2b^3 ③ a^3b^2
④ $\sqrt{a^2b^3}$ ⑤ $\sqrt{a^3b^2}$

22 $\sqrt{3}=a$, $\sqrt{7}=b$라고 할 때, $\sqrt{0.84}=\square ab$이다. $\square$ 안에 알맞은 수를 구하시오.

23 $\sqrt{3}=x$, $\sqrt{5}=y$라고 할 때, $\sqrt{80}-\sqrt{0.6}$을 x, y를 사용하여 나타내면?

① $4x-\dfrac{x}{y}$ ② $2x-y$ ③ $2x-5y$
④ $4y-\dfrac{x}{y}$ ⑤ $4y-5x$

24 $\sqrt{2.4}=a$, $\sqrt{24}=b$라고 할 때, 다음 중 옳지 않은 것은?

① $\sqrt{2400}=10b$ ② $\sqrt{3840}=40a$
③ $\sqrt{0.024}=\dfrac{1}{10}a$ ④ $\sqrt{0.096}=\dfrac{1}{5}b$
⑤ $\sqrt{0.0024}=\dfrac{1}{100}b$

유형 7 분모의 유리화

개념편 39쪽

(1) $\dfrac{b}{\sqrt{a}}=\dfrac{b\times\sqrt{a}}{\sqrt{a}\times\sqrt{a}}=\dfrac{b\sqrt{a}}{a}$ (단, $a>0$)

(2) $\dfrac{\sqrt{b}}{\sqrt{a}}=\dfrac{\sqrt{b}\times\sqrt{a}}{\sqrt{a}\times\sqrt{a}}=\dfrac{\sqrt{ab}}{a}$ (단, $a>0$, $b>0$)

(3) $\dfrac{c}{b\sqrt{a}}=\dfrac{c\times\sqrt{a}}{b\sqrt{a}\times\sqrt{a}}=\dfrac{c\sqrt{a}}{ab}$ (단, $a>0$, $b\neq0$)

25 다음 중 분모를 유리화한 것으로 옳은 것은?

① $\dfrac{3}{\sqrt{7}}=\dfrac{\sqrt{3}}{7}$ ② $\dfrac{\sqrt{5}}{\sqrt{2}}=\dfrac{\sqrt{10}}{2}$
③ $\dfrac{\sqrt{3}}{2\sqrt{5}}=\dfrac{\sqrt{15}}{2}$ ④ $\dfrac{4}{5\sqrt{2}}=\dfrac{4\sqrt{2}}{5}$
⑤ $\dfrac{\sqrt{6}}{\sqrt{3}\sqrt{5}}=\dfrac{\sqrt{2}}{5}$

26 서술형 $\dfrac{2\sqrt{5}}{\sqrt{3}}=a\sqrt{15}$, $\dfrac{3}{\sqrt{75}}=\dfrac{1}{5}\sqrt{b}$를 만족시키는 유리수 a, b에 대하여 ab의 값을 구하시오.

풀이 과정

답

27 다음 수를 크기가 작은 것부터 차례로 나열할 때, 세 번째에 오는 수를 구하시오.

$\dfrac{\sqrt{2}}{3}$, $\dfrac{\sqrt{2}}{\sqrt{3}}$, $\dfrac{2}{3}$, $\dfrac{2}{\sqrt{3}}$, $\sqrt{3}$

유형 8 제곱근의 곱셈과 나눗셈의 혼합 계산

개념편 36~37, 39쪽

❶ 나눗셈은 역수의 곱셈으로 고친다.
❷ 근호 안의 제곱인 인수를 근호 밖으로 꺼내고, 분모에 무리수가 있으면 분모의 유리화를 이용하여 간단히 한다.

28 $\frac{3\sqrt{3}}{\sqrt{2}} \div \frac{\sqrt{6}}{\sqrt{5}} \times \frac{\sqrt{8}}{\sqrt{15}}$을 간단히 하시오.

29 다음 중 옳지 않은 것을 모두 고르면? (정답 2개)

① $\frac{5}{\sqrt{2}} \times \frac{4\sqrt{3}}{7} = \frac{10\sqrt{6}}{7}$
② $4\sqrt{12} \div (-2\sqrt{3}) = -4$
③ $5\sqrt{2} \times \sqrt{27} \div \sqrt{3} = 15\sqrt{2}$
④ $3\sqrt{12} \div \sqrt{6} \times \sqrt{2} = 3$
⑤ $3\sqrt{2} \div \sqrt{\frac{5}{8}} \times \sqrt{40} = 12\sqrt{2}$

30 다음 식을 만족시키는 유리수 a의 값을 구하시오.

$$\frac{4}{3\sqrt{5}} \times \frac{\sqrt{200}}{8} \div (-\sqrt{50}) = a\sqrt{5}$$

31 오른쪽 그림의 사각형에서 가로 또는 세로에 있는 세 수의 곱이 각각 $2\sqrt{15}$가 되도록 ㉠에 알맞은 수를 구하시오.

$\sqrt{6}$		$\sqrt{30}$
$\frac{\sqrt{5}}{5}$		㉠
	$\sqrt{3}$	

유형 9 제곱근의 곱셈과 나눗셈의 도형에의 활용 (1)

개념편 36~37, 39쪽

도형에서의 길이, 넓이, 부피 등을 구할 때는 조건에 맞게 식을 세운 후, 제곱근의 곱셈과 나눗셈을 이용한다.

32 오른쪽 그림과 같이 넓이가 각각 $27\,\text{m}^2$, $54\,\text{m}^2$인 두 정사각형 모양의 잔디밭에 이웃한 직사각형 모양의 화단의 넓이를 구하시오.

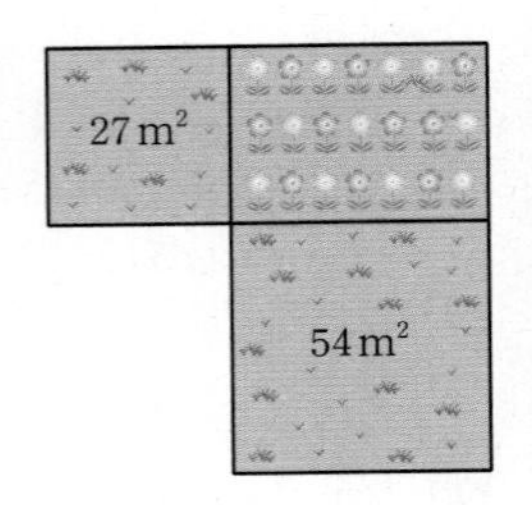

33 다음 그림의 삼각형의 넓이와 직사각형의 넓이가 서로 같을 때, 직사각형의 가로의 길이는?

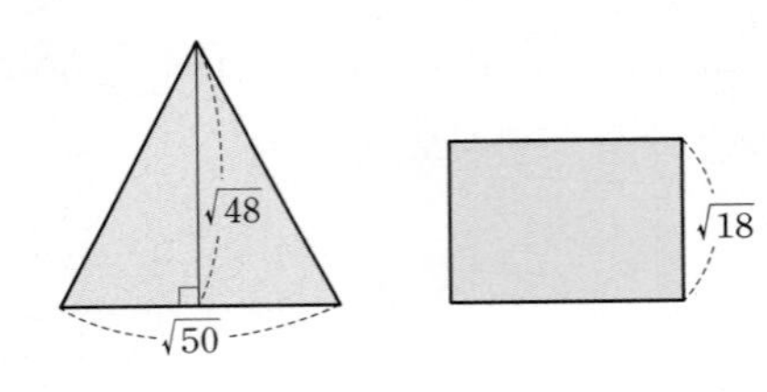

① $\frac{5\sqrt{3}}{3}$　② $2\sqrt{3}$　③ $3\sqrt{3}$
④ $\frac{10\sqrt{3}}{3}$　⑤ $4\sqrt{3}$

34 반지름의 길이가 각각 $4\sqrt{5}\,\text{cm}$, $4\sqrt{7}\,\text{cm}$인 두 원의 넓이의 합과 넓이가 같은 원의 둘레의 길이를 구하시오.

35 서술형

오른쪽 그림과 같이 밑면의 가로, 세로의 길이가 각각 $4\sqrt{3}$ cm, $2\sqrt{5}$ cm인 직육면체의 부피가 $28\sqrt{30}$ cm^{3}일 때, 이 직육면체의 높이를 구하시오.

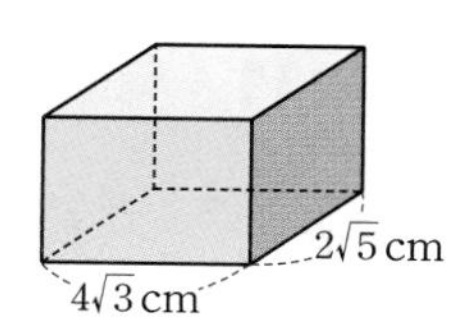

풀이 과정

답

36 오른쪽 그림과 같이 높이가 $\sqrt{6}$ cm인 사각뿔의 부피가 $12\sqrt{10}$ cm^{3}일 때, 이 사각뿔의 밑면의 넓이를 구하시오.

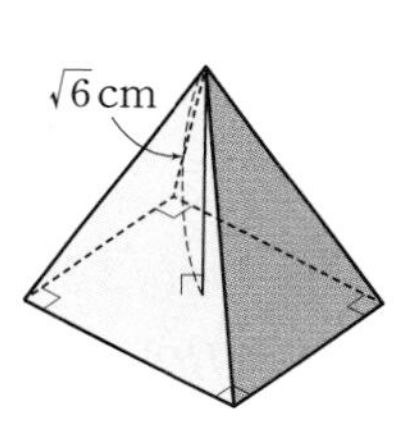

밑면인 원의 반지름의 길이를 먼저 구해 봐.

37 다음 그림과 같은 전개도로 만들어지는 원기둥의 부피를 구하시오.

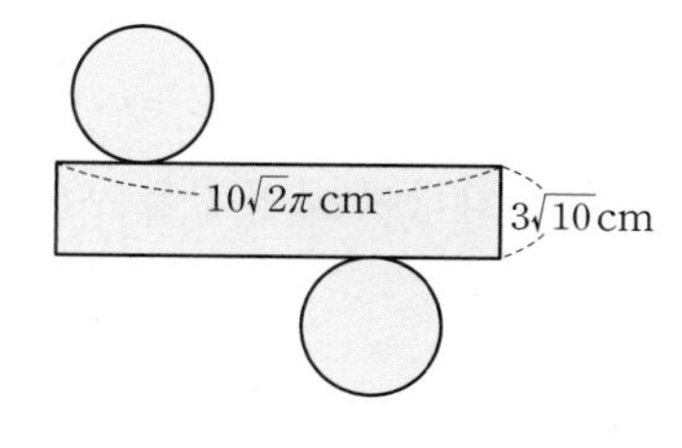

유형10 제곱근의 곱셈과 나눗셈의 도형에의 활용 (2)

개념편 36~37, 39쪽

직사각형의 대각선의 길이, 직육면체의 대각선의 길이가 주어진 경우 피타고라스 정리를 이용한다.

(1)

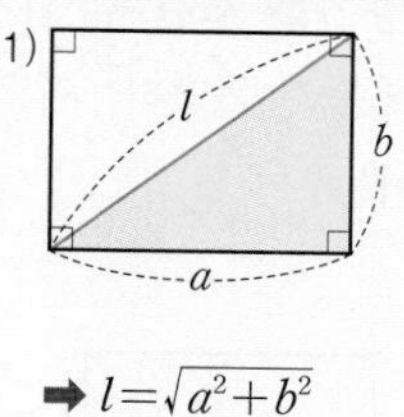

➡ $l=\sqrt{a^2+b^2}$

(2)

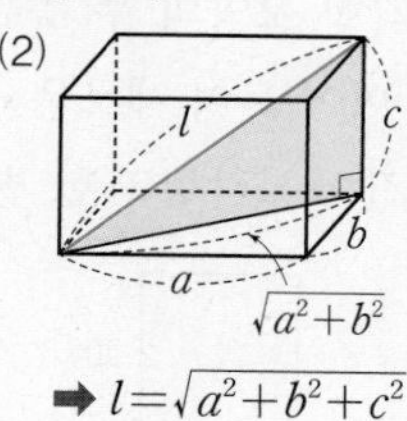

➡ $l=\sqrt{a^2+b^2+c^2}$

38 오른쪽 그림과 같은 직사각형 ABCD에서 대각선 AC의 길이가 $2\sqrt{5}$cm이고 $\overline{AB}=\sqrt{11}$cm일 때, □ABCD의 넓이를 구하시오.

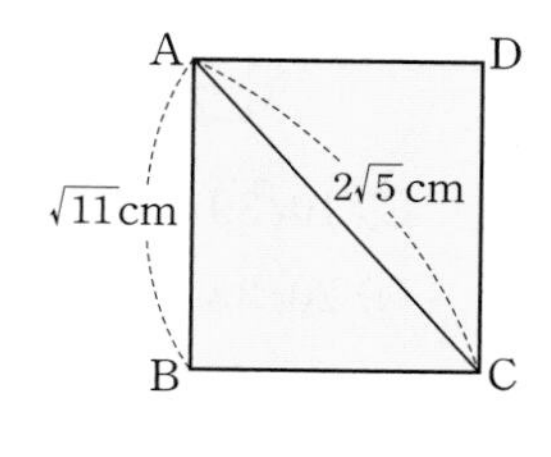

39 오른쪽 그림과 같이 대각선의 길이가 $6\sqrt{2}$cm인 정육면체의 한 모서리의 길이는?

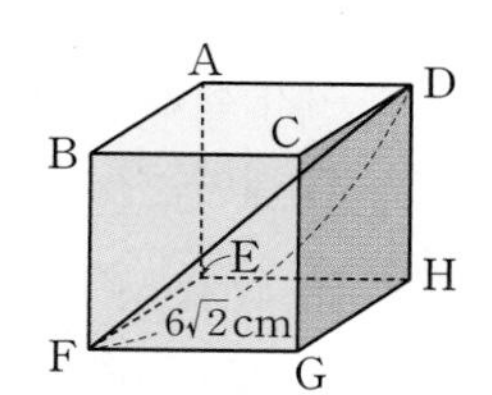

① $\sqrt{6}$cm ② 4cm
③ $2\sqrt{6}$cm ④ 6cm
⑤ $3\sqrt{6}$cm

40 오른쪽 그림과 같이 모선의 길이가 $4\sqrt{3}$cm이고, 높이가 $3\sqrt{5}$cm인 원뿔의 부피를 구하시오.

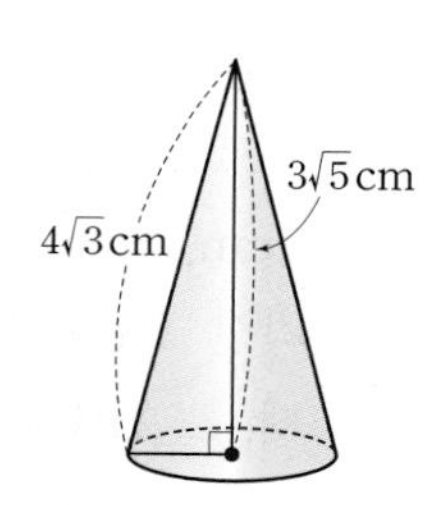

한 걸음 더 연습 (유형 9~10)

41 다음 그림과 같이 한 변의 길이가 각각 $20\sqrt{3}$, $30\sqrt{3}$인 정사각형 모양의 두 종류의 색종이를 오린 후 겹치지 않게 이어 붙여 새로운 정사각형을 만들었다. 새로 만들어진 정사각형의 한 변의 길이는?

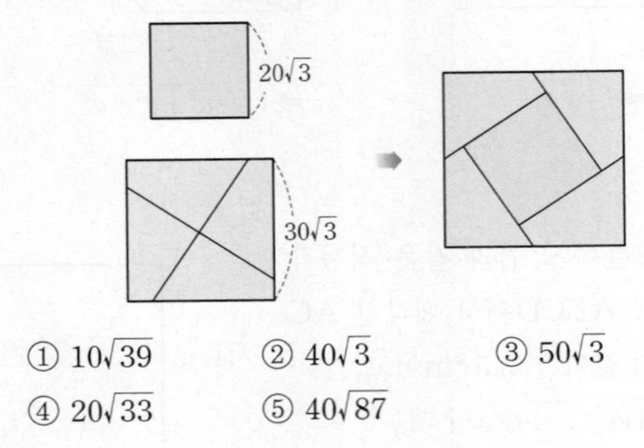

① $10\sqrt{39}$ ② $40\sqrt{3}$ ③ $50\sqrt{3}$
④ $20\sqrt{33}$ ⑤ $40\sqrt{87}$

피타고라스 정리를 이용하여 정삼각형의 높이를 구해 봐.

42 오른쪽 그림과 같이 한 변의 길이가 $4\sqrt{2}$cm인 정삼각형 ABC의 넓이는?

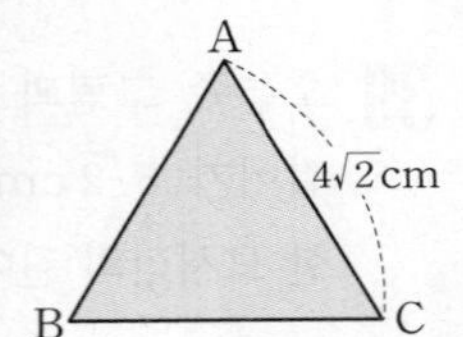

① $4\sqrt{3}\text{cm}^2$ ② $6\sqrt{3}\text{cm}^2$
③ $8\sqrt{3}\text{cm}^2$ ④ $10\sqrt{3}\text{cm}^2$
⑤ $12\sqrt{3}\text{cm}^2$

43 오른쪽 그림과 같이 밑면의 가로, 세로의 길이가 각각 9cm, 3cm인 직육면체의 대각선 AG의 길이가 $7\sqrt{2}$cm일 때, △AEG의 넓이를 구하시오.

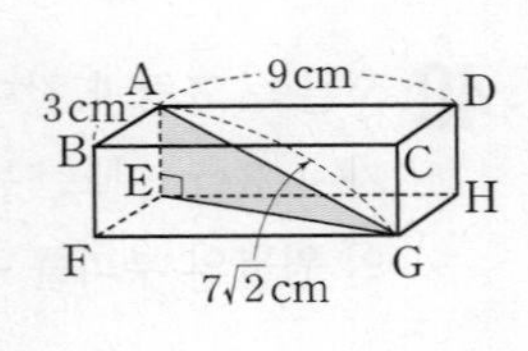

유형 11 제곱근의 덧셈과 뺄셈 (개념편 42쪽)

근호 안의 수가 같은 것끼리 묶어 다항식에서 동류항의 계산과 같은 방법으로 계산한다.

l, m, n이 유리수이고, $a>0$일 때

(1) $m\sqrt{a}+n\sqrt{a}=(m+n)\sqrt{a}$

(2) $m\sqrt{a}-n\sqrt{a}=(m-n)\sqrt{a}$

(3) $m\sqrt{a}+n\sqrt{a}-l\sqrt{a}=(m+n-l)\sqrt{a}$

44 다음 중 옳은 것은?

① $\sqrt{5}+\sqrt{2}=\sqrt{7}$ ② $5\sqrt{3}-2\sqrt{3}=3$
③ $4\sqrt{3}+2\sqrt{2}=6\sqrt{5}$ ④ $\sqrt{10}-1=3$
⑤ $3\sqrt{6}-5\sqrt{6}=-2\sqrt{6}$

45 $A=5\sqrt{3}+2\sqrt{3}-\sqrt{3}$, $B=2\sqrt{7}-4\sqrt{7}+5\sqrt{7}$일 때, AB의 값은?

① $9\sqrt{5}$ ② $9\sqrt{7}$ ③ $18\sqrt{5}$
④ $18\sqrt{7}$ ⑤ $18\sqrt{21}$

46 $\frac{3\sqrt{2}}{2}+\frac{\sqrt{6}}{5}-\frac{4\sqrt{2}}{3}+\sqrt{6}=a\sqrt{2}+b\sqrt{6}$을 만족시키는 유리수 a, b에 대하여 ab의 값을 구하시오.

유형12 $\sqrt{a^2b}$ 꼴이 포함된 제곱근의 덧셈과 뺄셈

개념편 42쪽

❶ $\sqrt{a^2b}=a\sqrt{b}$임을 이용하여 근호 안의 제곱인 인수는 근호 밖으로 꺼내어 간단히 한다.
❷ 근호 안의 수가 같은 것끼리 묶어 덧셈, 뺄셈을 한다.

47 다음을 계산하시오.

(1) $\sqrt{28}-3\sqrt{7}+\sqrt{112}$

(2) $\sqrt{50}+\sqrt{48}-\sqrt{98}-\sqrt{12}$

48 다음을 만족시키는 유리수 a의 값을 구하시오.

(1) $\sqrt{80}-3\sqrt{20}+a\sqrt{5}=3\sqrt{5}$

(2) $\sqrt{54}+2\sqrt{24}-a\sqrt{6}=0$

49 $7\sqrt{5}+\sqrt{72}-\sqrt{45}-\sqrt{32}=a\sqrt{2}+b\sqrt{5}$를 만족시키는 유리수 a, b에 대하여 $3a-b$의 값을 구하시오.

50 $a>0$, $b>0$이고 $ab=2$일 때, $a\sqrt{\dfrac{6b}{a}}+b\sqrt{\dfrac{24a}{b}}$의 값은?

① $2\sqrt{3}$ ② $3\sqrt{3}$ ③ 6
④ $6\sqrt{3}$ ⑤ 18

한 걸음 더 연습 유형 11~12

51 $x=\dfrac{\sqrt{5}+\sqrt{3}}{2}$, $y=\dfrac{\sqrt{5}-\sqrt{3}}{2}$일 때, $(x+y)(x-y)$의 값을 구하시오.

두 수 A, B의 대소를 비교하여 $\sqrt{(A-B)^2}$ 꼴을 포함한 식을 간단히 한 후, 근호 안의 수가 같은 것끼리 묶어 덧셈, 뺄셈을 해 봐.

52 $\sqrt{(2-\sqrt{3})^2}+\sqrt{(3-2\sqrt{3})^2}$을 계산하면?

① $-3-3\sqrt{3}$ ② $3-2\sqrt{3}$ ③ -1
④ $-1+\sqrt{3}$ ⑤ $1+\sqrt{3}$

53 다음 그림은 눈금 0에서부터 자연수 x까지의 거리가 $\sqrt{x}$인 곳에 눈금 x를 표시하여 만든 자이다. 그림과 같이 한 자의 눈금 0, 27의 위치와 다른 자의 눈금 3, x의 위치가 각각 일치하도록 붙여 놓을 때, x의 값은?

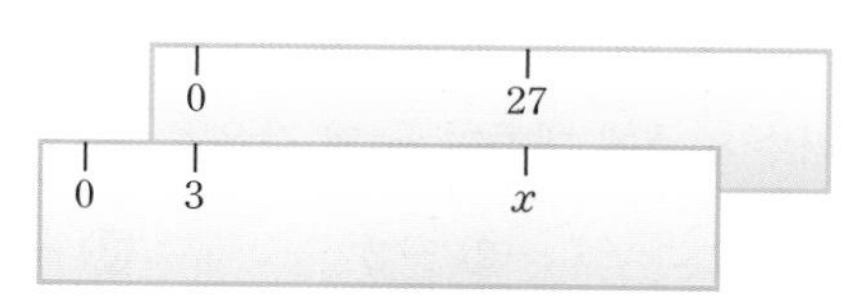

① $3\sqrt{3}$ ② $\sqrt{30}$ ③ $4\sqrt{3}$
④ 30 ⑤ 48

• 정답과 해설 19쪽

유형13 분모의 유리화를 이용한 제곱근의 덧셈과 뺄셈

개념편 42쪽

❶ 분모에 무리수가 있으면 분모를 유리화한다.
❷ 근호 안의 수가 같은 것끼리 묶어 덧셈, 뺄셈을 한다.

54 다음을 계산하시오.

(1) $2\sqrt{5}+\frac{2}{\sqrt{5}}$

(2) $\frac{2}{\sqrt{2}}-\frac{6}{\sqrt{8}}$

(3) $\sqrt{50}-(-\sqrt{3})^2+\frac{10}{\sqrt{2}}$

(4) $\sqrt{48}-6\sqrt{2}-\sqrt{27}+\frac{6}{\sqrt{2}}$

55 다음을 만족시키는 유리수 a의 값을 구하시오.

(1) $\sqrt{75}+\frac{3}{\sqrt{3}}-\sqrt{12}=a\sqrt{3}$

(2) $\frac{1}{\sqrt{8}}-\sqrt{32}+\frac{6}{\sqrt{18}}=a\sqrt{2}$

56 $2\sqrt{6}-\frac{35}{\sqrt{5}}-\sqrt{54}+\sqrt{80}=a\sqrt{5}+b\sqrt{6}$을 만족시키는 유리수 a, b에 대하여 ab의 값은?

① -6 ② -3 ③ -2
④ 3 ⑤ 6

57 $x=\sqrt{5}$일 때, $x-\frac{1}{x}$의 값은?

① $\frac{3\sqrt{5}}{5}$ ② $\frac{4\sqrt{5}}{5}$ ③ $\sqrt{5}$
④ $\frac{6\sqrt{5}}{5}$ ⑤ $5\sqrt{5}$

유형14 분배법칙을 이용한 제곱근의 덧셈과 뺄셈

개념편 43쪽

괄호가 있으면 분배법칙을 이용하여 괄호를 푼 후 근호 안의 수가 같은 것끼리 묶어 덧셈, 뺄셈을 한다.
$a>0$, $b>0$, $c>0$일 때
(1) $\sqrt{a}(\sqrt{b}+\sqrt{c})=\sqrt{ab}+\sqrt{ac}$
(2) $(\sqrt{a}+\sqrt{b})\sqrt{c}=\sqrt{ac}+\sqrt{bc}$

58 다음을 계산하시오.

(1) $\sqrt{2}(\sqrt{8}+2\sqrt{2}+\sqrt{3})$

(2) $\frac{4}{\sqrt{2}}-\sqrt{2}(2-\sqrt{2})$

(3) $(2\sqrt{27}+3\sqrt{6})\div\sqrt{3}-5\sqrt{2}$

(4) $\sqrt{(-6)^2}+(-2\sqrt{2})^2-\sqrt{3}\left(2\sqrt{48}-\sqrt{\frac{1}{3}}\right)$

59 $\sqrt{32}-2\sqrt{24}-\sqrt{2}(1+2\sqrt{3})=a\sqrt{2}+b\sqrt{6}$을 만족시키는 유리수 a, b에 대하여 $a-b$의 값은?

① -9 ② -3 ③ 0
④ 3 ⑤ 9

60 $A=\sqrt{5}-\sqrt{3}$, $B=\sqrt{5}+\sqrt{3}$일 때, $\sqrt{3}A-\sqrt{5}B$의 값을 구하시오.

유형15 $\dfrac{\sqrt{b}+\sqrt{c}}{\sqrt{a}}$ 꼴의 분모의 유리화 개념편 43쪽

$a>0$, $b>0$, $c>0$일 때

(1) $\dfrac{\sqrt{b}+\sqrt{c}}{\sqrt{a}}=\dfrac{(\sqrt{b}+\sqrt{c})\times\sqrt{a}}{\sqrt{a}\times\sqrt{a}}=\dfrac{\sqrt{ab}+\sqrt{ac}}{a}$

(2) $\dfrac{\sqrt{b}-\sqrt{c}}{\sqrt{a}}=\dfrac{(\sqrt{b}-\sqrt{c})\times\sqrt{a}}{\sqrt{a}\times\sqrt{a}}=\dfrac{\sqrt{ab}-\sqrt{ac}}{a}$

참고 분모, 분자에 공통인 인수가 있으면 유리화하지 않고 약분하여 간단히 할 수 있다.

예 $\dfrac{\sqrt{6}+\sqrt{3}}{\sqrt{3}}=\dfrac{\sqrt{6}}{\sqrt{3}}+\dfrac{\sqrt{3}}{\sqrt{3}}=\sqrt{2}+1$

61 $\dfrac{12+3\sqrt{6}}{\sqrt{3}}=a\sqrt{3}+b\sqrt{2}$를 만족시키는 유리수 a, b에 대하여 $a-b$의 값은?

① -7 ② -1 ③ 0
④ 1 ⑤ 7

62 $\dfrac{10-\sqrt{125}}{3\sqrt{5}}$의 분모를 유리화하시오.

63 $\dfrac{\sqrt{12}-\sqrt{2}}{\sqrt{3}}-\dfrac{\sqrt{27}+\sqrt{8}}{\sqrt{2}}$을 계산하시오.

64 $\sqrt{32}$의 정수 부분을 a, 소수 부분을 b라고 할 때, $\dfrac{a+\sqrt{2}}{b+5}$의 값을 구하시오.

유형16 근호를 포함한 복잡한 식의 계산 개념편 44쪽

❶ 괄호가 있으면 분배법칙을 이용하여 괄호를 푼다.
❷ $\sqrt{a^2b}$ 꼴은 $a\sqrt{b}$ 꼴로 고친다.
❸ 분모에 무리수가 있으면 분모를 유리화한다.
❹ 곱셈, 나눗셈을 먼저 한 후 덧셈, 뺄셈을 한다.

65 $\sqrt{3}\left(\dfrac{1}{\sqrt{3}}+\dfrac{1}{\sqrt{5}}\right)-\sqrt{5}\left(\dfrac{1}{\sqrt{5}}-\dfrac{3\sqrt{3}}{5}\right)$을 계산하면?

① 1 ② $\dfrac{4\sqrt{15}}{5}$ ③ $\sqrt{15}$
④ $\dfrac{6\sqrt{15}}{5}$ ⑤ $2\sqrt{15}$

66 다음 등식을 만족시키는 유리수 a, b에 대하여 $a+b$의 값을 구하시오.

$$4\sqrt{2}(\sqrt{3}-1)-2\sqrt{3}\left(\sqrt{2}+\frac{1}{\sqrt{6}}\right)=a\sqrt{2}+b\sqrt{6}$$

67 서술형 $A=\sqrt{18}+2$, $B=\sqrt{3}A-2\sqrt{6}$, $C=2\sqrt{6}-\dfrac{B}{\sqrt{2}}$일 때, C의 값을 구하시오.

풀이 과정

답

유형17 제곱근의 계산 결과가 유리수가 될 조건

개념편 42~44쪽

a, b는 유리수, $\sqrt{x}$는 무리수일 때
(1) $a\sqrt{x}$가 유리수가 되려면 ➡ $a=0$
(2) $a+b\sqrt{x}$가 유리수가 되려면 ➡ $b=0$

68 $\sqrt{8}-a\sqrt{2}+\sqrt{16}-\sqrt{32}$를 계산한 결과가 유리수가 되도록 하는 유리수 a의 값은?

① -2　② -1　③ 0
④ 1　⑤ 2

69 $\sqrt{2}(a+4\sqrt{2})-\sqrt{3}(\sqrt{3}+\sqrt{6})$을 계산한 결과가 유리수가 되도록 하는 유리수 a의 값은?

① 2　② 3　③ 4
④ 5　⑤ 6

70 $\dfrac{3-\sqrt{48}}{\sqrt{3}}+\sqrt{3}a(\sqrt{12}-2)$를 계산한 결과가 유리수가 되도록 하는 유리수 a의 값은?

① $\dfrac{1}{2}$　② $\dfrac{2}{3}$　③ 1
④ 2　⑤ $\dfrac{5}{2}$

유형18 제곱근의 덧셈과 뺄셈의 도형에의 활용

개념편 42~44쪽

평면도형 또는 입체도형이 주어지면 길이, 넓이, 부피를 구하는 공식을 이용하여 알맞은 식을 세운 후, 제곱근의 덧셈과 뺄셈을 하여 식을 간단히 한다.

71 다음 그림과 같은 사다리꼴의 넓이를 구하시오.

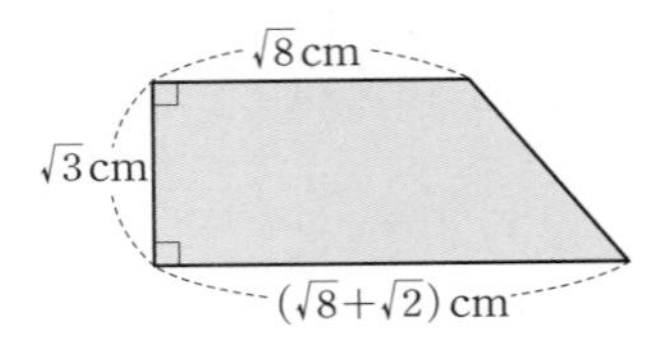

72 다음 그림과 같이 밑면의 가로, 세로의 길이가 각각 $(\sqrt{5}+\sqrt{7})$ cm, $\sqrt{7}$ cm이고, 높이가 $\sqrt{5}$ cm인 직육면체의 겉넓이를 구하시오.

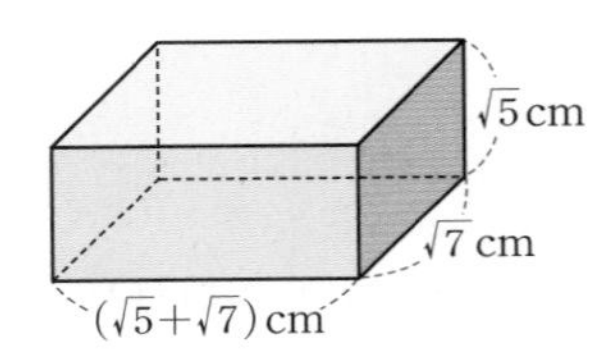

보조선을 그어 주어진 도형의 넓이를 구해 봐.

73 오른쪽 그림의 도형과 넓이가 같은 정사각형의 한 변의 길이는?

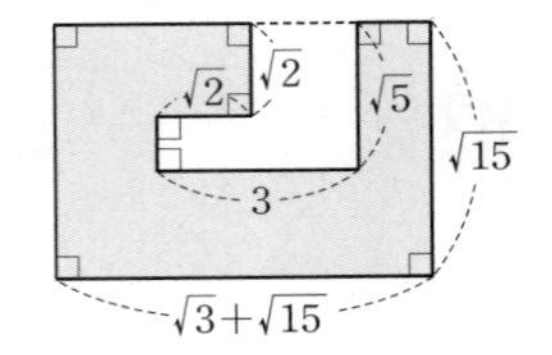

① 4　② $\sqrt{17}$
③ $3\sqrt{2}$　④ $\sqrt{19}$
⑤ $2\sqrt{5}$

한 걸음 더 연습 유형 18

74 오른쪽 그림과 같이 넓이가 각각 $2\,\text{cm}^2$, $8\,\text{cm}^2$, $18\,\text{cm}^2$인 정사각형 모양의 색종이를 겹치지 않게 이어 붙인 도형의 둘레의 길이는?

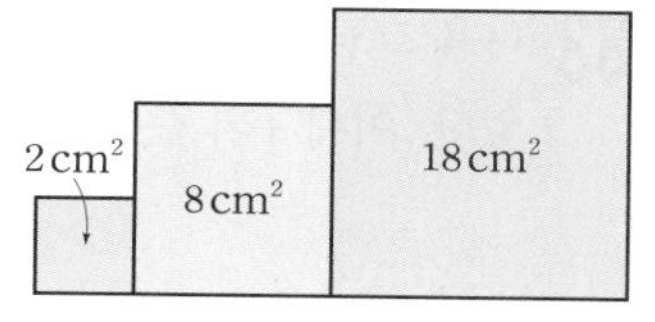

① $12\sqrt{2}\,\text{cm}$ ② $16\sqrt{2}\,\text{cm}$ ③ $18\sqrt{2}\,\text{cm}$
④ $22\sqrt{2}\,\text{cm}$ ⑤ $28\sqrt{2}\,\text{cm}$

75 오른쪽 그림과 같이 정사각형이 되도록 모으면 한 변의 길이가 4인 정사각형이 되는 칠교판이 있다. 이것을 이용하여 다음 그림과 같은 모양의 도형을 만들 때, 이 도형의 둘레의 길이는?

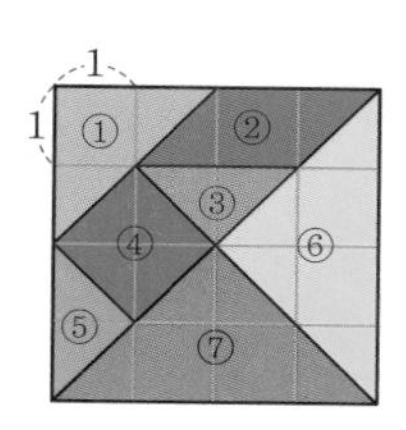

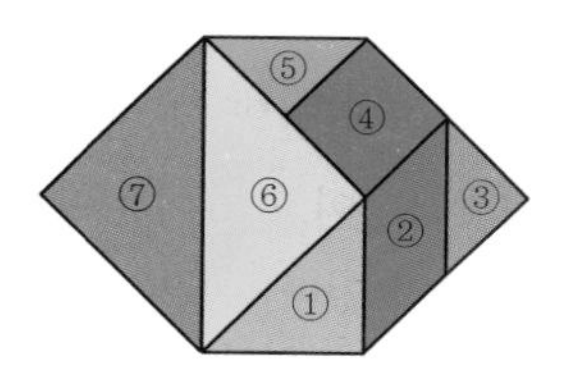

① $2+4\sqrt{2}$ ② $2+6\sqrt{2}$ ③ $4+8\sqrt{2}$
④ $8+4\sqrt{2}$ ⑤ $12+4\sqrt{2}$

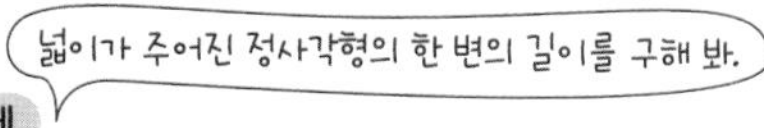

까다로운 기출문제

76 전체 넓이가 240인 정사각형 모양인 땅을 오른쪽 그림과 같이 5개의 직사각형과 1개의 정사각형으로 분할하려고 한다. 땅 A와 E는 넓이가 각각 40인 직사각형 모양이고, 땅 C는 넓이가 60인 정사각형 모양일 때, 땅 B의 세로의 길이를 구하시오.

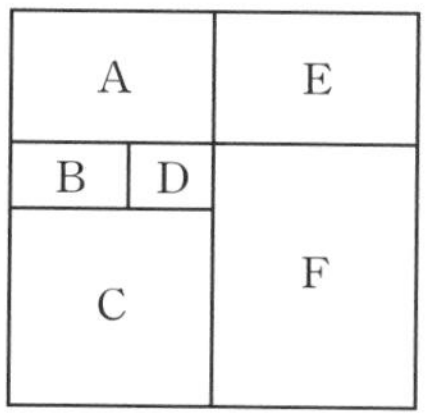

A E
B D
C F

유형 19 제곱근의 덧셈과 뺄셈의 수직선에의 활용

개념편 42~44쪽

정사각형의 대각선의 길이 또는 직각삼각형의 빗변의 길이를 이용하여 주어진 점에 대응하는 수를 구한다.

77 다음 그림은 수직선 위에 한 변의 길이가 1인 두 정사각형을 그린 것이다. $\overline{PQ}=\overline{PA}$, $\overline{RS}=\overline{RB}$이고 두 점 A, B에 대응하는 수를 각각 a, b라고 할 때, $a-b$의 값은?

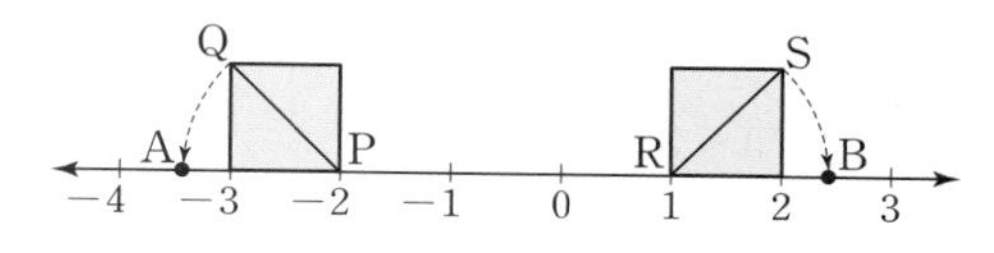

① $-3-2\sqrt{2}$ ② $-3-\sqrt{2}$ ③ -3
④ $3-2\sqrt{2}$ ⑤ $3+2\sqrt{2}$

78 다음 그림은 한 칸의 가로와 세로의 길이가 각각 1인 모눈종이 위에 수직선을 그린 것이다. $\overline{AB}=\overline{AP}$, $\overline{AC}=\overline{AQ}$이고 두 점 P, Q에 대응하는 수를 각각 a, b라고 할 때, $\sqrt{5}a+5b$의 값을 구하시오.

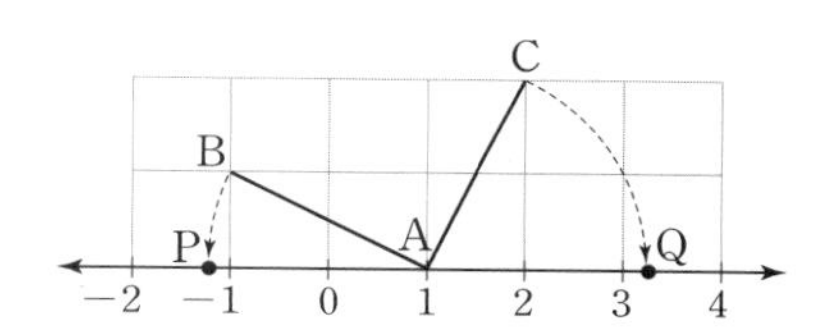

79 다음 그림은 수직선 위에 한 변의 길이가 1인 정사각형 ABCD를 그린 것이다. $\overline{BD}=\overline{BP}$, $\overline{AC}=\overline{AQ}$일 때, $\overline{PQ}$의 길이를 구하시오.

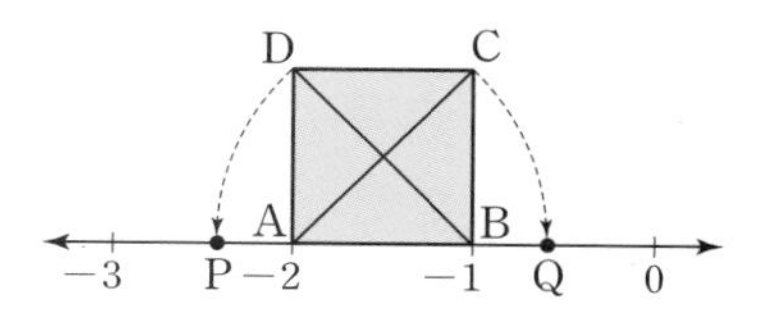

유형20 실수의 대소 관계 개념편 42쪽

두 실수 a, b의 대소 관계는 $a-b$의 부호로 판단한다.

(1) $a-b>0$이면 ➡ $a>b$

(2) $a-b=0$이면 ➡ $a=b$

(3) $a-b<0$이면 ➡ $a<b$

80 다음 중 두 실수의 대소 관계가 옳은 것은?

① $2\sqrt{3}<\sqrt{2}+\sqrt{3}$

② $4\sqrt{2}<1+2\sqrt{2}$

③ $3\sqrt{2}<5-\sqrt{2}$

④ $2\sqrt{3}-1<3\sqrt{2}-1$

⑤ $4\sqrt{6}-3\sqrt{5}>\sqrt{5}+2\sqrt{6}$

81 $a=3\sqrt{2}-2$, $b=1$, $c=2\sqrt{5}-2$일 때, 세 수 a, b, c의 대소 관계로 옳은 것은?

① $a<b<c$ ② $a<c<b$ ③ $b<a<c$
④ $b<c<a$ ⑤ $c<b<a$

82 다음 세 수를 작은 것부터 차례로 나열하시오.

서술형

$5+\sqrt{3}$, $3+\sqrt{12}$, $\sqrt{48}$

풀이 과정

답

톡톡 튀는 문제

83 다음 그림과 같이 △ABC를 확대하여 △PQR를 만들었다. 이때 x의 값은?

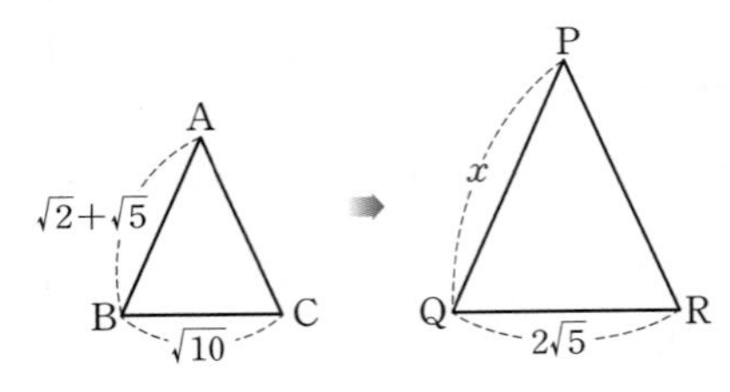

① $1+\sqrt{10}$ ② $2+\sqrt{10}$ ③ $2+2\sqrt{5}$
④ $1+2\sqrt{10}$ ⑤ $2+2\sqrt{10}$

84 다음 그림과 같이 밑면의 한 변의 길이가 각각 10 cm, 20 cm인 정사각형이고 높이는 모두 5 cm인 직육면체 모양의 두 상자가 있다. 작은 상자는 큰 상자의 한가운데에 올려놓고 그림과 같이 끈을 묶어 매듭을 매려고 한다. 매듭을 매는 데 필요한 끈의 길이가 $10\sqrt{2}$ cm일 때, 필요한 끈의 전체 길이를 구하시오. (단, 끈을 묶을 때는 팽팽하게 묶고, 남는 길이가 없다.)

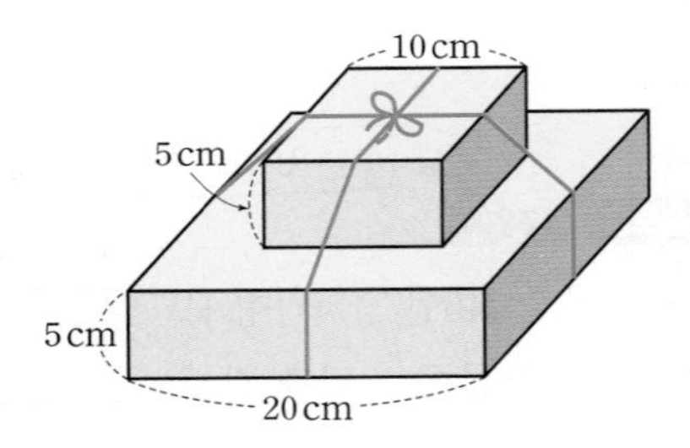

● 정답과 해설 22쪽

단원 마무리

중요

꼭 나오는 기본 문제

1 다음 중 옳지 <u>않은</u> 것은?

① $3\sqrt{3}\times2\sqrt{5}=6\sqrt{15}$
② $\sqrt{12}\div\sqrt{6}=\sqrt{2}$
③ $-\sqrt{24}\times\sqrt{\frac{1}{6}}=-2$
④ $\sqrt{5}\div\sqrt{\frac{1}{2}}=10$
⑤ $-\sqrt{32}\div(-\sqrt{2})=4$

2 $3\sqrt{5}=\sqrt{a}$, $\sqrt{52}=b\sqrt{c}$를 만족시키는 자연수 a, b, c에 대하여 $a+b+c$의 값은? (단, $b\neq1$)

① 48 ② 54 ③ 60
④ 66 ⑤ 70

3 다음 중 $\sqrt{3}=1.732$임을 이용하여 제곱근의 값을 구할 수 <u>없는</u> 것은?

① $\sqrt{0.03}$ ② $\sqrt{0.27}$ ③ $\sqrt{0.3}$
④ $\sqrt{12}$ ⑤ $\sqrt{300}$

4 $\sqrt{5}=a$, $\sqrt{7}=b$라고 할 때, $\sqrt{140}$을 a, b를 사용하여 나타내면?

① $\sqrt{ab}$ ② $\sqrt{2ab}$ ③ $2\sqrt{ab}$
④ ab ⑤ $2ab$

5 $\frac{5}{\sqrt{18}}=a\sqrt{2}$, $\frac{1}{2\sqrt{3}}=b\sqrt{3}$을 만족시키는 유리수 a, b에 대하여 $a-b$의 값은?

① $\frac{1}{6}$ ② $\frac{3}{8}$ ③ $\frac{1}{2}$
④ $\frac{2}{3}$ ⑤ 1

6 $8\sqrt{3}\times\left(-\frac{3}{\sqrt{2}}\right)\div2\sqrt{12}$를 간단히 하시오.

7 오른쪽 그림과 같은 정사각형 ABCD에서 대각선 BD의 길이가 6 cm일 때, □ABCD의 둘레의 길이는?

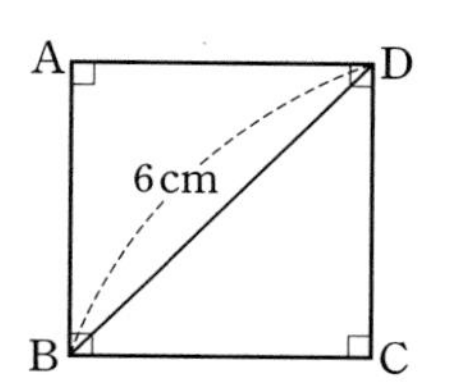

① $6\sqrt{2}$ cm ② $8\sqrt{2}$ cm
③ $10\sqrt{2}$ cm ④ $12\sqrt{2}$ cm
⑤ $14\sqrt{2}$ cm

8 $8\sqrt{3}-\sqrt{24}-\sqrt{12}+\frac{\sqrt{54}}{3}$를 계산하면?

① $6\sqrt{3}-\sqrt{6}$ ② $6\sqrt{3}$ ③ $6\sqrt{3}+\sqrt{6}$
④ $4\sqrt{3}-\sqrt{6}$ ⑤ $4\sqrt{3}$

9 $\frac{2-\sqrt{3}}{\sqrt{2}}-\sqrt{2}(3-2\sqrt{3})=a\sqrt{2}+b\sqrt{6}$을 만족시키는 유리수 a, b에 대하여 $a+2b$의 값을 구하시오.

10 오른쪽 그림과 같은 직사각형 ABCD에서 $\overline{AB}$, $\overline{AD}$를 각각 한 변으로 하는 두 정사각형을 그렸더니 그 넓이가 각각 12, 48이었다. 이때 □ABCD의 둘레의 길이를 구하시오.

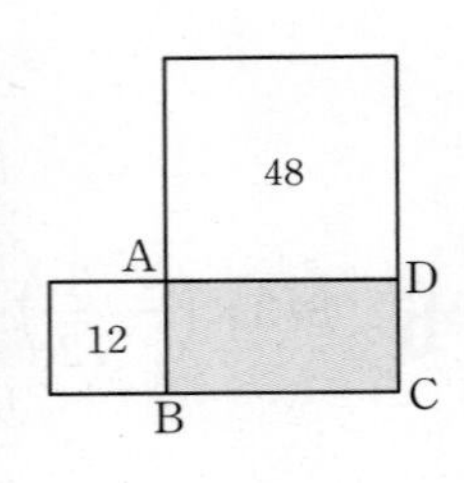

11 다음 중 두 실수의 대소 관계가 옳은 것은?

① $\sqrt{5}+\sqrt{10}<3+\sqrt{5}$ ② $2\sqrt{3}+1>\sqrt{3}+3$
③ $5-\sqrt{3}>2+\sqrt{3}$ ④ $\sqrt{7}+2>2\sqrt{7}-1$
⑤ $\sqrt{2}+1<2\sqrt{2}-1$

가뿐하지! LEVEL 2 자주 나오는 **실력 문제**

12 $\sqrt{2}\times\sqrt{5}\times\sqrt{a}\times\sqrt{5a}\times\sqrt{50}=250$을 만족시키는 자연수 a의 값은?

① 2 ② 5 ③ 10
④ 15 ⑤ 20

13 다음 표는 제곱근표의 일부이다. 이 표를 이용하여 $\sqrt{22000}$의 값을 구하면?

수	0	1	2	3	4
54	7.348	7.355	7.362	7.369	7.376
55	7.416	7.423	7.430	7.436	7.443
56	7.483	7.490	7.497	7.503	7.510

① 7.416 ② 14.71 ③ 14.832
④ 147.1 ⑤ 148.32

14 오른쪽 그림과 같이 밑면의 반지름의 길이가 $3\sqrt{6}$ cm인 원뿔의 부피가 $72\sqrt{10}\pi$ cm^{3}일 때, 이 원뿔의 높이를 구하시오.

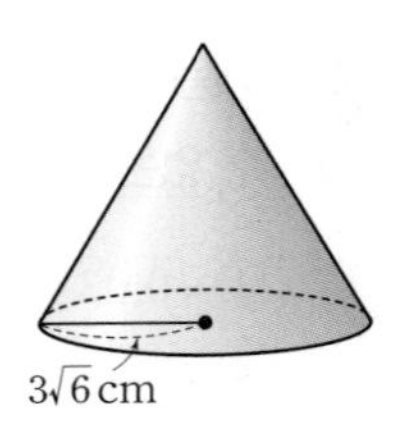

유형 3 곱셈 공식 (2) - 합과 차의 곱 개념편 58쪽

$(a+b)(a-b)=a^2-b^2$ ← 합과 차의 곱
(합, 차, 제곱의 차)

7 다음 중 옳지 않은 것은?

① $(x+7)(x-7)=x^2-49$
② $(-3+x)(-3-x)=x^2-9$
③ $(-4a+6)(4a+6)=-16a^2+36$
④ $(-a-b)(a-b)=-a^2+b^2$
⑤ $\left(p+\frac{1}{4}\right)\left(\frac{1}{4}-p\right)=-p^2+\frac{1}{16}$

8 $(ax+2y)(2y-ax)=-\frac{1}{25}x^2+4y^2$일 때, 양수 a의 값은?

① $\frac{1}{25}$ ② $\frac{1}{5}$ ③ 1
④ 5 ⑤ 25

9 다음 중 전개식이 나머지 넷과 다른 하나는?

① $(x+y)(x-y)$
② $(x+y)(-x-y)$
③ $(-x+y)(-x-y)$
④ $-(x+y)(-x+y)$
⑤ $-(x-y)(-x-y)$

10 $a^2=12$, $b^2=9$일 때, $\left(\frac{1}{2}a+\frac{4}{3}b\right)\left(\frac{1}{2}a-\frac{4}{3}b\right)$의 값은?

① -17 ② -15 ③ -13
④ -11 ⑤ -9

틀리기 쉬운

유형 4 연속한 합과 차의 곱 개념편 58쪽

$(a-b)(a+b)(a^2+b^2)=(a^2-b^2)(a^2+b^2)$
$=a^4-b^4$

11 $(a-3)(a+3)(a^2+9)$를 전개하면?

① a^2-9 ② a^4+27 ③ a^4-27
④ a^4+81 ⑤ a^4-81

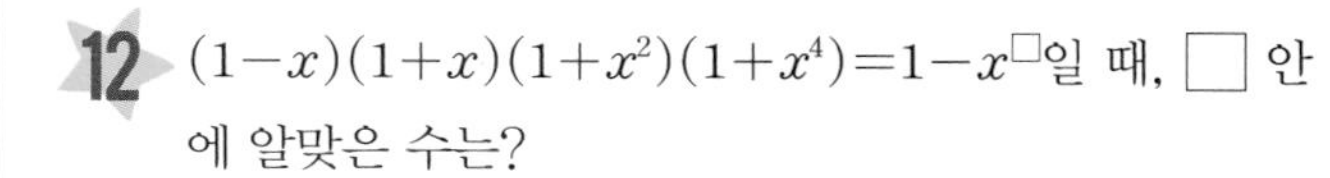

12 $(1-x)(1+x)(1+x^2)(1+x^4)=1-x^{\square}$일 때, □ 안에 알맞은 수는?

① 4 ② 6 ③ 8
④ 9 ⑤ 10

13 서술형 $(x-2)(x+2)(x^2+4)(x^4+16)$을 전개한 식이 x^a-b일 때, 상수 a, b에 대하여 $a+b$의 값을 구하시오.

풀이 과정

답

유형 5 곱셈 공식 (3) - 일차항의 계수가 1인 두 일차식의 곱 개념편 59쪽

합

$(x+a)(x+b)=x^2+(a+b)x+ab$

곱

14 $\left(x-\frac{1}{2}y\right)\left(x+\frac{1}{5}y\right)=x^2+axy+by^2$일 때, 상수 a, b에 대하여 $a+b$의 값을 구하시오.

15 다음 중 □ 안에 알맞은 수가 나머지 넷과 다른 하나는?

① $(x+6)(x-2)=x^2+\square x-12$
② $(x-8)(x+4)=x^2-\square x-32$
③ $(x+1)(x+4)=x^2+5x+\square$
④ $(x+y)(x-5y)=x^2-\square xy-5y^2$
⑤ $(x-y)(x-4y)=x^2-\square xy+4y^2$

16 $(x-6)(x+a)=x^2+bx-18$일 때, 상수 a, b에 대하여 $a+b$의 값을 구하시오.

주어진 조건을 만족시키는 순서쌍 (A, B)를 생각해 봐.

까다로운 기출문제

17 $(x+A)(x+B)=x^2+Cx-12$일 때, 다음 중 C의 값이 될 수 없는 것은? (단, A, B, C는 정수)

① -11 ② -1 ③ 2
④ 4 ⑤ 11

유형 6 곱셈 공식 (4) - 일차항의 계수가 1이 아닌 두 일차식의 곱 개념편 59쪽

곱

$(ax+b)(cx+d)=acx^2+(ad+bc)x+bd$

곱

18 $\left(3x+\frac{3}{5}y\right)\left(2x-\frac{1}{3}y\right)=ax^2+bxy+cy^2$일 때, 상수 a, b, c에 대하여 $a+b+c$의 값을 구하시오.

19 $(2x+a)(bx-5)=-14x^2+cx+15$일 때, 상수 a, b, c에 대하여 $a+b+c$의 값은?

① -5 ② -3 ③ -1
④ 1 ⑤ 3

20 $(5x+3)(4x-a)$를 전개한 식에서 x의 계수와 상수항이 같을 때, 상수 a의 값을 구하시오.

21 $3x+a$에 $5x-1$을 곱해야 할 것을 잘못하여 $x-5$를 곱했더니 $3x^2-11x-20$이 되었다. 이때 바르게 계산한 식을 구하시오. (단, a는 상수)

유형 7 곱셈 공식 - 종합

개념편 57~59쪽

(1) $(a+b)^2=a^2+2ab+b^2$
$(a-b)^2=a^2-2ab+b^2$
(2) $(a+b)(a-b)=a^2-b^2$
(3) $(x+a)(x+b)=x^2+(a+b)x+ab$
(4) $(ax+b)(cx+d)=acx^2+(ad+bc)x+bd$

22 다음 중 옳은 것은?

① $(-x+y)^2=x^2+2xy+y^2$
② $(2x-3y)^2=4x^2-9y^2$
③ $\left(-x+\frac{1}{3}\right)\left(-x-\frac{1}{3}\right)=x^2+\frac{1}{9}$
④ $(x-2)(x+3)=x^2+x-6$
⑤ $(2x+1)(3x-1)=6x^2-x-1$

23 다음 중 □ 안에 알맞은 수가 가장 작은 것은?

① $(x-2)^2=x^2-\square x+4$
② $(-a+3b)^2=a^2-6ab+\square b^2$
③ $(x-8)(x+3)=x^2-\square x-24$
④ $(2x-3)(4x+1)=8x^2-\square x-3$
⑤ $(2a+b)(3a-5b)=\square a^2-7ab-5b^2$

24 다음 보기의 식을 전개하였을 때, xy의 계수가 가장 작은 것을 고르시오.

보기
ㄱ. $(5x+3y)^2$ ㄴ. $(2x-8y)(2x+8y)$
ㄷ. $(x-6y)^2$ ㄹ. $(2x-3y)(5x+3y)$

25 $(3x+2y)(3x-2y)-(x-2y)^2$을 간단히 하시오.

26 $(3x+5)(x+4)-2(x-1)(x+5)$를 간단히 하였을 때, x의 계수와 상수항의 합을 구하시오.

27 서술형 $(4x-y)(5x+6y)-(x-4y)(2x+3y)$를 간단히 하면 $Ax^2+Bxy+Cy^2$일 때, 상수 A, B, C에 대하여 $A+B-C$의 값을 구하시오.

풀이 과정

답

28 $2(x+a)^2+(3x-1)(4-x)$를 간단히 하면 x의 계수가 17일 때, 상수항을 구하시오. (단, a는 상수)

유형 8 곱셈 공식과 도형의 넓이 개념편 57~59쪽

직사각형의 넓이는 곱셈 공식을 이용하여 다음과 같은 순서대로 구한다.

❶ 가로, 세로의 길이를 각각 문자를 사용하여 나타낸다.

❷ (직사각형의 넓이)=(가로의 길이)×(세로의 길이)임을 이용하여 넓이를 구하는 식을 세운다.

❸ ❷에서 세운 식을 곱셈 공식을 이용하여 전개한다.

29 한 변의 길이가 x인 정사각형의 가로의 길이를 5만큼 늘이고, 세로의 길이를 2만큼 줄여서 만든 직사각형의 넓이를 구하시오.

30 오른쪽 그림에서 색칠한 직사각형의 넓이는?

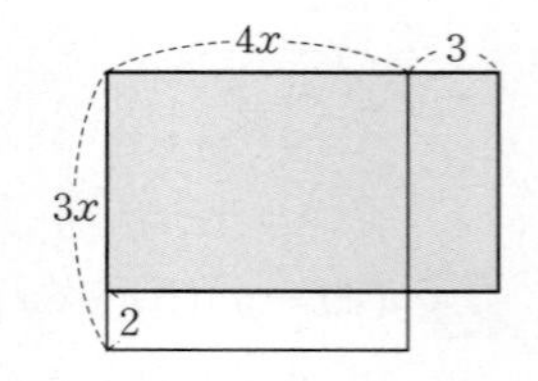

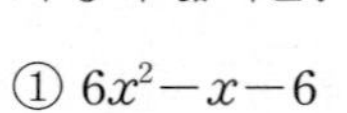
① $6x^2-x-6$

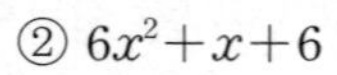
② $6x^2+x+6$

③ $12x^2-x-6$

④ $12x^2+x-6$

⑤ $12x^2+x+6$

31 오른쪽 그림과 같이 한 변의 길이가 a인 정사각형에서 가로의 길이를 b만큼 줄이고 세로의 길이를 b만큼 늘여서 만든 직사각형의 넓이는 처음 정사각형의 넓이에서 어떻게 변하는가?

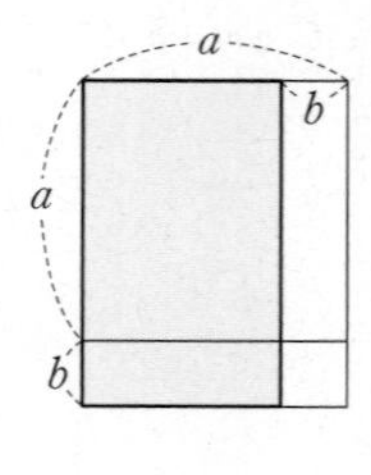

① b만큼 늘어난다. ② b만큼 줄어든다.

③ b^2만큼 늘어난다. ④ b^2만큼 줄어든다.

⑤ 변함이 없다.

32 다음 그림과 같이 가로의 길이가 $6x$, 세로의 길이가 $4x$인 직사각형 모양의 정원에 폭이 2로 일정한 길을 만들려고 한다. 이때 길을 제외한 정원의 넓이를 구하시오.

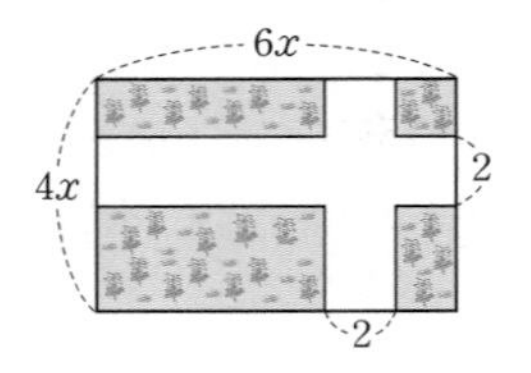

33 다음 그림과 같이 가로의 길이가 a, 세로의 길이가 b인 직사각형 모양의 종이를 접어 2개의 정사각형을 만들었다. 이 두 정사각형을 오려 내고 남은 색칠한 직사각형의 넓이를 구하시오. (단, $b<a<2b$)

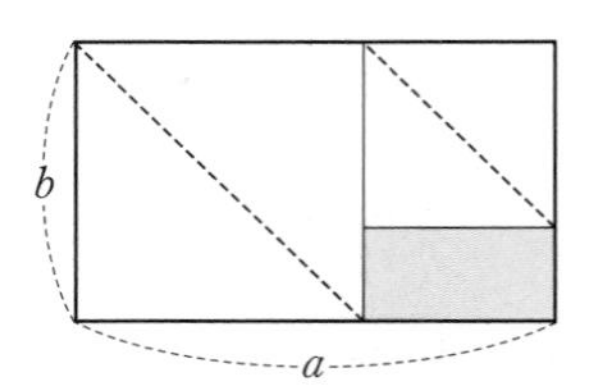

까다로운 기출문제

전체 직사각형의 넓이에서 나무 판자의 넓이를 빼 봐!

34 다음 그림과 같이 가로의 길이가 x, 세로의 길이가 $3y$인 합동인 직사각형 모양의 나무 판자 8개를 이용하여 두 종류의 액자를 만들었다. 두 액자에서 색칠한 부분의 넓이를 각각 A, B라고 할 때, $A-B$를 구하시오. (단, $x<y$)

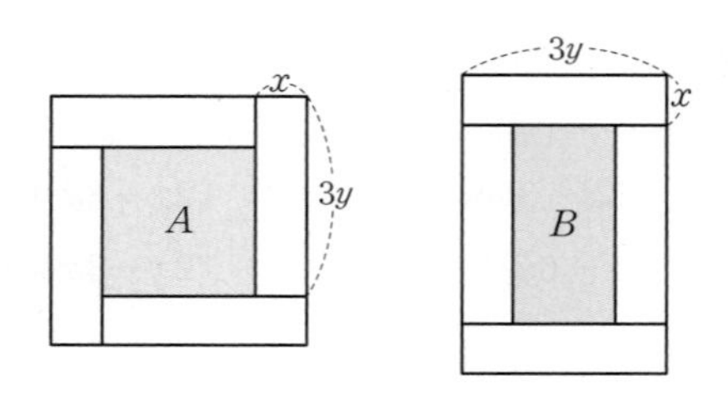

• 정답과 해설 26쪽

까다로운

유형 9 공통부분이 있는 식의 전개 개념편 57~59쪽

공통부분이 있는 식은 다음과 같은 순서대로 전개한다.

❶ 공통부분 또는 식의 일부를 한 문자로 놓는다.

❷ ❶의 식을 곱셈 공식을 이용하여 전개한다.

❸ ❷의 식에 문자 대신 원래의 식을 대입하여 정리한다.

예 $(a+b-2)(a+b+3)$

$=(A-2)(A+3)$ ← $a+b=A$로 놓기

$=A^2+A-6$ ← 전개

$=(a+b)^2+(a+b)-6$ ← $A=a+b$를 대입

$=a^2+2ab+b^2+a+b-6$ ← 전개하여 정리

35 다음 식을 전개하시오.

(1) $(a+2b-3)(a+2b+4)$

(2) $(-2x+y+1)(-2x-y-1)$

36 다음은 $(x-2y+1)^2$을 전개하는 과정이다. □ 안에 알맞은 것을 쓰시오.

> $x-2y=A$로 놓으면
> $(x-2y+1)^2=(A+1)^2$
> $=A^2+$□$+1$
> $=(x-2y)^2+$□$+1$
> $=$□

37 $(4x+3y-z)^2$을 전개한 식에서 xy의 계수를 a, yz의 계수를 b라고 할 때, $a-b$의 값은?

① 18 ② 24 ③ 30 ④ 32 ⑤ 36

유형 10 곱셈 공식을 이용한 수의 계산 개념편 62쪽

(1) 수의 제곱의 계산은 다음 곱셈 공식을 이용한다.

➡ $(a+b)^2=a^2+2ab+b^2$

$(a-b)^2=a^2-2ab+b^2$

(2) 두 수의 곱의 계산은 다음 곱셈 공식을 이용한다.

➡ $(a+b)(a-b)=a^2-b^2$

$(x+a)(x+b)=x^2+(a+b)x+ab$

38 다음 중 43×37을 계산하는 데 이용되는 가장 편리한 곱셈 공식은?

① $(a+b)^2=a^2+2ab+b^2$ (단, $a>0$, $b>0$)

② $(a-b)^2=a^2-2ab+b^2$ (단, $a>0$, $b>0$)

③ $(a+b)(a-b)=a^2-b^2$

④ $(x+a)(x+b)=x^2+(a+b)x+ab$

⑤ $(ax+b)(cx+d)=acx^2+(ad+bc)x+bd$

39 다음은 1003^2과 5.7×6.3을 곱셈 공식을 이용하여 계산하는 과정이다. 자연수 a, b, c에 대하여 $a+b+c$의 값은?

> • $1003^2=(1000+3)^2=1000^2+a+3^2$
> • $5.7\times6.3=(6-0.3)(6+0.3)=b^2-0.3^c$

① 2008 ② 3008 ③ 5008 ④ 6008 ⑤ 8008

40 다음을 곱셈 공식을 이용하여 계산하시오.

> $89\times87-88\times86$

41 곱셈 공식을 이용하여 $\frac{1009\times1011+1}{1010}$을 계산하시오.

42 $999\times1001+1=10^a$일 때, 자연수 a의 값을 구하시오.

43 곱셈 공식을 이용하여 $\frac{2021^2-2015\times2027}{2020^2-2018\times2022}$을 계산하시오.

서술형

풀이 과정

답

(a+b)(a−b)=a²−b²을 이용할 수 있도록 주어진 식에 적당한 식을 곱해 봐.

까다로운 기출문제

44 곱셈 공식 $(a+b)(a-b)=a^2-b^2$을 이용하여

$$(2+1)(2^2+1)(2^4+1)(2^8+1)(2^{16}+1)$$

을 전개하시오.

유형11 곱셈 공식을 이용한 무리수의 계산 개념편 63쪽

제곱근을 문자로 생각하고 곱셈 공식을 이용하여 계산한다.

예 $(\sqrt{2}+3)^2=(\sqrt{2})^2+2\times\sqrt{2}\times3+3^2$
$=2+6\sqrt{2}+9=11+6\sqrt{2}$

45 다음 중 옳은 것은?

① $(2\sqrt{3}+3)^2=12+12\sqrt{3}$
② $(5\sqrt{3}+\sqrt{2})(4\sqrt{3}-\sqrt{2})=58-\sqrt{6}$
③ $(\sqrt{7}+3)(\sqrt{7}-3)=4$
④ $(\sqrt{5}+2)(\sqrt{5}-7)=-14-5\sqrt{5}$
⑤ $(\sqrt{8}-\sqrt{12})^2=20-2\sqrt{6}$

46 $(3\sqrt{2}+1)^2-(\sqrt{2}-3)(2\sqrt{2}+5)$를 계산하시오.

47 $(a-3\sqrt{3})(3-2\sqrt{3})=15-b\sqrt{3}$을 만족시키는 유리수 a, b에 대하여 $a+b$의 값은?

① -8 ② -7 ③ 6
④ 7 ⑤ 8

48 $5-\sqrt{2}$의 소수 부분을 a라고 할 때, a^2의 값을 구하시오.

49 $(2+2\sqrt{3})(a-3\sqrt{3})$을 계산한 결과가 유리수가 되도록 하는 유리수 a의 값을 구하시오.

서술형

풀이 과정

답

50 $(2-\sqrt{5})^{10}(2+\sqrt{5})^{11}=a+b\sqrt{5}$일 때, 유리수 a, b에 대하여 ab의 값을 구하시오.

51 다음 그림과 같은 도형의 넓이를 구하시오.

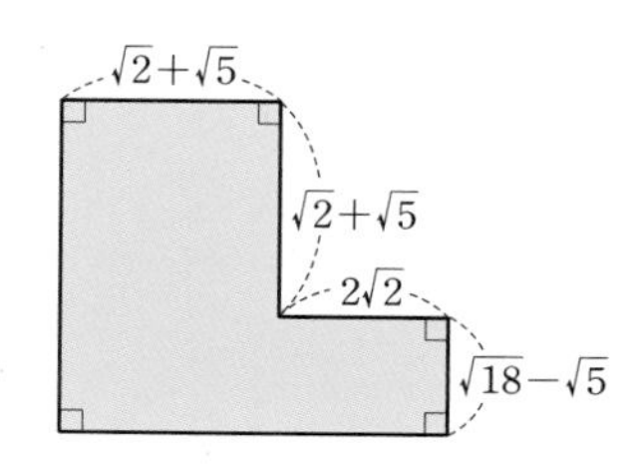

유형 12 곱셈 공식을 이용한 분모의 유리화 개념편 63쪽

분모가 두 수의 합 또는 차로 되어 있는 무리수이면 곱셈 공식 $(a+b)(a-b)=a^2-b^2$을 이용하여 분모를 유리화한다.

예 $\dfrac{1}{2+\sqrt{3}}=\dfrac{2-\sqrt{3}}{(2+\sqrt{3})(2-\sqrt{3})}=\dfrac{2-\sqrt{3}}{2^2-(\sqrt{3})^2}=2-\sqrt{3}$

부호 반대

52 다음 중 분모를 유리화한 것으로 옳은 것은?

① $\dfrac{3}{\sqrt{2}}=\dfrac{3}{2}$ ② $\dfrac{1}{\sqrt{5}-2}=-\sqrt{5}-2$

③ $\dfrac{1}{\sqrt{7}+\sqrt{5}}=\sqrt{7}-\sqrt{5}$ ④ $\dfrac{2}{2-\sqrt{2}}=2+\sqrt{2}$

⑤ $\dfrac{5}{\sqrt{7}+2\sqrt{3}}=\sqrt{7}-2\sqrt{3}$

53 $x=8+3\sqrt{7}$이고 x의 역수를 y라고 할 때, $x+y$의 값은?

① -16 ② $-6\sqrt{7}$ ③ $6\sqrt{7}$
④ 16 ⑤ $16+6\sqrt{7}$

54 $\dfrac{2\sqrt{3}+3\sqrt{2}}{2\sqrt{3}-3\sqrt{2}}=a+b\sqrt{6}$일 때, 유리수 a, b에 대하여 ab의 값을 구하시오.

55 $\dfrac{\sqrt{7}-\sqrt{3}}{\sqrt{7}+\sqrt{3}}+\dfrac{\sqrt{7}+\sqrt{3}}{\sqrt{7}-\sqrt{3}}$을 계산하시오.

56 $7-\sqrt{3}$의 정수 부분을 a, 소수 부분을 b라고 할 때, $\frac{a}{b}$의 값을 구하시오.

57 서술형 다음 그림은 한 칸의 가로와 세로의 길이가 각각 1인 모눈종이 위에 수직선과 정사각형 ABCD를 그린 것이다. $\overline{AB}=\overline{AP}$, $\overline{AD}=\overline{AQ}$이고 두 점 P, Q에 대응하는 수를 각각 a, b라고 할 때, $\frac{b}{a}$의 값을 구하시오.

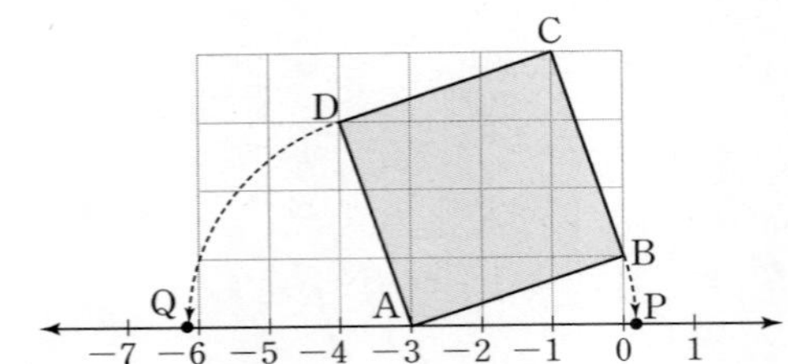

풀이 과정

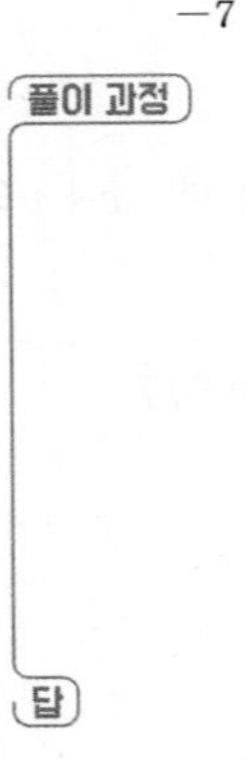

답

까다로운 기출문제 (주어진 $F(x)$에 $x=1, 2, 3, \cdots, 24$를 대입해 봐.)

58 자연수 x에 대하여 $F(x)=\sqrt{x}+\sqrt{x+1}$일 때, $\frac{1}{F(1)}+\frac{1}{F(2)}+\frac{1}{F(3)}+\cdots+\frac{1}{F(24)}$의 값은?

① 1 ② 2 ③ 3
④ 4 ⑤ 5

유형13 곱셈 공식의 변형 – 두 수의 합(또는 차)과 곱이 주어진 경우

개념편 66쪽

두 수의 합(또는 차)과 곱이 주어질 때, 다음과 같이 곱셈 공식을 변형한 식을 이용한다.

(1) $a^2+b^2=(a+b)^2-2ab$, $a^2+b^2=(a-b)^2+2ab$

(2) $(a+b)^2=(a-b)^2+4ab$, $(a-b)^2=(a+b)^2-4ab$

59 $x+y=7$, $xy=3$일 때, x^2+y^2의 값은?

① 35 ② 40 ③ 43
④ 45 ⑤ 48

60 $a-b=-4$, $a^2+b^2=6$일 때, ab의 값을 구하시오.

61 $x+y=3$, $xy=-2$일 때, $\frac{y}{x}+\frac{x}{y}$의 값은?

① $-\frac{13}{2}$ ② $-\frac{3}{2}$ ③ $-\frac{2}{3}$
④ $\frac{2}{13}$ ⑤ $\frac{13}{2}$

62 $x-y=-2\sqrt{6}$, $xy=3$일 때, $(x+y)^2$의 값을 구하시오.

63 $a+b=4$, $a^2+b^2=10$일 때, $\frac{1}{a}+\frac{1}{b}$의 값을 구하시오.

64 $x=\frac{1}{\sqrt{5}-2}$, $y=\frac{1}{\sqrt{5}+2}$일 때, x^2+xy+y^2의 값은?

① 14 ② 16 ③ 17
④ 18 ⑤ 19

65 서술형 $(x+2)(y+2)=4$, $xy=-2$일 때, $(x-y)^2$의 값을 구하시오.

풀이 과정

답

까다로운 기출문제

길이와 넓이에 대한 식을 각각 세워 봐.

66 길이가 40인 끈을 적당히 두 개로 잘라서 한 변의 길이가 각각 x, y인 두 개의 정사각형을 만들었다. 두 정사각형의 넓이의 합이 80일 때, xy의 값을 구하시오.

(단, 끈은 남김없이 모두 사용하였다.)

틀리기 쉬운

유형 14 곱셈 공식의 변형 – 두 수의 곱이 1인 경우

개념편 66쪽

곱이 1인 두 수의 합 또는 차가 주어질 때, 다음과 같이 곱셈 공식을 변형한 식을 이용한다.

(1) $x^2+\frac{1}{x^2}=\left(x+\frac{1}{x}\right)^2-\underset{\uparrow\atop 2\times x\times\frac{1}{x}}{2}=\left(x-\frac{1}{x}\right)^2+\underset{\uparrow\atop 2\times x\times\frac{1}{x}}{2}$

(2) $\left(x+\frac{1}{x}\right)^2=\left(x-\frac{1}{x}\right)^2+4$, $\left(x-\frac{1}{x}\right)^2=\left(x+\frac{1}{x}\right)^2-4$

67 $x-\frac{1}{x}=2$일 때, 다음 식의 값을 구하시오.

(1) $x^2+\frac{1}{x^2}$ (2) $\left(x+\frac{1}{x}\right)^2$

68 $a+\frac{1}{a}=2\sqrt{7}$일 때, $a^2+\frac{1}{a^2}$의 값은?

① 13 ② 22 ③ 26
④ $22\sqrt{7}$ ⑤ $26\sqrt{7}$

69 $x^2-4x+1=0$일 때, 다음 식의 값을 구하시오.

(1) $x^2+\frac{1}{x^2}$ (2) $\left(x-\frac{1}{x}\right)^2$

70 $x^2=5x+1$일 때, $x^2-10+\frac{1}{x^2}$의 값을 구하시오.

유형 15 $x=a\pm\sqrt{b}$ 꼴이 주어진 경우 식의 값 구하기

개념편 67쪽

$x=a+\sqrt{b}$일 때, 주어진 식의 값을 구하는 경우

방법 1 $x=a+\sqrt{b}$를 $x-a=\sqrt{b}$로 변형한 후 양변을 제곱하여 정리한다.

$x=a+\sqrt{b}$ ➡ $x-a=\sqrt{b}$ ➡ $(x-a)^2=b$

방법 2 x의 값을 직접 대입하여 식의 값을 구한다.

71 $x=2+\sqrt{3}$일 때, $x^2-4x+11$의 값은?

① 6 ② $4\sqrt{3}$ ③ 8
④ 10 ⑤ $6\sqrt{3}$

72 $x=\dfrac{2}{\sqrt{3}+1}$일 때, x^2+2x-5의 값은?

① -5 ② -3 ③ -1
④ 1 ⑤ 3

73 $4-\sqrt{5}$의 소수 부분을 a라고 할 때, a^2-6a+5의 값은?

① -2 ② -1 ③ 1
④ 2 ⑤ 3

톡톡 튀는 문제

74 다음 그림과 같이 보영이는 통로를 통과해서 마지막에 나오는 출구에서 친구를 만날 수 있다. 통로의 갈림길에서 주어진 식을 전개하였을 때 $(x-2)^2$의 전개식과 같으면 ➡ 방향으로 이동하고, 같지 않으면 ⬇ 방향으로 이동한다. 보영이가 출구에서 만나는 친구는 누구인지 말하시오.

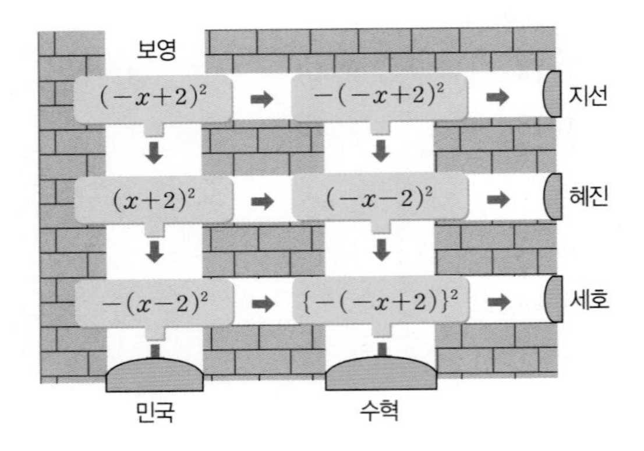

75 다음은 크기가 같은 직육면체 모양의 상자를 쌓아서 하나의 입체도형을 만든 후 각각 앞, 오른쪽 옆, 위에서 본 것이다. 상자 한 개의 밑면의 가로, 세로의 길이는 각각 $x-y$, $x+2y$이고 높이는 1일 때, 물음에 답하시오.

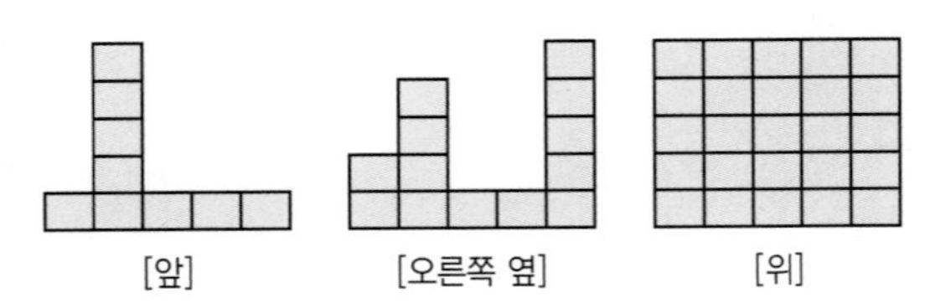

(1) 입체도형 전체를 이루는 상자의 개수를 구하시오.

(2) 입체도형의 부피를 $ax^2+bxy+cy^2$ 꼴로 나타내시오. (단, a, b, c는 상수)

단원 마무리

★ 중요

꼭 나오는 기본 문제

1 $(ax-4y)(2x+5y+3)$을 전개한 식에서 xy의 계수가 17일 때, 상수 a의 값을 구하시오.

2 $(5x+2y)(Ax-y)$를 전개한 식이 $15x^2+Bxy-2y^2$일 때, 상수 A, B에 대하여 $A+B$의 값을 구하시오.

3 ★ 다음 중 옳은 것을 모두 고르면? (정답 2개)

① $(-x-3y)^2=x^2-6xy+9y^2$

② $\left(x-\frac{1}{2}\right)^2=x^2-\frac{1}{2}x+\frac{1}{4}$

③ $(2x+7)(2x-7)=4x^2-49$

④ $(x+5)(x-8)=x^2+3x-40$

⑤ $(-2x+5)(3x-1)=-6x^2+17x-5$

4 오른쪽 그림에서 색칠한 직사각형의 넓이는?

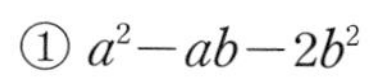

① $a^2-ab-2b^2$

② $a^2-ab+2b^2$

③ a^2+ab

④ $a^2+2ab-2b^2$

⑤ $a^2+2ab+b^2$

5 ★ 다음 중 주어진 수를 계산하는 데 이용되는 가장 편리한 곱셈 공식으로 적절하지 않은 것은?

① 104^2 ⇨ $(a+b)^2=a^2+2ab+b^2$ (단, $a>0$, $b>0$)

② 96^2 ⇨ $(a-b)^2=a^2-2ab+b^2$ (단, $a>0$, $b>0$)

③ 19.7×20.3 ⇨ $(a+b)(a-b)=a^2-b^2$

④ 102×103 ⇨ $(x+a)(x+b)$
$=x^2+(a+b)x+ab$

⑤ 98×102 ⇨ $(ax+b)(cx+d)$
$=acx^2+(ad+bc)x+bd$

6 $(\sqrt{3}-1)^2+(\sqrt{5}+2)(\sqrt{5}-2)$를 계산하면?

① $5+2\sqrt{3}$ ② $5-2\sqrt{3}$ ③ $3+2\sqrt{5}$
④ $3-2\sqrt{5}$ ⑤ -4

7 $(a\sqrt{7}+3)(2\sqrt{7}-1)$을 계산한 결과가 유리수가 되도록 하는 유리수 a의 값과 그때의 식의 값을 차례로 구하면?

① -6, -87 ② -6, -83 ③ -6, -81
④ 6, 81 ⑤ 6, 87

8 $\dfrac{\sqrt{3}-5}{2+\sqrt{3}}=a+b\sqrt{3}$일 때, 유리수 a, b에 대하여 $a+b$의 값은?

① -6 ② -2 ③ 0
④ 3 ⑤ 5

9 서술형 $x=\dfrac{\sqrt{2}+1}{\sqrt{2}-1}$, $y=\dfrac{\sqrt{2}-1}{\sqrt{2}+1}$일 때, $\dfrac{x}{y}+\dfrac{y}{x}$의 값을 구하시오.

풀이 과정

답

10 $x-\dfrac{1}{x}=4$일 때, $x^2+\dfrac{1}{x^2}$의 값은?

① 12 ② 14 ③ 16
④ 18 ⑤ 20

11 $x=\dfrac{1}{2\sqrt{6}-5}$일 때, $x^2+10x-3$의 값은?

① -4 ② -2 ③ 1
④ 3 ⑤ 5

가뿐하지! LEVEL 2 자주 나오는 **실력 문제**

12 다음 보기의 식을 전개하였을 때, 전개식이 같은 것을 모두 고른 것은?

보기
ㄱ. $(x-y)^2$ ㄴ. $(y-x)^2$
ㄷ. $-(x-y)^2$ ㄹ. $(-x+y)^2$
ㅁ. $\{-(x-y)\}^2$ ㅂ. $(-x-y)^2$

① ㄱ, ㄴ ② ㄱ, ㄷ, ㄹ
③ ㄱ, ㅁ, ㅂ ④ ㄱ, ㄴ, ㄹ, ㅁ
⑤ ㄱ, ㄴ, ㄹ, ㅂ

13 다음 그림과 같이 한 변의 길이가 a인 정사각형을 대각선을 따라 자른 후 직각을 낀 변의 길이가 b인 직각이등변삼각형 2개를 잘라 낸 후 남은 부분으로 새로운 직사각형을 만들었다. 이때 새로 만든 직사각형의 넓이를 구하시오.

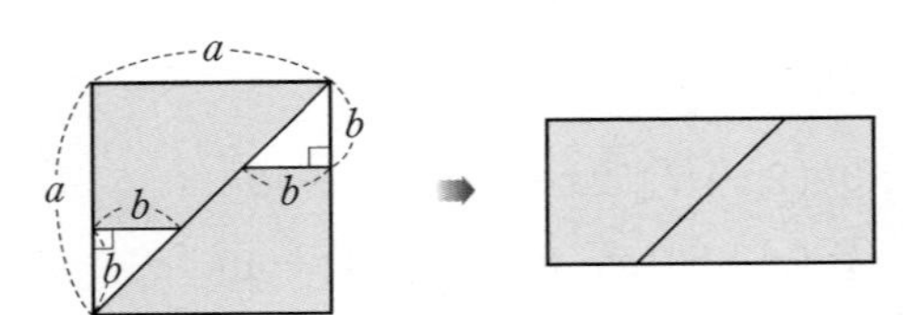

14 서술형 $(3+1)(3^2+1)(3^4+1)=\dfrac{1}{2}(3^a-1)$일 때, 자연수 a의 값을 구하시오.

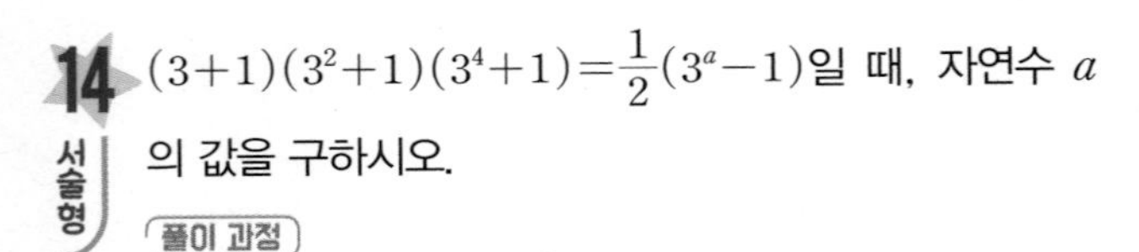

풀이 과정

답

15 다음 그림은 한 칸의 가로와 세로의 길이가 각각 1인 모눈종이 위에 수직선과 두 정사각형을 그린 것이다. $\overline{AD}=\overline{AP}$, $\overline{AE}=\overline{AQ}$이고 두 점 P, Q에 대응하는 수를 각각 a, b라고 할 때, a^2+2b^2의 값을 구하시오.

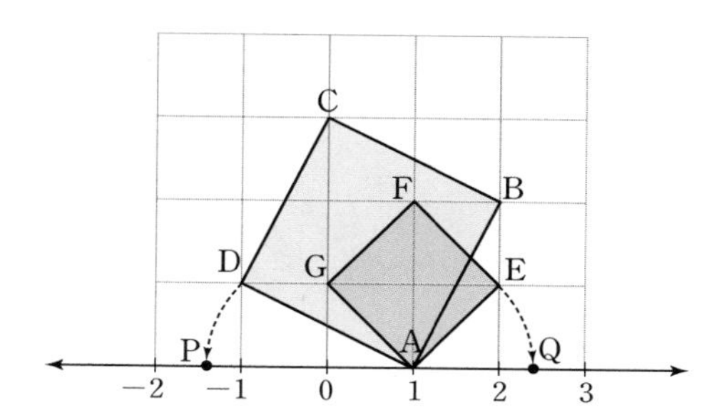

16 $\dfrac{9}{4+\sqrt{7}}$의 정수 부분을 a, 소수 부분을 b라고 할 때, $\dfrac{1}{a-b}$의 값을 구하시오.

17 자연수 x에 대하여 $f(x)=\dfrac{1}{\sqrt{x+1}+\sqrt{x}}$일 때,

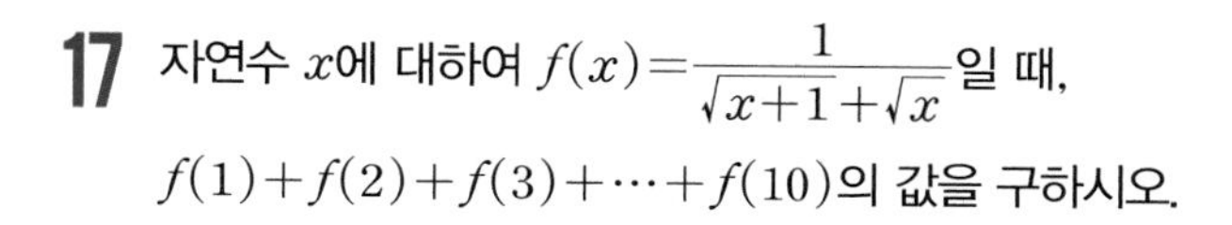

$f(1)+f(2)+f(3)+\cdots+f(10)$의 값을 구하시오.

18 $x^2-2x-1=0$일 때, $2x^2-4x+\dfrac{4}{x}+\dfrac{2}{x^2}$의 값을 구하시오.

만점을 위한 도전 문제

19 민준이는 $(x-7)(x+2)$를 전개하는데 $x-7$의 상수항 -7을 A로 잘못 보고 풀어서 x^2+8x+B로 전개하였고, 송이는 $(x-2)(3x+1)$을 전개하는데 $3x+1$의 x의 계수 3을 C로 잘못 보고 풀어서 Cx^2+7x-2로 전개하였다. 이때 상수 A, B, C에 대하여 $A+B+C$의 값을 구하시오.

20 가로의 길이가 x, 세로의 길이가 y인 직사각형 모양의 종이 ABCD를 다음 그림과 같이 $\overline{AB}$가 $\overline{BF}$에, $\overline{ED}$가 $\overline{EH}$에, $\overline{GC}$가 $\overline{GJ}$에 완전히 닿도록 접었다. □HFIJ의 넓이를 구하시오. $\left(\text{단, } \dfrac{3}{2}y<x<2y\right)$

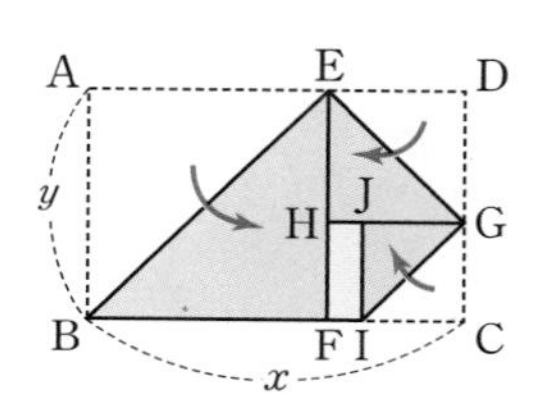

21 다음 식을 전개하시오.

$$(x-1)(x-2)(x+5)(x+6)$$

4 인수분해

유형 1 인수와 인수분해
유형 2 공통인 인수를 이용한 인수분해
유형 3 인수분해 공식 (1)
유형 4 완전제곱식이 될 조건
유형 5 근호 안의 식이 완전제곱식으로 인수분해되는 경우
유형 6 인수분해 공식 (2)
유형 7 인수분해 공식 (3)
유형 8 인수분해 공식 (4)
유형 9 인수분해 공식 – 종합
유형 10 인수분해하여 공통인 인수 구하기
유형 11 인수가 주어질 때, 미지수의 값 구하기
유형 12 계수 또는 상수항을 잘못 보고 인수분해한 경우
유형 13 인수분해의 도형에서의 활용 (1)
유형 14 공통부분을 한 문자로 놓고 인수분해하기
유형 15 ( )( )( )( )$+k$ 꼴의 인수분해
유형 16 적당한 항끼리 묶어 인수분해하기 (1) – (2항)$+$(2항)
유형 17 적당한 항끼리 묶어 인수분해하기 (2) – (3항)$+$(1항)
유형 18 내림차순으로 정리하여 인수분해하기
유형 19 인수분해 공식을 이용한 수의 계산
유형 20 문자의 값이 주어질 때, 식의 값 구하기
유형 21 식의 조건이 주어질 때, 식의 값 구하기
유형 22 인수분해의 도형에서의 활용 (2)

• 정답과 해설 32쪽

4 인수분해

★ 중요

유형 1 인수와 인수분해

개념편 78쪽

(1) 인수: 하나의 다항식을 두 개 이상의 다항식의 곱으로 나타낼 때, 이들 각각의 식

(2) 인수분해: 하나의 다항식을 두 개 이상의 인수의 곱으로 나타내는 것

예 $x^2+5x+6 \underset{\text{전개}}{\overset{\text{인수분해}}{\rightleftarrows}} (x+2)(x+3)$ (인수: $x+2$, $x+3$)

1 다음 식에 대한 설명 중 옳지 않은 것은?

$$x^3y+2xy^2 \underset{㉡}{\overset{㉠}{\rightleftarrows}} xy(x^2+2y)$$

① ㉠의 과정을 인수분해한다고 한다.
② ㉡의 과정을 전개한다고 한다.
③ x^2+2y는 x^3y와 $2xy^2$의 공통인 인수이다.
④ ㉡의 과정에서 분배법칙이 이용된다.
⑤ x, y, xy, x^2+2y는 모두 x^3y+2xy^2의 인수이다.

2 $(3x^2+1)(y-2)$는 어떤 다항식을 인수분해한 것인가?

① $3x^2-6xy+x-2$ ② $3x^3-6x^2+x-2$
③ $3x^2y-6x^2+y-2$ ④ $3xy^2-6y^2+x-2$
⑤ $3y^2-6x+y-2$

3 다음 보기 중 $x(x+2)(x-2)$의 인수가 아닌 것을 모두 고른 것은?

보기
ㄱ. x ㄴ. $x-2$ ㄷ. $x(x-4)$
ㄹ. $x^2(x-2)$ ㅁ. $(x+2)(x-2)$

① ㄱ, ㄷ ② ㄴ, ㄹ ③ ㄴ, ㅁ
④ ㄷ, ㄹ ⑤ ㄷ, ㅁ

유형 2 공통인 인수를 이용한 인수분해

개념편 79쪽

❶ 각 항에서 공통인 인수를 찾는다.
❷ 공통인 인수를 묶어 내어 인수분해한다.
➡ $ma+mb-mc=m(a+b-c)$ (↳공통인 인수)

참고 공통인 인수를 찾을 때, 수는 각 항에 들어 있는 수의 최대공약수를 택하고 문자는 각 항의 같은 문자 중 차수가 가장 낮은 것을 택한다.

4 ★ 다음 중 인수분해한 것이 옳은 것은?

① $2xy+y^2=xy(2+y)$
② $4a^2-2a=2(2a^2-a)$
③ $m^2-3m=m(m+3)$
④ $-3x^2+6x=-3x(x-2)$
⑤ $x^2y-2xy^2=x(xy-2y^2)$

5 ★ 다음 중 x^3-x^2y의 인수가 아닌 것은?

① x ② x^2 ③ $x-y$
④ $x(x+y)$ ⑤ $x(x-y)$

6 다음 보기 중 ab를 인수로 갖는 것을 모두 고르시오.

보기
ㄱ. $abc-2abc^2$ ㄴ. a^2bx-a^2y
ㄷ. a^2b^2+ac ㄹ. $abx^2-abx+abc$

7 다음 식을 인수분해하시오.

(1) $(x+1)(a-3b)+(a-3b)$

(2) $x(2a-b)-y(b-2a)$

유형 3 인수분해 공식 (1)

개념편 81쪽

(1) $a^2+2ab+b^2=(a+b)^2$

(2) $a^2-2ab+b^2=(a-b)^2$

참고 $(a+b)^2$, $2(a-b)^2$과 같이 다항식의 제곱으로 이루어진 식 또는 그 식에 수를 곱한 식을 완전제곱식이라고 한다.

8 다음 중 인수분해한 것이 옳지 않은 것은?

① $x^2-6x+9=(x-3)^2$

② $a^2+a+\frac{1}{4}=\left(a+\frac{1}{2}\right)^2$

③ $9a^2+6a+1=(3a+1)^2$

④ $4x^2-8xy+4y^2=4(x-y)^2$

⑤ $16a^2+24ab+9b^2=(4a+3)^2$

9 다음 보기 중 완전제곱식으로 인수분해되지 않는 것을 모두 고르시오.

보기

ㄱ. $x^2-8x+16$　　ㄴ. $4x^2-12x+9$

ㄷ. $2x^2+4xy+2y^2$　　ㄹ. $9x^2-6x-1$

ㅁ. $a^2+5a+\frac{25}{4}$　　ㅂ. $a^2+\frac{1}{3}ab+\frac{4}{9}b^2$

10 다음 중 $25x^2-30x+9$의 인수인 것은?

① $x-5$　② $3x-5$　③ $3x-1$

④ $5x-3$　⑤ $5x-4$

11 $ax^2+12x+b=(2x+c)^2$이 성립할 때, 상수 a, b, c에 대하여 $a+b+c$의 값은?

① 16　② 20　③ 24

④ 28　⑤ 30

유형 4 완전제곱식이 될 조건

개념편 81쪽

(1) $a^2\pm2\,ⓐⓑ+b^2$ (ⓐ: a^2의 제곱근, ⓑ: b^2의 제곱근 — 제곱, 제곱)

(2) $ⓐ^2\pm2ab+(\pm ⓑ)^2$ (곱의 2배)

참고 x^2+ax+b가 완전제곱식이 되기 위한 조건

➡ $b=\left(\frac{a}{2}\right)^2$ ← x^2의 계수가 1인 경우

12 다음 식이 모두 완전제곱식으로 인수분해될 때, □ 안에 알맞은 수 중 그 절댓값이 가장 큰 것은?

① x^2-16x+□　② x^2+20x+□

③ $4x^2+$□$x+25$　④ x^2+□$x+196$

⑤ $36x^2+$□$x+1$

13 다음 두 다항식이 완전제곱식이 되도록 하는 상수 A, B에 대하여 $A-B$의 값을 구하시오. (단, $B>0$)

$$9x^2+12x+A,\qquad x^2+Bx+\frac{9}{4}$$

14 $9x^2+(m-1)xy+16y^2$이 완전제곱식이 되도록 하는 모든 상수 m의 값의 합은?

① 1　② 2　③ 3

④ 4　⑤ 5

15 $(2x-1)(2x+3)+k$가 완전제곱식이 되도록 하는 상수 k의 값을 구하시오.

틀리기 쉬운

유형 5 근호 안의 식이 완전제곱식으로 인수분해되는 경우

개념편 81쪽

❶ 근호 안의 식을 완전제곱식으로 인수분해하여 $\sqrt{a^2}$ 꼴로 만든다.
❷ a의 부호를 판단한다.
❸ $\sqrt{a^2}=\begin{cases} a & (a\geq 0) \\ -a & (a<0) \end{cases}$임을 이용하여 근호를 없앤다.

주의 근호 안의 식을 인수분해하여 근호를 없앨 때, 부호에 주의하도록 한다.

16 $3<x<5$일 때, $\sqrt{x^2-10x+25}-\sqrt{x^2-6x+9}$를 간단히 하면?

① $-2x-8$ ② $-2x+2$ ③ $-2x+8$
④ 2 ⑤ 8

17 $a<0$, $b>0$일 때, $\sqrt{a^2}-\sqrt{a^2-2ab+b^2}$을 간단히 하면?

① $-2a+b$ ② $2a-b$ ③ $a-b$
④ $-b$ ⑤ b

18 $0<a<\frac{1}{2}$일 때, $\sqrt{a^2-a+\frac{1}{4}}-\sqrt{a^2+a+\frac{1}{4}}$을 간단히 하시오.

근호 안을 완전제곱식으로 바꿀 수 없으면 x에 식을 대입하여 완전제곱식으로 바꾼 후 간단히 해 봐.

까다로운 기출문제

19 $1<a<3$인 a에 대하여 $\sqrt{x}=a-1$일 때, $\sqrt{x-4a+8}-\sqrt{x+6a+3}$을 간단히 하시오.

유형 6 인수분해 공식 (2)

개념편 81~82쪽

$a^2-b^2=(a+b)(a-b)$
제곱의 차 합 차

예 $x^2-4=x^2-2^2=(x+2)(x-2)$

20 다음 중 인수분해한 것이 옳은 것을 모두 고르면? (정답 2개)

① $x^2-25=(x+5)(x-5)$
② $49x^2-9=(7x+9)(7x-9)$
③ $-4x^2+y^2=(2x+y)(2x-y)$
④ $a^2-\frac{1}{9}b^2=\left(a+\frac{1}{3}\right)\left(a-\frac{1}{3}\right)$
⑤ $16x^2-81y^2=(4x+9y)(4x-9y)$

21 $49x^2-16$이 x의 계수가 자연수이고 상수항이 정수인 두 일차식의 곱으로 인수분해될 때, 이 두 일차식의 합을 구하시오.

22 $ax^2-25=(bx+5)(3x+c)$가 성립할 때, 상수 a, b, c에 대하여 $a+b+c$의 값은?

① 7 ② 9 ③ 11
④ 17 ⑤ 19

인수분해는 유리수의 범위에서 더 이상 인수분해할 수 없을 때까지 계속해야 해!

까다로운 기출문제

23 다음 중 x^8-1의 인수가 아닌 것은?

① $x-1$ ② $x+1$ ③ x^2+1
④ x^3+1 ⑤ x^4+1

유형 7 인수분해 공식 (3)

개념편 81, 84쪽

$x^2+\underset{\text{합}}{(a+b)}x+\underset{\text{곱}}{ab}=(x+a)(x+b)$

❶ 합이 일차항의 계수, 곱이 상수항이 되는 두 정수를 찾는다.
❷ 두 정수를 각각 상수항으로 하는 두 일차식의 곱으로 나타낸다.

예 x^2-3x+2에서 합이 -3, 곱이 2인 두 정수는 -1, -2이므로
$x^2-3x+2=(x-1)(x-2)$

24 $x^2+4xy-12y^2$을 인수분해하면?

① $(x-2y)(x-6y)$
② $(x-2y)(x+6y)$
③ $(x+2y)(x+6y)$
④ $(x-3y)(x-6y)$
⑤ $(x-3y)(x+6y)$

25 다음 보기 중 $x-2$를 인수로 갖는 다항식을 모두 고르시오.

보기
ㄱ. x^2+x-6
ㄴ. x^2+3x+2
ㄷ. $x^2-5x-14$
ㄹ. $x^2-7x+10$

26 서술형 x^2+2x-3이 x의 계수가 1인 두 일차식의 곱으로 인수분해될 때, 이 두 일차식의 합을 구하시오.

풀이 과정

답

27 서술형 $x^2+Ax-6=(x+B)(x+3)$이 성립할 때, 상수 A, B에 대하여 AB의 값을 구하시오.

풀이 과정

답

28 $(x+4)(x-6)-8x$를 인수분해하면?

① $(x-2)(x-12)$
② $(x+2)(x-12)$
③ $(x-2)(x+12)$
④ $(x-4)(x-6)$
⑤ $(x+4)(x-6)$

까다로운 기출문제

곱해서 6이 되는 두 정수를 생각해 봐.

29 x에 대한 이차식 x^2+kx+6이 $(x+a)(x+b)$로 인수분해될 때, 다음 중 상수 k의 값이 될 수 없는 것은? (단, a, b는 정수)

① -7
② -5
③ 3
④ 5
⑤ 7

유형 8 인수분해 공식 (4)

개념편 81, 85쪽

$acx^2+(ad+bc)x+bd=(ax+b)(cx+d)$

$$\begin{array}{lcll} ax & \searrow\nearrow & b \longrightarrow & bcx \\ cx & \nearrow\searrow & d \longrightarrow & +)\ \underline{adx} \\ & & & (ad+bc)x \end{array}$$

예 $2x^2+7x+3=(x+3)(2x+1)$

$$\begin{array}{lcll} x & \searrow\nearrow & 3 \longrightarrow & 6x \\ 2x & \nearrow\searrow & 1 \longrightarrow & +)\ \underline{x} \\ & & & 7x \end{array}$$

30 다음 중 인수분해한 것이 옳지 않은 것은?

① $3x^2+8x+4=(x+2)(3x+2)$
② $6x^2+5x-4=(2x-1)(3x+4)$
③ $12x^2+2x-30=2(2x-3)(3x+5)$
④ $2x^2-xy-10y^2=(x+2y)(2x-5y)$
⑤ $4x^2+3xy-y^2=(x-y)(4x+y)$

31 다음 중 $6x^2-5x-6$의 인수를 모두 고르면? (정답 2개)

① $2x-5$　② $2x-3$　③ $2x+3$
④ $3x+1$　⑤ $3x+2$

32 $12x^2-17xy-5y^2=(ax+by)(cx+y)$일 때, 정수 a, b, c에 대하여 $a-b+c$의 값을 구하시오.

33 서술형 $6x^2+7x-20$이 x의 계수가 자연수이고 상수항이 정수인 두 일차식의 곱으로 인수분해될 때, 이 두 일차식의 합을 구하시오.

풀이 과정

답

34 $8x^2+(3a-1)x-15$가 $(2x+5)(4x-b)$로 인수분해될 때, 상수 a, b의 값을 각각 구하시오.

35 $3x^2+ax-4=(3x+b)(cx+2)$일 때, 상수 a, b, c에 대하여 abc의 값은?

① -10　② -8　③ 6
④ 8　⑤ 10

곱해서 3이 되는 두 정수와 곱해서 -2가 되는 두 정수를 모두 생각해 봐.

까다로운 기출문제

36 $3x^2+kx-2$가 x의 계수와 상수항이 모두 정수인 두 일차식의 곱으로 인수분해되도록 하는 정수 k의 값 중 가장 큰 수와 가장 작은 수의 차를 구하시오.

유형 9 인수분해 공식 - 종합 개념편 81~85쪽

(1) $a^2+2ab+b^2=(a+b)^2$, $a^2-2ab+b^2=(a-b)^2$
(2) $a^2-b^2=(a+b)(a-b)$
(3) $x^2+(a+b)x+ab=(x+a)(x+b)$
(4) $acx^2+(ad+bc)x+bd=(ax+b)(cx+d)$

37 다음 중 인수분해한 것이 옳은 것을 모두 고르면? (정답 2개)

① $3ax-ay=a(3x-y)$
② $x^2y-2xy^2=2xy(x-y)$
③ $\frac{x^2}{4}-y^2=\left(\frac{x}{4}+y\right)\left(\frac{x}{4}-y\right)$
④ $a^2+a-30=(a-5)(a+6)$
⑤ $a(x+y)-4(x+y)=x+y(a-4)$

38 다음 중 □ 안에 알맞은 수가 가장 큰 것은?

① $3x^2-75=3(x+5)(x-\square)$
② $4a^2-49=(2a+\square)(2a-7)$
③ $8x^2-2x-\square=(2x+1)(4x-3)$
④ $3x^2-18x+27=\square(x-3)^2$
⑤ $4ab^2-\square ab+a=a(2b-1)^2$

39 다음 보기 중 $x+1$을 인수로 갖는 것을 모두 고르시오.

보기

ㄱ. x^2-x　　ㄴ. x^4-1
ㄷ. x^2-2x+1　　ㄹ. x^2+4x-5
ㅁ. $2x^2+7x+5$　　ㅂ. $3x^2+2x-1$

유형 10 인수분해하여 공통인 인수 구하기 개념편 81~85쪽

❶ 각 다항식을 인수분해한다.
❷ 공통인 인수를 구한다.
예 두 다항식 x^2-1, x^2+x-2에서
$x^2-1=(x+1)(\underline{x-1})$, $x^2+x-2=(\underline{x-1})(x+2)$이므로
두 다항식의 일차 이상의 공통인 인수는 $x-1$이다.

40 다음 두 다항식의 공통인 인수는?

x^2-x-12,　　$2x^2-5x-12$

① $x-4$　② $x-3$　③ $x+3$
④ $2x-3$　⑤ $2x+3$

41 다음 중 나머지 넷과 일차 이상의 공통인 인수를 갖지 않는 것은?

① x^2-x-2　② x^2-4x+4
③ x^2+x-6　④ $2x^2-3x+1$
⑤ x^2-4

42 다음 두 다항식의 공통인 인수가 $ax+by\,(a>0)$일 때, 정수 a, b에 대하여 $a-b$의 값을 구하시오.

$4x^2-100y^2$,　　$x^2-xy-20y^2$

풀이 과정

답

유형11 인수가 주어질 때, 미지수의 값 구하기

개념편 84~85쪽

이차식 $ax^2+bx+c\,(a\neq0)$가 x에 대한 일차식 $mx+n$을 인수로 가질 때

➡ $ax^2+bx+c=(mx+n)(\square x+\triangle)$
주어진 인수 다른 한 인수

으로 놓고 우변을 전개하여 계수를 비교한다.

예 $x^2+ax-12$가 $x-4$를 인수로 가질 때,
$x^2+ax-12=(x-4)(x+m)$ (m은 상수)으로 놓으면
$x^2+ax-12=x^2+(-4+m)x-4m$
즉, $a=-4+m$, $-12=-4m$이므로 $m=3$, $a=-1$
따라서 $a=-1$이고, 다른 한 인수는 $x+3$이다.

43 x^2+3x+a가 $x-2$를 인수로 가질 때, 상수 a의 값과 다른 한 인수를 차례로 구하시오.

44 $2x^2+ax+6$이 $2x+3$을 인수로 가질 때, 상수 a의 값을 구하시오.

45 $x-3$이 두 다항식 x^2-4x+a, $2x^2+bx-9$의 공통인 인수일 때, 상수 a, b에 대하여 $a+b$의 값은?

① -6 ② -3 ③ 0
④ 3 ⑤ 6

까다로운 기출문제

a가 없는 두 다항식을 인수분해하여 공통인 인수를 구해 봐.

46 다음 세 이차식이 x의 계수가 자연수인 일차식을 공통인 인수로 가질 때, 상수 a의 값을 구하시오.

$x^2+2x-35$, $3x^2+ax+5$, $2x^2-7x-15$

유형12 계수 또는 상수항을 잘못 보고 인수분해한 경우

개념편 84~85쪽

잘못 본 수를 제외한 나머지 값은 제대로 본 것임을 이용한다.

상수항을 잘못 본 식	일차항의 계수를 잘못 본 식
ax^2+bx+c (제대로 본 수: a, b)	ax^2+dx+e (제대로 본 수: a, e)

➡ 처음 이차식은 ax^2+bx+e

47 x^2의 계수가 1인 어떤 이차식을 정훈이는 x의 계수를 잘못 보고 $(x-2)(x+10)$으로 인수분해하였고, 세린이는 상수항을 잘못 보고 $(x+3)(x-4)$로 인수분해하였다. 다음 물음에 답하시오.

(1) 처음 이차식을 구하시오.
(2) 처음 이차식을 바르게 인수분해하시오.

48 x^2의 계수가 2인 어떤 이차식을 연주는 상수항을 잘못 보고 $(x+4)(2x-1)$로 인수분해하였고, 해준이는 x의 계수를 잘못 보고 $(x-3)(2x+5)$로 인수분해하였다. 처음 이차식을 바르게 인수분해하시오.

49 어떤 이차식을 인수분해하는 데 진아는 x^2의 계수를 잘못 보고 $2(x-1)(3x+4)$로 인수분해하였고, 준희는 상수항을 잘못 보고 $(x+1)^2$으로 인수분해하였다. 처음 이차식을 바르게 인수분해하시오.

유형 13 인수분해의 도형에서의 활용 (1) 개념편 81~85쪽

주어진 식을 인수분해한 후 다음을 이용한다.
- (직사각형의 넓이)=(가로의 길이)×(세로의 길이)
- (정사각형의 넓이)=(한 변의 길이)^2
- (원의 넓이)$=\pi\times$(반지름의 길이)^2

50 넓이가 $6x^2+7x+2$이고 가로의 길이가 $2x+1$인 직사각형의 세로의 길이는?

① $2x-3$ ② $2x-2$ ③ $3x-2$
④ $3x+2$ ⑤ $3x+4$

51 다음 그림의 모든 직사각형을 빈틈없이 겹치지 않게 붙여 하나의 큰 직사각형을 만들 때, 새로 만든 직사각형의 둘레의 길이를 구하시오.

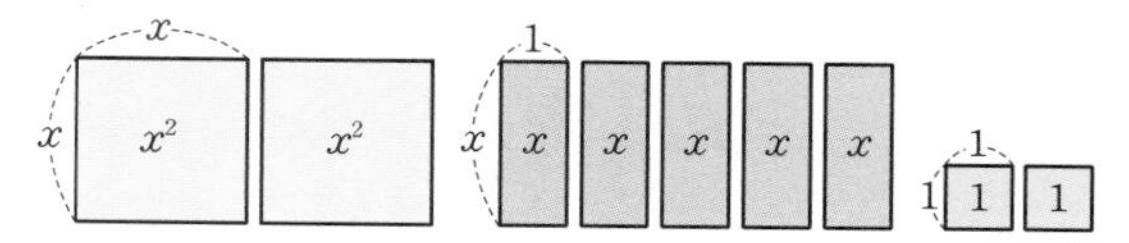

52 오른쪽 그림과 같이 윗변의 길이가 $a-3$, 아랫변의 길이가 $a+7$인 사다리꼴의 넓이가 $3a^2+5a-2$일 때, 이 사다리꼴의 높이를 구하시오.

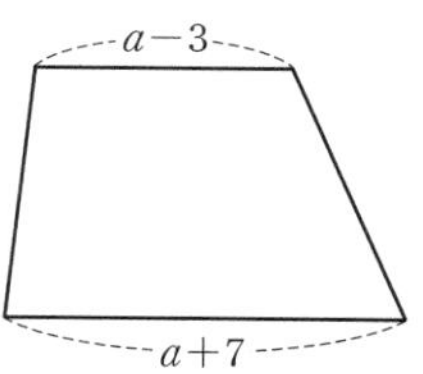

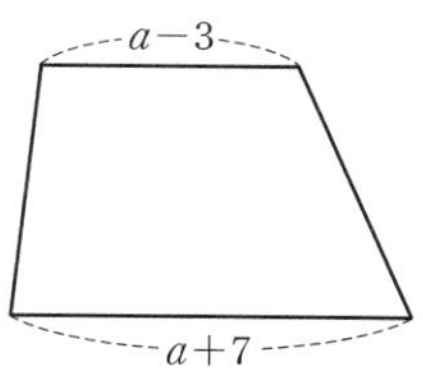

풀이 과정

답

53 오른쪽 그림과 같이 넓이가 각각 $(12a^2+4a-21)\,\text{m}^2$, $(4a+6)\,\text{m}^2$인 거실과 발코니를 합쳐 하나의 직사각형 모양으로 거실을 확장하였다. 확장된 거실의 가로의 길이가 $(2a+3)\,\text{m}$일 때, 확장된 거실의 세로의 길이를 구하시오.

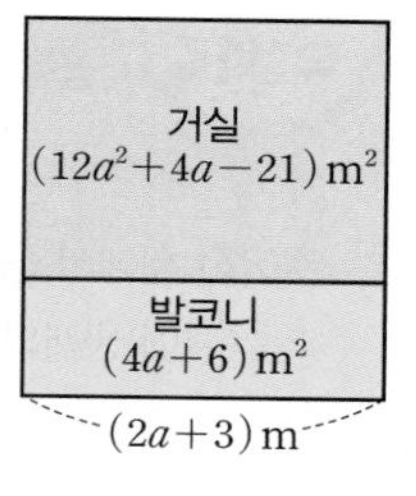

54 오른쪽 그림과 같이 지름의 길이가 $5b$인 원이 지름의 길이가 $17a$인 원에 내접하고 있다. 다음 중 색칠한 부분의 넓이를 바르게 나타낸 것은?

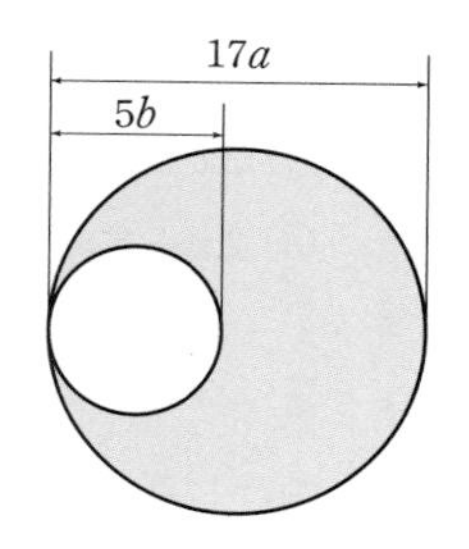

① $\pi(289a^2-25b^2)$
② $2\pi(17a+5b)$
③ $\pi(17a+5b)(17a-5b)$
④ $\frac{1}{2}\pi(17a+5b)(17a-5b)$
⑤ $\frac{1}{4}\pi(17a+5b)(17a-5b)$

55 다음 그림과 같이 한 변의 길이가 각각 x, y인 두 정사각형이 있다. 두 정사각형의 둘레의 길이의 합이 80이고 넓이의 차가 100일 때, 두 정사각형의 한 변의 길이의 차를 구하시오. (단, $x>y$)

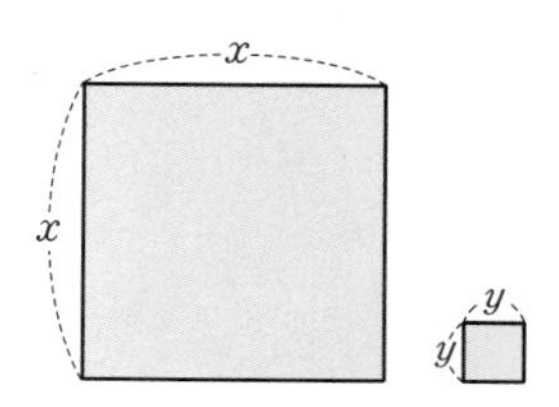

• 정답과 해설 36쪽

유형14 공통부분을 한 문자로 놓고 인수분해하기

개념편 89쪽

주어진 식에서 공통부분을 찾아 한 문자로 놓고 인수분해한 후 문자에 원래의 식을 대입하여 정리한다.

예 $(a-b)(a-b+2)+1$

$=A(A+2)+1$ ← $a-b=A$로 놓기

$=A^2+2A+1$

$=(A+1)^2$ ← 인수분해

$=(a-b+1)^2$ ← $A=a-b$를 대입

56 $(x-2)^2-2(2-x)-24$가 x의 계수가 1인 두 일차식의 곱으로 인수분해될 때, 이 두 일차식의 합은?

① $2x-2$ ② $2x+2$ ③ $2x-6$
④ $2x+6$ ⑤ $2x-10$

57 다음 중 $(x-y)(x-y+2)-15$의 인수인 것은?

① $x-y-5$ ② $x-y-3$ ③ $x+2$
④ $x-y$ ⑤ $x-y+2$

58 $(3x-2)^2-(x+1)^2=(ax+b)(2x-3)$일 때, 상수 a, b의 값을 각각 구하시오.

59 $(x+1)^2-9(x+1)(x-3)+20(x-3)^2$이 $a(x+b)(3x+c)$로 인수분해될 때, 정수 a, b, c에 대하여 $a-b-c$의 값을 구하시오.

까다로운

유형15 ( )( )( )( )+k 꼴의 인수분해

개념편 89쪽

❶ 두 일차식의 상수항의 합 또는 곱이 같아지도록 ( )( )( )( )를 2개씩 묶어 전개한다.

❷ 공통부분을 한 문자로 놓고 정리한 후 인수분해한다.

예 $(x+1)(x+2)(x+3)(x+4)+1$

$=\{(x+1)(x+4)\}\{(x+2)(x+3)\}+1$ (상수항의 합이 5)

$=(x^2+5x+4)(x^2+5x+6)+1$

$=(A+4)(A+6)+1$ ← $x^2+5x=A$로 놓기

$=A^2+10A+25=(A+5)^2$

$=(x^2+5x+5)^2$ ← $A=x^2+5x$를 대입

60 $(x+1)(x+2)(x+5)(x+6)-12$를 인수분해하면?

① $(x^2+7x+4)(x+3)(x+4)$
② $(x^2+7x+4)(x+3)(x-4)$
③ $(x^2+7x+4)(x-3)(x+4)$
④ $(x^2+7x+8)(x+3)(x+4)$
⑤ $(x^2+7x+8)(x-3)(x-4)$

61 다음 식을 인수분해하시오.

$$x(x+1)(x+2)(x+3)-35$$

62 $(x-5)(x-3)(x+1)(x+3)+36=(x^2+ax+b)^2$일 때, 상수 a, b에 대하여 ab의 값은?

① -18 ② -6 ③ 6
④ 9 ⑤ 18

• 정답과 해설 37쪽

유형16 적당한 항끼리 묶어 인수분해하기 (1) - (2항)+(2항)

개념편 89~90쪽

주어진 식의 항이 4개일 때,
두 항씩 묶어 공통인 인수가 생기면
➡ 공통인 인수를 묶어 내어 인수분해한다.

예 $xy+2x+y+2=(xy+2x)+(y+2)$
$=x(y+2)+(y+2)$
$=(x+1)(y+2)$

63 다음 식을 인수분해하시오.

(1) $ab+a-b-1$

(2) a^3-a^2b-a+b

(3) a^2-ac-b^2-bc

64 다음 중 x^2y-4+x^2-4y의 인수가 아닌 것을 모두 고르면? (정답 2개)

① $x+1$ ② $y+1$ ③ $x-2$
④ $x+2$ ⑤ x^2+4

65 $x^3-3x^2-25x+75$가 x의 계수가 1인 세 일차식의 곱으로 인수분해될 때, 이 세 일차식의 합을 구하시오.

66 다음 두 다항식의 공통인 인수는?

$ab+3a-b-3,\quad a^2-ab-a+b$

① $a-b$ ② $a-1$ ③ $a+1$
④ $b+1$ ⑤ $b+3$

유형17 적당한 항끼리 묶어 인수분해하기 (2) - (3항)+(1항)

개념편 89~90쪽

주어진 식의 항이 4개일 때,
두 항씩 묶어 공통인 인수가 생기지 않으면
➡ 완전제곱식으로 인수분해되는 3개의 항과 나머지 1개의 항을 A^2-B^2 꼴로 변형하여 인수분해한다.

예 $x^2-y^2+2x+1=(x^2+2x+1)-y^2$
$=(x+1)^2-y^2$
$=(x+y+1)(x-y+1)$

67 다음 식을 인수분해하시오.

(1) $x^2-4xy+4y^2-9$

(2) $x^2-y^2-z^2-2yz$

(3) $2xy+1-x^2-y^2$

68 다음 중 $4x^2-y^2-6y-9$의 인수인 것은?

① $2x-y-1$ ② $2x-y+1$ ③ $2x-y+3$
④ $2x+y+1$ ⑤ $2x+y+3$

69 $x^2-y^2+14y-49$가 x의 계수가 1인 두 일차식의 곱으로 인수분해될 때, 이 두 일차식의 합을 구하시오.

70 서술형 $25x^2-10xy-4+y^2$을 인수분해하면 $(ax+by+2)(ax-y+c)$일 때, 상수 a, b, c에 대하여 $a+b+c$의 값을 구하시오.

풀이 과정

답

까다로운

유형 18 내림차순으로 정리하여 인수분해하기

개념편 89~90쪽

주어진 식의 항이 5개 이상이고 문자가 2개 이상일 때,

(1) 각 문자의 최고 차수가 다르면 ➡ 차수가 가장 낮은 문자에 대하여 내림차순으로 정리한 후 인수분해한다.

(2) 각 문자의 최고 차수가 같으면 ➡ 어느 한 문자에 대하여 내림차순으로 정리한 후 인수분해한다.

참고 다항식을 어떤 한 문자에 대하여 차수가 높은 항부터 낮은 항의 순서대로 나열하는 것을 내림차순으로 정리한다고 한다.

71 $x^2+xy-5x-3y+6$을 인수분해하면?

① $(x+y)(x-6)$ ② $(x+y)(x+6)$
③ $(x-2)(y-3)$ ④ $(x-2)(x+y-3)$
⑤ $(x-3)(x+y-2)$

72 $x^2-y^2+5x+3y+4=A(x-y+4)$일 때, 다항식 A를 구하시오.

73 $x^2-2x+xy+y-3$이 x의 계수가 1인 두 일차식의 곱으로 인수분해될 때, 이 두 일차식의 합은?

① $2x+y+2$ ② $2x-y+2$
③ $2x+y-2$ ④ $2x-y-2$
⑤ $2x+2y-2$

먼저 x에 대하여 내림차순으로 정리해 봐.

74 다음 식을 인수분해하시오.

$$2x^2+5xy-3y^2+11y-x-6$$

유형 19 인수분해 공식을 이용한 수의 계산

개념편 92쪽

복잡한 수의 계산은 인수분해 공식을 이용하여 계산하면 편리하다.

예 $16^2-14^2=(16+14)(16-14)=30\times2=60$

75 다음 중 163^2-162^2을 계산하는 데 이용되는 가장 편리한 인수분해 공식은?

① $a^2+2ab+b^2=(a+b)^2$
② $a^2-2ab+b^2=(a-b)^2$
③ $a^2-b^2=(a+b)(a-b)$
④ $x^2+(a+b)x+ab=(x+a)(x+b)$
⑤ $acx^2+(ad+bc)x+bd=(ax+b)(cx+d)$

76 인수분해 공식을 이용하여 $\dfrac{2021\times2022+2021}{2022^2-1}$을 계산하면?

① $\dfrac{1}{2}$ ② 1 ③ 2
④ $\dfrac{999}{998}$ ⑤ $\dfrac{1009}{1010}$

77 인수분해 공식을 이용하여 다음 두 수 A, B를 계산할 때, $A+B$의 값을 구하시오.

$$A=72.5^2-5\times72.5+2.5^2$$
$$B=\sqrt{34^2-30^2}$$

• 정답과 해설 38쪽

78 $2020\times2024+4$가 어떤 자연수의 제곱일 때, 이 자연수를 구하시오.

두 항씩 짝을 지어 인수분해 공식 $a^2-b^2=(a+b)(a-b)$를 이용해 봐.

79 인수분해 공식을 이용하여

$$1^2-2^2+3^2-4^2+5^2-6^2+7^2-8^2+9^2-10^2$$

을 계산하면?

① -55 ② -25 ③ 0
④ 25 ⑤ 55

80 인수분해 공식을 이용하여 다음을 계산하시오.

서술형

$$\left(1-\frac{1}{2^2}\right)\left(1-\frac{1}{3^2}\right)\left(1-\frac{1}{4^2}\right)\cdots\left(1-\frac{1}{10^2}\right)\left(1-\frac{1}{11^2}\right)$$

풀이 과정

답

인수분해 공식 $a^2-b^2=(a+b)(a-b)$를 이용해 봐.

까다로운 기출문제

81 다음 중 $2^{16}-1$의 약수가 아닌 것을 모두 고르면? (정답 2개)

① 2 ② 3 ③ 15
④ 95 ⑤ 257

유형20 문자의 값이 주어질 때, 식의 값 구하기

개념편 92쪽

❶ 구하는 식을 인수분해한다.
❷ 주어진 문자의 값을 바로 대입하거나 변형하여 대입한다.

예 $x=\sqrt{5}+4$, $y=\sqrt{5}-4$일 때,
$x^2+2xy+y^2=(x+y)^2$
$=\{(\sqrt{5}+4)+(\sqrt{5}-4)\}^2$
$=(2\sqrt{5})^2=20$

참고 분모에 무리수가 있으면 먼저 분모를 유리화하여 간단한 꼴로 나타낸 후 대입한다.

82 $x=\sqrt{3}+2$일 때, $x^2+3x-10$의 값을 구하시오.

83 $x=\sqrt{7}-2$, $y=\sqrt{7}+2$일 때, x^2-y^2의 값을 구하시오.

84 $x=1+2\sqrt{2}$, $y=-1+2\sqrt{2}$일 때, $\dfrac{4x-12y}{x^2-6xy+9y^2}$의 값은?

① $-1-\sqrt{2}$ ② -2 ③ -1
④ $1+\sqrt{2}$ ⑤ $4\sqrt{2}$

85 $x=\dfrac{1}{\sqrt{5}+2}$, $y=\dfrac{1}{\sqrt{5}-2}$일 때, $x^2-2x+1-y^2$의 값을 구하시오.

서술형

풀이 과정

답

86 다음 그림은 한 칸의 가로와 세로의 길이가 각각 1인 모눈종이 위에 수직선을 그린 것이다. $\overline{AB}=\overline{AP}$, $\overline{AC}=\overline{AQ}$이고 두 점 P, Q에 대응하는 수를 각각 a, b라고 할 때, $a^3-a^2b-ab^2+b^3$의 값을 구하시오.

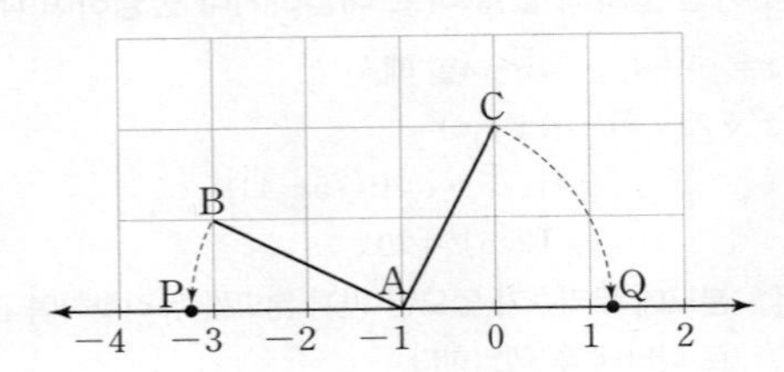

87 $x=\dfrac{1}{\sqrt{2}-1}$일 때, $\dfrac{x^3-5x^2-x+5}{x^2-4x-5}$의 값을 구하시오.

88 서술형
$\sqrt{5}$의 소수 부분을 x라고 할 때,
$(x-3)^2+10(x-3)+25$의 값을 구하시오.

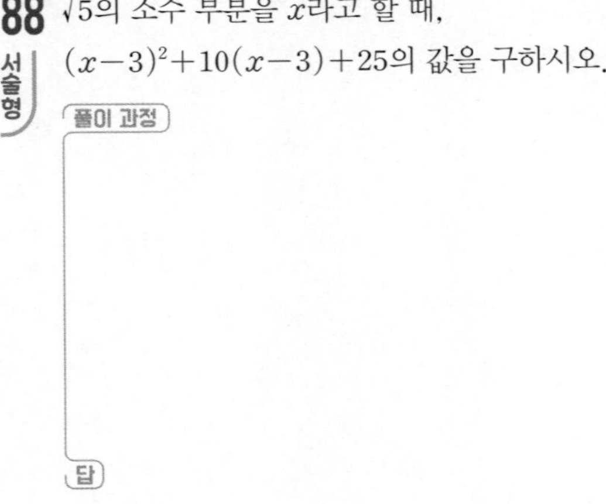

유형 21 식의 조건이 주어질 때, 식의 값 구하기

개념편 92쪽

❶ 구하는 식을 인수분해한다.
❷ 주어진 합, 차, 곱 등 문자를 포함한 식의 값을 대입한다.

예 $x+y=3$, $xy=2$일 때,
$x^3y+2x^2y^2+xy^3=xy(x^2+2xy+y^2)$
$=xy(x+y)^2=2\times3^2=18$

89 $x^2-25y^2=56$, $x-5y=14$일 때, $x-y$의 값을 구하시오.

90 $x+y=11$, $x-y=5$일 때, $x^2-y^2-5x-5y$의 값은?

① -5　② -1　③ 0
④ 1　⑤ 5

91 $a+b=-2$, $a^2-b^2-6a+9=-35$일 때, $a-b$의 값을 구하시오.

92 $x+y=4$일 때, $x^2+2xy-2x+y^2-2y-3$의 값은?

① 2　② 3　③ 4
④ 5　⑤ 6

유형22 인수분해의 도형에서의 활용 (2) 개념편 89, 92쪽

주어진 조건에 따라 세운 다항식을 인수분해하여 다항식의 곱으로 나타낸다.

93 다음 그림에서 두 도형 A, B의 넓이가 서로 같을 때, 도형 B의 세로의 길이를 구하시오.

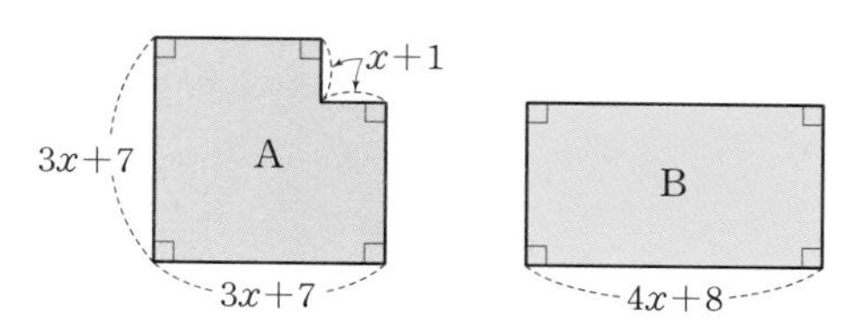

94 오른쪽 그림과 같이 속이 빈 원기둥 모양의 두루마리 화장지가 있다. 이 화장지의 밑면에서 바깥쪽 원의 반지름의 길이는 7.5 cm, 안쪽 원의 반지름의 길이는 2.5 cm일 때, 화장지의 부피를 인수분해 공식을 이용하여 구하시오.

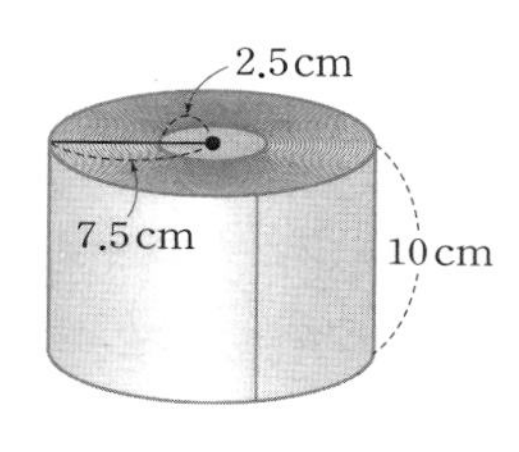

95 오른쪽 그림과 같이 한 변의 길이가 각각 a, b인 두 정사각형이 있다. $\overline{AC}$의 중점을 D라고 할 때, $\overline{AD}$와 $\overline{BD}$를 각각 한 변으로 하는 정사각형의 넓이의 차를 a와 b를 사용하여 나타내시오. (단, $a>b$)

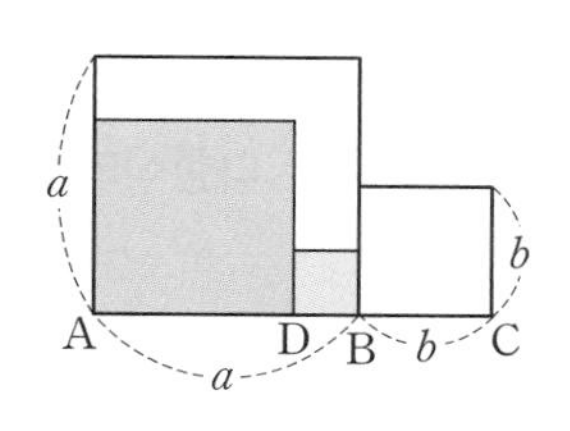

톡톡 튀는 문제

96 일차함수 $y=ax+b$의 그래프가 오른쪽 그림과 같을 때, ax^2-7x-b를 인수분해하시오. (단, a, b는 상수)

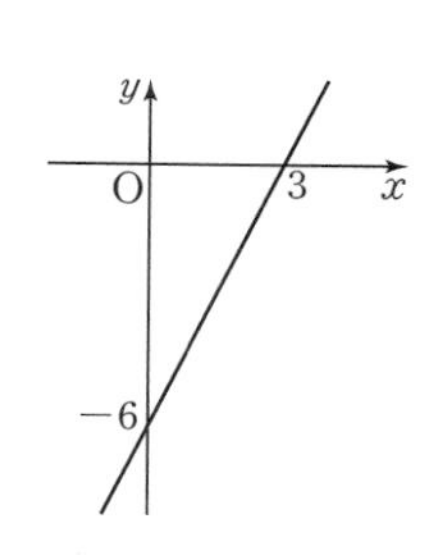

97 다음 그림과 같이 1단계는 오른쪽으로 1만큼, 2단계는 왼쪽으로 4만큼, 3단계는 다시 오른쪽으로 9만큼 이동하는 로봇이 있다. 이와 같은 방법으로 로봇이 각 단계마다 방향을 반대로 바꾸어 n단계에서는 n^2만큼 이동하도록 프로그램되어 있다고 하자. 수직선에서 로봇의 최초 출발 위치를 원점이라고 할 때, 20단계에서 로봇의 위치에 대응하는 수를 구하시오.

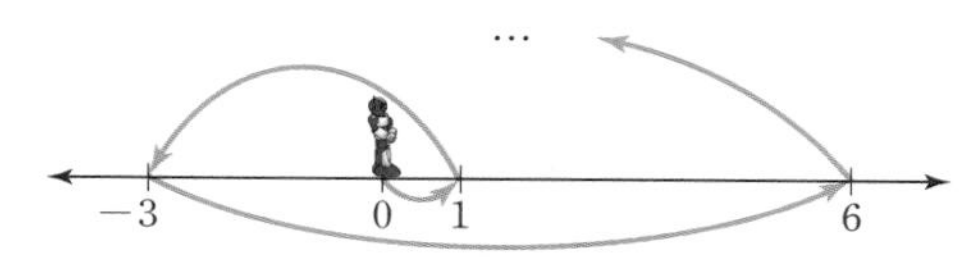

★ 중요

이좋이야! LEVEL 1 꼭 나오는 기본 문제

1 다음 중 $2x^2y-3x^2y^2$의 인수가 아닌 것은?

① x^2 ② x^2y ③ x^2y^2
④ $2-3y$ ⑤ $xy(2-3y)$

2 ★ 다음 중 완전제곱식으로 인수분해할 수 없는 것은?

① $x^2-16x+64$ ② $9y^2+6y+1$
③ $16x^2-8x+\frac{1}{4}$ ④ $3x^2+30x+75$
⑤ $49x^2-28xy+4y^2$

3 $ax^2-16y^2=(bx+4y)(7x+cy)$일 때, 상수 a, b, c에 대하여 $a+b+c$의 값은?

① 42 ② 48 ③ 52
④ 56 ⑤ 60

4 $(x-3)(x+5)-9$가 $(x+a)(x-b)$로 인수분해될 때, $x^2+ax+2b$를 인수분해하면? (단, a, b는 양수)

① $(x+2)(x+4)$ ② $(x+4)(x-4)$
③ $(x+4)(x-6)$ ④ $(x+6)(x-2)$
⑤ $(x+6)(x+4)$

5 $3x^2+Ax-20$이 $(3x-4)(x+B)$로 인수분해될 때, 상수 A, B에 대하여 $A-B$의 값은?

① 4 ② 6 ③ 8
④ 10 ⑤ 12

6 ★ 다음 중 인수분해한 것이 옳지 않은 것은?

① $3a+6ab=3a(1+2b)$
② $-9x^2+y^2=(3x-y)(-3x+y)$
③ $2x^2+8x+8=2(x+2)^2$
④ $a^2b-3ab-28b=b(a+4)(a-7)$
⑤ $3x^2+xy-4y^2=(x-y)(3x+4y)$

7 ★ 서술형 다음 두 다항식의 일차 이상의 공통인 인수를 구하시오.

$$x^2-2x-15, \qquad 2x^2+7x+3$$

풀이 과정

답

8 다음 그림의 모든 직사각형을 빈틈없이 겹치지 않게 붙여 하나의 큰 직사각형을 만들 때, 새로 만든 직사각형의 둘레의 길이는?

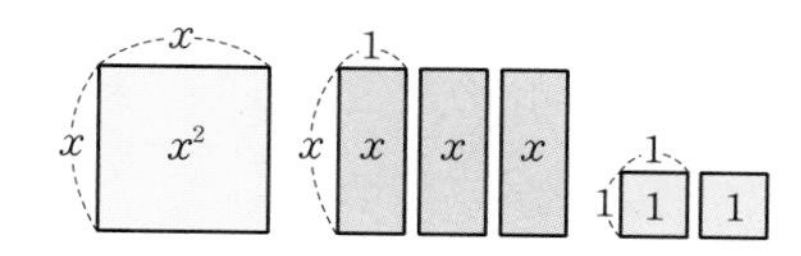

① $2x$ ② $2x+2$ ③ $2x+3$
④ $4x+4$ ⑤ $4x+6$

9 $(2x-3y)(2x-3y+5)-24$를 인수분해하면?

① $(2x-3y+3)(2x-3y+8)$
② $(2x-3y-3)(2x-3y+8)$
③ $(2x-3y+3)(2x+3y+8)$
④ $(2x-3y-3)(2x+3y-8)$
⑤ $(2x+3y-3)(2x+3y-8)$

10 

$4x^2-4xy+y^2-9=(2x+ay+b)(2x+cy+d)$가 성립할 때, 상수 a, b, c, d에 대하여 $a+b+c+d$의 값을 구하시오.

11 인수분해 공식을 이용하여 $\sqrt{9\times11^2-9\times22+9}$를 계산하면?

① 25 ② $10\sqrt{7}$ ③ $12\sqrt{6}$
④ 30 ⑤ 36

12 $x=\dfrac{\sqrt{3}-\sqrt{2}}{\sqrt{3}+\sqrt{2}}$, $y=\dfrac{\sqrt{3}+\sqrt{2}}{\sqrt{3}-\sqrt{2}}$일 때, $x^2+2xy+y^2$의 값은?

① 36 ② 49 ③ 64
④ 81 ⑤ 100

13 $x-y=2$, $x^2-y^2+2y-1=12$일 때, $x+y$의 값은?

① 3 ② 5 ③ 7
④ 9 ⑤ 11

자주 나오는 실력 문제

14 $x^2+ax+36$, $4x^2+\frac{4}{3}xy+by^2$이 각각 완전제곱식이 되도록 하는 상수 a, b에 대하여 $3ab$의 값은? (단, $a>0$)

① 4 ② 6 ③ 8 ④ 12 ⑤ 16

15 $0<a<1$일 때,

$\sqrt{(-2a)^2}+\sqrt{\left(a+\frac{1}{a}\right)^2-4}-\sqrt{\left(a-\frac{1}{a}\right)^2+4}$를 간단히 하면?

① $-4a$ ② $-2a$ ③ 0 ④ $2a$ ⑤ $4a$

16 $3x^2+(a+12)xy+8y^2$이 $(3x+by)(cx+4y)$로 인수분해될 때, 상수 a, b, c에 대하여 $a+b+c$의 값은?

① 2 ② 3 ③ 4 ④ 5 ⑤ 6

17 $x-2$가 두 다항식 x^2+ax-8, $2x^2-3x+b$의 공통인 인수일 때, 상수 a, b에 대하여 $a-b$의 값은?

① -4 ② 0 ③ 2 ④ 4 ⑤ 8

18 서술형 x^2의 계수가 1인 어떤 이차식을 혜리는 x의 계수를 잘못 보고 $(x-2)(x+3)$으로 인수분해하였고, 상우는 상수항을 잘못 보고 $(x+1)(x+4)$로 인수분해하였다. 이때 처음 이차식을 바르게 인수분해하시오.

19 다음 그림과 같은 두 직사각형 (가), (나)의 둘레의 길이는 서로 같다. (가)의 넓이가 $x^2+10x+21$일 때, (나)의 한 변의 길이를 구하시오.

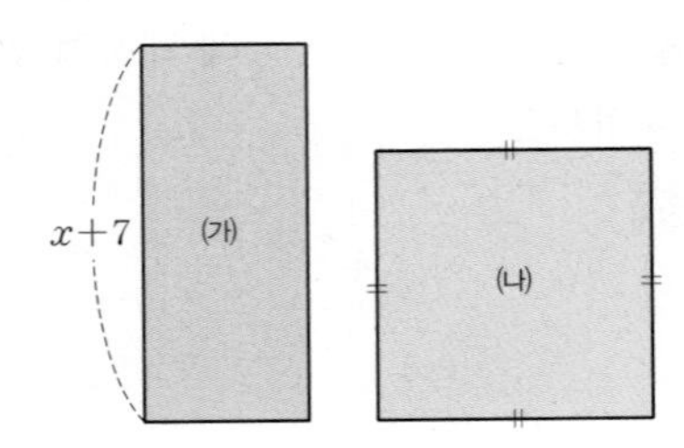

20 서술형 $x^3+5x^2-4x-20$이 x의 계수가 1인 세 일차식의 곱으로 인수분해될 때, 이 세 일차식의 합을 구하시오.

풀이 과정

답

21 $2x^2+3xy+2x+y^2-4=A(x+y+2)$가 성립할 때, 다항식 A는?

① $2x-y-2$ ② $2x-y+2$
③ $2x+y-2$ ④ $2x-2y+1$
⑤ $2x+2y-1$

22 인수분해 공식을 이용하여 다음을 계산하면?

$$1^2-3^2+5^2-7^2+\cdots+17^2-19^2$$

① -400 ② -250 ③ -200
④ -150 ⑤ -100

23 $x=5+2\sqrt{6}$, $y=5-2\sqrt{6}$일 때, $x^3y-xy^3-2x^2+2y^2$의 값을 구하시오.

할 수 있어! LEVEL 3 만점을 위한 **도전 문제**

24 자연수 n에 대하여 $n^2+2n-35$가 소수가 될 때, 이 소수를 구하시오.

25 자연수 $2^{20}-1$은 30보다 크고 40보다 작은 두 자연수로 나누어떨어진다. 이 두 자연수의 합을 구하시오.

26 오른쪽 그림에서 세 원의 중심은 모두 $\overline{AB}$ 위에 있고, 점 D는 $\overline{BC}$의 중점이다. $\overline{AD}$를 지름으로 하는 원의 둘레의 길이는 12π cm이고, 색칠한 부분의 넓이가 $36\pi\ \text{cm}^2$이다. $\overline{CD}=a$ cm일 때, a의 값을 구하시오.

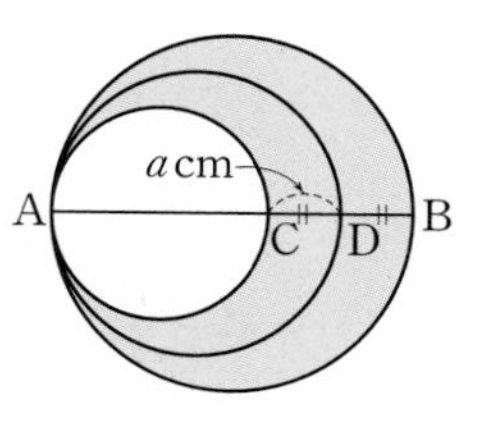

5 이차방정식

유형 1 이차방정식의 뜻

유형 2 이차방정식의 해

유형 3 한 근이 주어질 때, 상수의 값 구하기

유형 4 한 근이 문자로 주어질 때, 식의 값 구하기

유형 5 $AB=0$의 성질

유형 6 인수분해를 이용한 이차방정식의 풀이

유형 7 한 근이 주어질 때, 다른 한 근 구하기

유형 8 이차방정식의 중근

유형 9 이차방정식이 중근을 가질 조건 (1)

유형 10 두 이차방정식의 공통인 근

유형 11 제곱근을 이용한 이차방정식의 풀이

유형 12 완전제곱식을 이용한 이차방정식의 풀이

유형 13 이차방정식의 근의 공식

유형 14 여러 가지 이차방정식의 풀이

유형 15 공통부분이 있는 이차방정식의 풀이

유형 16 이차방정식의 근의 개수

유형 17 근의 개수에 따른 상수의 값의 범위 구하기

유형 18 이차방정식이 중근을 가질 조건 (2)

유형 19 두 근이 주어질 때, 이차방정식 구하기

유형 20 계수 또는 상수항을 잘못 보고 푼 이차방정식

유형 21 식이 주어진 문제

유형 22 수에 대한 문제

유형 23 연속하는 수에 대한 문제

유형 24 실생활에 대한 문제

유형 25 쏘아 올린 물체에 대한 문제

유형 26 도형에 대한 문제

유형 27 맞닿아 있는 도형에 대한 문제

유형 28 길의 폭에 대한 문제

유형 29 상자 만들기에 대한 문제

5 이차방정식

중요

유형 1 이차방정식의 뜻

개념편 104쪽

등식의 모든 항을 좌변으로 이항하여 정리한 식이

(x에 대한 이차식)$=0$

꼴로 나타나는 방정식을 x에 대한 이차방정식이라고 한다.

➡ $ax^2+bx+c=0$ (단, a, b, c는 상수, $a\neq0$)

1 다음 중 x에 대한 이차방정식인 것은?

① x^2+x+1 ② $x^2+\frac{1}{2}x+4=x^2$
③ $x+1=0$ ④ $(x-1)(x-2)=0$
⑤ $x^3-2x=0$

2 다음 보기 중 x에 대한 이차방정식이 아닌 것을 모두 고른 것은?

보기
ㄱ. $2x^2+5=0$ ㄴ. $x^2=x-2$
ㄷ. $x(x-1)=x^2$ ㄹ. $x^3+2x^2+1=x^3-x$
ㅁ. $\frac{6}{x^2}=4$ ㅂ. $(1+x)(1-x)=x^2$

① ㄱ, ㄴ ② ㄴ, ㄷ ③ ㄷ, ㄹ
④ ㄷ, ㅁ ⑤ ㅁ, ㅂ

3 $(ax-1)(x+4)=3x^2$이 x에 대한 이차방정식이 되기 위한 상수 a의 조건은?

① $a\neq-3$ ② $a\neq\frac{1}{4}$ ③ $a\neq3$
④ $a=3$ ⑤ $a\geq3$

유형 2 이차방정식의 해

개념편 104쪽

(1) 이차방정식의 해(근)
이차방정식 $ax^2+bx+c=0$(a, b, c는 상수, $a\neq0$)을 참이 되게 하는 미지수 x의 값

(2) 이차방정식의 해(근)의 의미
$x=p$가 이차방정식 $ax^2+bx+c=0$의 해(근)이다.
➡ $x=p$를 $ax^2+bx+c=0$에 대입하면 등식이 성립한다.
➡ $ap^2+bp+c=0$

4 다음 중 [ ] 안의 수가 주어진 이차방정식의 해인 것은?

① $x^2-2x+1=0$ [-1]
② $x^2-3x-28=0$ [-7]
③ $2x^2-10x=0$ [-5]
④ $2x^2-5x+2=0$ [$\frac{1}{2}$]
⑤ $3x^2+7x-2=0$ [-2]

5 다음 두 조건을 모두 만족시키는 방정식은?

조건
(가) 이차방정식이다.
(나) $x=3$을 해로 갖는다.

① $x(x-3)$ ② $x^2-2x-3=0$
③ $x^3+2x-3=0$ ④ $x^2-2x-10=0$
⑤ $x^2-2x-6=x+12$

6 x의 값이 -2, -1, 0, 1, 2, 3일 때, 이차방정식 $x^2+x-6=0$의 해를 구하시오.

7 자연수 x가 부등식 $3x-3\leq x+5$의 해일 때, 이차방정식 $x^2-5x+4=0$의 해를 구하시오.

유형 3 한 근이 주어질 때, 상수의 값 구하기

개념편 104쪽

이차방정식의 한 근이 주어지면 주어진 근을 이차방정식에 대입하여 상수의 값을 구한다.

예 이차방정식 $x^2+3x+a=0$의 한 근이 $x=2$일 때, 상수 a의 값은
➡ $x^2+3x+a=0$에 $x=2$를 대입하면
$2^2+3\times2+a=0 \quad \therefore a=-10$

8 이차방정식 $ax^2-(a-3)x+a-17=0$의 한 근이 $x=-3$일 때, 상수 a의 값은?

① -2 ② -1 ③ 1
④ 2 ⑤ 3

9 이차방정식 $x^2+ax-3=0$의 한 근이 $x=-1$이고, 이차방정식 $x^2+x+b=0$의 한 근이 $x=-4$일 때, 상수 a, b에 대하여 ab의 값을 구하시오.

10 서술형 $x=2$가 이차방정식 $x^2+ax-2=0$의 근이면서 이차방정식 $2x^2-3x+b=0$의 근일 때, 상수 a, b에 대하여 $a-b$의 값을 구하시오.

풀이 과정

답

유형 4 한 근이 문자로 주어질 때, 식의 값 구하기

개념편 104쪽

이차방정식 $x^2+ax+b=0$의 한 근이 $x=m$이면
➡ $m^2+am+b=0$
(1) 상수항을 우변으로 이항하면
$m^2+am=-b$
(2) 양변을 $m\,(m\neq0)$으로 나누면
$m+a+\frac{b}{m}=0$에서 $m+\frac{b}{m}=-a$

11 이차방정식 $x^2+3x-1=0$의 한 근을 $x=a$라고 할 때, a^2+3a+4의 값을 구하시오.

12 이차방정식 $x^2+2x-4=0$의 한 근을 $x=a$, 이차방정식 $2x^2-3x-6=0$의 한 근을 $x=b$라고 할 때, $2a^2+4a-2b^2+3b+5$의 값은?

① -1 ② 1 ③ 3
④ 5 ⑤ 7

13 이차방정식 $x^2+5x-1=0$의 한 근을 $x=a$라고 할 때, $a-\frac{1}{a}$의 값을 구하시오.

까다로운 기출문제

$a^2+\frac{1}{a^2}=\left(a+\frac{1}{a}\right)^2-2$임을 이용해서 주어진 식을 변형해 봐.

14 이차방정식 $x^2-4x+1=0$의 한 근이 $x=a$일 때, $a^2+a+\frac{1}{a}+\frac{1}{a^2}$의 값은?

① 6 ② 10 ③ 14
④ 18 ⑤ 22

유형 5 $AB=0$의 성질

개념편 106쪽

두 수 또는 두 식 A, B에 대하여

$AB=0$이면 $A=0$ 또는 $B=0$

예 $(x+1)(x-1)=0$이면 $x+1=0$ 또는 $x-1=0$

$\therefore x=-1$ 또는 $x=1$

15 이차방정식 $(x+5)(x+1)=0$을 풀면?

① $x=5$ 또는 $x=1$
② $x=5$ 또는 $x=-1$
③ $x=-\frac{1}{5}$ 또는 $x=-1$
④ $x=-5$ 또는 $x=1$
⑤ $x=-5$ 또는 $x=-1$

16 다음 이차방정식 중 해가 $x=-3$ 또는 $x=\frac{1}{2}$인 것은?

① $3x(2x-1)=0$
② $-3x(2x+1)=0$
③ $(x+3)(2x-1)=0$
④ $(x+3)(2x+1)=0$
⑤ $(x-3)(2x+1)=0$

17 다음 이차방정식 중 두 근의 합이 3인 것을 모두 고르면? (정답 2개)

① $x(x-3)=0$
② $(x+2)(x+1)=0$
③ $(x+4)(x-1)=0$
④ $(3x-1)(x-2)=0$
⑤ $(2x-1)(2x-5)=0$

유형 6 인수분해를 이용한 이차방정식의 풀이

개념편 106쪽

❶ 주어진 이차방정식을 $ax^2+bx+c=0$ 꼴로 정리한다.
❷ 좌변을 인수분해한다.
❸ $AB=0$이면 $A=0$ 또는 $B=0$임을 이용하여 해를 구한다.

18 다음 이차방정식을 인수분해를 이용하여 푸시오.

(1) $x^2-9x-10=0$

(2) $3x^2+5x-2=0$

19 다음 이차방정식의 해를 구하시오.

$$(x-3)(2x+1)-x^2=11$$

20 이차방정식 $6x^2-11x-30=0$의 두 근 사이에 있는 정수의 개수는?

① 1개 ② 2개 ③ 3개
④ 4개 ⑤ 5개

21 이차방정식 $x^2=3x+10$의 두 근을 a, $b(a>b)$라고 할 때, 이차방정식 $x^2+ax-2b=0$을 푸시오.

22 서술형 이차방정식 $x^2-2x-35=0$의 두 근 중 작은 근이 이차방정식 $x^2+6x-k=0$의 근일 때, 상수 k의 값을 구하시오.

풀이 과정

답

23 x에 대한 이차방정식
$(k-2)x^2+(k^2+k)x+20-4k=0$의 한 근이 $x=-2$일 때, 상수 k의 값은?

① -5 ② -3 ③ -1
④ 2 ⑤ 4

까다로운 기출문제

일차함수의 식에 주어진 점의 좌표를 대입해 봐.

24 일차함수 $y=ax+1$의 그래프가 점
$(a-2,\ -a^2+5a+5)$를 지나고 제3사분면을 지나지 않을 때, 상수 a의 값은?

① -2 ② $-\frac{1}{2}$ ③ 1
④ 2 ⑤ 4

유형 7 한 근이 주어질 때, 다른 한 근 구하기

개념편 106쪽

이차방정식의 한 근이 $x=p$일 때, 다른 한 근은 다음과 같은 방법으로 구한다.

❶ $x=p$를 주어진 이차방정식에 대입하여 상수의 값을 구한다.
❷ 구한 상수의 값을 이차방정식에 대입하여 푼다.
❸ 두 근 중 $x=p$를 제외한 다른 한 근을 구한다.

25 이차방정식 $3x^2+ax-4=0$의 한 근이 $x=-2$일 때, 상수 a의 값과 다른 한 근은?

① $a=-4,\ x=1$ ② $a=-4,\ x=2$
③ $a=4,\ x=\frac{2}{3}$ ④ $a=4,\ x=4$
⑤ $a=8,\ x=\frac{3}{2}$

26 서술형 이차방정식 $x^2-10x+a=0$의 한 근이 $x=6$일 때, 다른 한 근을 구하시오. (단, a는 상수)

풀이 과정

답

27 이차방정식 $3x^2-10x+2a=0$의 두 근이 $x=3$ 또는 $x=b$일 때, ab의 값은? (단, a는 상수)

① -1 ② $-\frac{1}{2}$ ③ $\frac{1}{2}$
④ 1 ⑤ 2

• 정답과 해설 45쪽

28 이차방정식 $x^2+x-42=0$의 두 근 중 큰 근이 이차방정식 $x^2-ax-12=0$의 한 근일 때, 이 이차방정식의 다른 한 근은? (단, a는 상수)

① $x=-4$ ② $x=-2$ ③ $x=2$
④ $x=4$ ⑤ $x=6$

29 서술형
이차방정식 $x^2+ax-6=0$의 한 근은 $x=-3$이고 다른 한 근은 이차방정식 $3x^2-8x+b=0$의 근일 때, b의 값을 구하시오. (단, a, b는 상수)

풀이 과정

답

30 x에 대한 이차방정식 $(a-2)x^2+a^2x+4=0$의 한 근이 $x=-1$일 때, 상수 a의 값과 다른 한 근은?

① $a=-1$, $x=-\frac{4}{3}$ ② $a=-1$, $x=-1$
③ $a=-1$, $x=\frac{4}{3}$ ④ $a=2$, $x=-1$
⑤ $a=2$, $x=\frac{4}{3}$

유형 8 이차방정식의 중근 개념편 107쪽

(1) 이차방정식의 두 해가 중복될 때, 이 해를 중근이라고 한다.
(2) 이차방정식이 $a(x-p)^2=0$ 꼴로 나타내어지면 이 이차방정식은 중근 $x=p$를 가진다.

31 이차방정식 $x^2-x+\frac{1}{4}=0$이 $x=a$를 중근으로 갖고, 이차방정식 $4x^2+12x+9=0$이 $x=b$를 중근으로 가질 때, $a+b$의 값을 구하시오.

32 다음 이차방정식 중 중근을 갖지 않는 것은?

① $x^2=1$ ② $x^2=14x-49$
③ $9x^2-12x+4=0$ ④ $-8x+16=-x^2$
⑤ $x^2-16x=-64$

33 다음 보기의 이차방정식 중 중근을 갖는 것을 모두 고른 것은?

보기
ㄱ. $x^2-4=0$ ㄴ. $x(x-2)=-1$
ㄷ. $x^2=-12(x+3)$ ㄹ. $2x^2+2x=(x-3)^2$

① ㄱ, ㄴ ② ㄴ, ㄷ ③ ㄷ, ㄹ
④ ㄱ, ㄴ, ㄹ ⑤ ㄴ, ㄷ, ㄹ

유형 9 이차방정식이 중근을 가질 조건 (1) 개념편 107쪽

이차방정식 $x^2+ax+b=0$이 중근을 가질 조건
➡ (완전제곱식)$=0$ 꼴로 나타낼 수 있어야 한다.
➡ $b=\left(\frac{a}{2}\right)^2$

34 다음 이차방정식이 중근을 가질 때, 상수 a의 값을 구하시오.

(1) $x^2+8x+15=a$

(2) $x^2+\frac{4}{3}x+a=0$

35 이차방정식 $x^2+2ax-7a+18=0$이 중근을 가질 때, 상수 a의 값을 모두 고르면? (정답 2개)

① -9　② -2　③ 1
④ 2　⑤ 9

36 이차방정식 $x^2-10x+a=0$이 중근 $x=b$를 가질 때, $a-3b$의 값을 구하시오. (단, a는 상수)

까다로운 기출문제

(중근을 가질 조건을 이용하여 a와 b 사이의 관계를 생각해 봐.)

37 한 개의 주사위를 두 번 던져서 첫 번째 나온 눈의 수를 a, 두 번째 나온 눈의 수를 b라고 할 때, 이차방정식 $x^2+ax+b=0$이 중근을 가질 확률은?

① $\frac{1}{36}$　② $\frac{1}{18}$　③ $\frac{1}{9}$
④ $\frac{5}{36}$　⑤ $\frac{5}{18}$

유형 10 두 이차방정식의 공통인 근 개념편 106~107쪽

이차방정식 $ax^2+bx+c=0$의 두 근이 $x=p$ 또는 $x=q$,
이차방정식 $a'x^2+b'x+c'=0$의 두 근이 $x=p$ 또는 $x=q'$
➡ 두 이차방정식의 공통인 근은 $x=p$ (단, $q\neq q'$)

38 두 이차방정식 $x^2+3x-18=0$, $2x^2-9x+9=0$을 동시에 만족시키는 해를 구하시오.

39 두 이차방정식 $2x^2-15x+a=0$, $x^2-bx-24=0$의 공통인 근이 $x=4$일 때, 상수 a, b에 대하여 $a+b$의 값은?

① 18　② 22　③ 26
④ 30　⑤ 34

40 서술형 이차방정식 $x^2+6x+k=0$이 중근을 가질 때, 다음 두 이차방정식의 공통인 근을 구하시오. (단, k는 상수)

$$x^2+(1-k)x+15=0,\ 2x^2-(2k-9)x-5=0$$

풀이 과정

답

• 정답과 해설 46쪽

유형 11 제곱근을 이용한 이차방정식의 풀이 개념편 109쪽

(1) 이차방정식 $x^2=q\,(q\geq0)$의 해
➡ $x=\pm\sqrt{q}$
(2) 이차방정식 $(x-p)^2=q\,(q\geq0)$의 해
➡ $x=p\pm\sqrt{q}$

41 이차방정식 $3x^2-24=0$을 제곱근을 이용하여 풀면?

① $x=2$ ② $x=\pm2$ ③ $x=2\sqrt{2}$
④ $x=\pm2\sqrt{2}$ ⑤ $x=\pm4$

42 이차방정식 $2(x-1)^2=14$의 해가 $x=a\pm\sqrt{b}$일 때, 유리수 a, b에 대하여 $b-a$의 값은?

① 4 ② 5 ③ 6
④ 7 ⑤ 8

43 이차방정식 $(x-A)^2=B$의 해가 $x=-2\pm\sqrt{13}$일 때, 유리수 A, B에 대하여 $A+B$의 값을 구하시오.

이차방정식의 해 $x=$(정수)$\pm\sqrt{\triangle}$가 정수가 되려면 $\sqrt{\triangle}$가 정수가 되어야 해.

까다로운 기출문제

44 이차방정식 $(x+5)^2=3k$의 해가 모두 정수가 되도록 하는 가장 작은 자연수 k의 값을 구하시오.

유형 12 완전제곱식을 이용한 이차방정식의 풀이 개념편 110쪽

이차방정식 $ax^2+bx+c=0$의 좌변이 인수분해되지 않을 때에는 이차방정식을 $(x-p)^2=q$ 꼴로 고친 후 제곱근을 이용하여 해를 구한다.

45 다음은 완전제곱식을 이용하여 이차방정식 $5x^2+9x+3=0$을 푸는 과정이다. 유리수 A, B, C, D, E의 값을 각각 구하시오.

> 양변을 A로 나누면 $x^2+\frac{9}{5}x+\frac{3}{5}=0$
>
> 상수항을 우변으로 이항하면 $x^2+\frac{9}{5}x=B$
>
> $x^2+\frac{9}{5}x+\left(\frac{9}{10}\right)^2=B+\left(\frac{9}{10}\right)^2$
>
> $(x+C)^2=\frac{D}{100}$, $x+C=\pm\frac{\sqrt{D}}{10}$
>
> $\therefore\ x=\frac{E\pm\sqrt{D}}{10}$

46 이차방정식 $x^2+4x-3=0$을 $(x+a)^2=b$ 꼴로 나타낼 때, 상수 a, b에 대하여 $a+b$의 값을 구하시오.

47 이차방정식 $2x^2-8x+1=0$을 완전제곱식을 이용하여 푸시오.

48 이차방정식 $x^2-6x=k$를 완전제곱식을 이용하여 풀었더니 해가 $x=3\pm\sqrt{5}$이었다. 이때 상수 k의 값을 구하시오.

• 정답과 해설 47쪽

유형 13 이차방정식의 근의 공식

개념편 112쪽

(1) 이차방정식 $ax^2+bx+c=0$의 해는

$$x=\frac{-b\pm\sqrt{b^2-4ac}}{2a} \text{ (단, } b^2-4ac\geq 0)$$

(2) 이차방정식 $ax^2+2b'x+c=0$의 해는

x의 계수가 짝수

$$x=\frac{-b'\pm\sqrt{b'^2-ac}}{a} \text{ (단, } b'^2-ac\geq 0)$$

49 다음은 이차방정식 $ax^2+bx+c=0\,(a\neq 0)$의 근을 구하는 과정이다. (가)~(마)에 알맞은 식을 쓰시오.

> $ax^2+bx+c=0$에서
> 양변을 x^2의 계수로 나누면 (가)
> 상수항을 우변으로 이항하면 (나)
> 양변에 $\left(\frac{x\text{의 계수}}{2}\right)^2$을 더하면
> (다)
> 좌변을 완전제곱식으로 고치면
> (라) $=\frac{b^2-4ac}{4a^2}$
> $\therefore x=$ (마)

50 다음 이차방정식을 근의 공식을 이용하여 푸시오.

(1) $x^2+x-5=0$

(2) $9x^2-6x-1=0$

51 이차방정식 $x^2+3x+1=0$의 해가 $x=\frac{A\pm\sqrt{B}}{2}$일 때, 유리수 A, B에 대하여 $A-B$의 값은?

① -8　② -5　③ -3　④ 5　⑤ 8

52 이차방정식 $3x^2-4x+p=0$의 해가 $x=\frac{q\pm\sqrt{13}}{3}$일 때, 유리수 p, q에 대하여 $p+q$의 값은?

① -3　② -1　③ 1　④ 3　⑤ 5

53 이차방정식 $x^2+2x-k=0$이 중근을 가질 때, 이차방정식 $(1-k)x^2-4x+1=0$의 해는? (단, k는 상수)

① $x=\frac{-1\pm\sqrt{2}}{2}$　② $x=\frac{1\pm\sqrt{2}}{2}$
③ $x=\frac{-2\pm\sqrt{2}}{2}$　④ $x=\frac{2\pm\sqrt{2}}{2}$
⑤ $x=\frac{1\pm\sqrt{3}}{2}$

54 이차방정식 $x^2-6x+4=0$의 두 근 사이에 있는 정수의 개수를 구하시오.

해가 유리수가 되려면 근의 공식을 적용했을 때, 근호 안의 수가 0 또는 (자연수)^2 꼴이어야 해.

까다로운 기출문제

55 이차방정식 $2x^2-3x+a-2=0$의 해가 모두 유리수가 되도록 하는 자연수 a의 값을 모두 고르면? (정답 2개)

① 2　② 3　③ 5　④ 7　⑤ 10

유형 14 여러 가지 이차방정식의 풀이 개념편 113쪽

(1) 괄호가 있으면 분배법칙이나 곱셈 공식을 이용하여 괄호를 푼다.
(2) 계수가 소수이면 양변에 10의 거듭제곱을 곱하여 모든 계수를 정수로 고친다.
(3) 계수가 분수이면 양변에 분모의 최소공배수를 곱하여 모든 계수를 정수로 고친다.

56 다음 이차방정식을 푸시오.

(1) $(x-2)^2=2(x+4)$

(2) $x^2+0.3x-0.1=0$

(3) $\frac{1}{2}x^2-2x+\frac{1}{3}=0$

57 이차방정식 $\frac{x(x-3)}{4}=\frac{x^2-4}{6}$의 두 근의 차를 구하시오.

58 이차방정식 $\frac{1}{5}x^2-0.4x-\frac{1}{3}=0$의 해가 $x=\frac{A\pm2\sqrt{B}}{3}$일 때, 유리수 A, B에 대하여 $B-A$의 값을 구하시오.

59 이차방정식 $2x-\frac{x^2-1}{3}=0.5(x-1)$의 정수인 근이 이차방정식 $x^2-3x+k=0$의 한 근일 때, 상수 k의 값을 구하시오.

유형 15 공통부분이 있는 이차방정식의 풀이 개념편 113쪽

❶ 공통부분을 A로 놓는다.
❷ 인수분해 또는 근의 공식을 이용하여 A의 값을 구한다.
❸ A에 원래 식을 대입하여 이차방정식의 해를 구한다.

60 이차방정식 $(x-2)^2-2(x-2)-24=0$의 해를 구하시오.

61 이차방정식 $0.5(2x+1)^2-\frac{2}{5}(2x+1)=0.1$의 음수인 해는?

① $x=-1$ ② $x=-\frac{4}{5}$ ③ $x=-\frac{3}{5}$
④ $x=-\frac{2}{5}$ ⑤ $x=-\frac{1}{5}$

62 $2x<y$이고 $(2x-y)(2x-y+4)=5$일 때, $2x-y$의 값은?

① -5 ② -4 ③ -3
④ -2 ⑤ -1

• 정답과 해설 48쪽

유형 16 이차방정식의 근의 개수

개념편 116쪽

이차방정식 $ax^2+bx+c=0$의 근의 개수는 b^2-4ac의 부호에 의해 결정된다.

(1) $b^2-4ac>0$ ➡ 서로 다른 두 근 ┐ 근이 존재한다.
(2) $b^2-4ac=0$ ➡ 한 근(중근) ┘
(3) $b^2-4ac<0$ ➡ 근이 없다.

참고 b가 짝수($b=2b'$)일 때, b'^2-ac의 부호를 이용하면 더 편리하다.

63 다음 이차방정식 중 근의 개수가 나머지 넷과 다른 하나는?

① $x^2=4$　② $x^2-5x-3=0$
③ $x(x-6)=9$　④ $x^2-12x=0$
⑤ $x^2+8x+17=0$

64 다음 보기 중 서로 다른 두 근을 갖는 이차방정식의 개수를 구하시오.

보기
ㄱ. $9x^2-2=0$　ㄴ. $2x^2+3x-1=0$
ㄷ. $x^2-10x+25=0$　ㄹ. $x^2-5x+8=0$

65 이차방정식 $3x^2+5x=1$의 근의 개수를 a개, 이차방정식 $2x^2-x=3(x-7)$의 근의 개수를 b개라고 할 때, $a+b$의 값을 구하시오.

유형 17 근의 개수에 따른 상수의 값의 범위 구하기

개념편 116쪽

이차방정식 $ax^2+bx+c=0$에서 다음을 이용하여 부등식을 세운 후 상수의 값의 범위를 구한다.

(1) 서로 다른 두 근을 가질 때 ➡ $b^2-4ac>0$
(2) 중근을 가질 때 ➡ $b^2-4ac=0$
(3) 근을 갖지 않을 때 ➡ $b^2-4ac<0$

참고 이차방정식 $ax^2+bx+c=0$이 근을 가질 조건은
➡ $b^2-4ac\geq0$

66 이차방정식 $2x^2-4x+k=0$이 서로 다른 두 근을 가질 때, 상수 k의 값의 범위는?

① $k>-4$　② $k>-2$　③ $k>-1$
④ $k<2$　⑤ $k<4$

67 서술형 이차방정식 $x^2+8x+2k-4=0$이 해를 갖도록 하는 가장 큰 정수 k의 값을 구하시오.

풀이 과정

답

68 이차방정식 $x^2+(2k-1)x+k^2+3=0$의 해가 없을 때, 다음 중 상수 k의 값이 될 수 있는 것은?

① -4　② $-\frac{15}{4}$　③ $-\frac{13}{4}$
④ -3　⑤ -2

유형18 이차방정식이 중근을 가질 조건 (2) 개념편 116쪽

이차방정식 $ax^2+bx+c=0$이 중근을 가질 조건
➡ $b^2-4ac=0$ → $b=2b'$이면 $b'^2-ac=0$

69 이차방정식 $x^2+kx+3+k=0$이 중근을 갖도록 하는 상수 k의 값을 모두 구하시오.

70 이차방정식 $9x^2+12x+2k-5=0$이 중근 $x=p$를 가질 때, kp의 값은? (단, k는 상수)

① -3 ② -1 ③ $-\frac{1}{3}$
④ 1 ⑤ 3

71 이차방정식 $4x^2-mx+16=0$이 양수인 중근을 갖도록 하는 상수 m의 값은?

① -16 ② -2 ③ 2
④ 16 ⑤ 32

72 이차방정식 $x^2+2kx+2k-1=0$이 중근을 가질 때, 이차방정식 $3x^2-2kx-5=0$을 푸시오.
(단, k는 상수)

유형19 두 근이 주어질 때, 이차방정식 구하기 개념편 117쪽

(1) 두 근이 α, β이고 x^2의 계수가 $a\,(a\neq 0)$인 이차방정식
➡ $a(x-\alpha)(x-\beta)=0$
(2) 중근이 α이고 x^2의 계수가 $a\,(a\neq 0)$인 이차방정식
➡ $a(x-\alpha)^2=0$

73 두 근이 -2, 5이고 x^2의 계수가 -3인 이차방정식을 $ax^2+bx+c=0$ 꼴로 나타내시오.
(단, a, b, c는 상수)

74 두 근이 $-\frac{1}{2}$, $\frac{1}{3}$이고 x^2의 계수가 6인 이차방정식은?

① $6x^2-\frac{1}{6}x+\frac{1}{6}=0$ ② $6x^2+\frac{1}{6}x-\frac{1}{6}=0$
③ $6x^2-x-1=0$ ④ $6x^2+x-1=0$
⑤ $6x^2+x+1=0$

75 이차방정식 $x^2+ax+b=0$의 두 근이 -2, 3일 때, 상수 a, b에 대하여 $\frac{b}{a}$의 값을 구하시오.

76 이차방정식 $10x^2-ax-b=0$의 두 근이 $\frac{1}{5}$, $-\frac{1}{2}$일 때, 상수 a, b에 대하여 $a+b$의 값을 구하시오.

77 이차방정식 $4x^2+px+q=0$이 중근 1을 가질 때, 상수 p, q에 대하여 $p-q$의 값을 구하시오.

78 이차방정식 $x^2+ax-b=0$의 두 근이 -1, 5일 때, 이차방정식 $x^2+bx-a=0$을 풀면? (단, a, b는 상수)

① $x=-5$ 또는 $x=1$
② $x=-4$ 또는 $x=-1$
③ $x=-1$
④ $x=4$ 또는 $x=1$
⑤ $x=5$

79 이차방정식 $2x^2+x-6=0$의 두 근을 α, β라고 할 때, $\alpha+1$, $\beta+1$을 두 근으로 하고 x^2의 계수가 2인 이차방정식을 $ax^2+bx+c=0$ 꼴로 나타내시오.

(단, a, b, c는 상수)

까다로운 기출문제

두 근의 차가 5 ⇨ 두 근: α, $\alpha+5$

80 이차방정식 $x^2-3x+m=0$의 두 근의 차가 5일 때, 상수 m의 값은?

① -6
② -4
③ -1
④ 1
⑤ 4

틀리기 쉬운

유형20 계수 또는 상수항을 잘못 보고 푼 이차방정식

개념편 117쪽

계수 또는 상수항을 잘못 보고 푼 이차방정식이
$x^2+ax+b=0$일 때

(1) x의 계수를 잘못 보고 푼 경우
➡ 상수항은 제대로 보았으므로 상수항은 b

(2) 상수항을 잘못 보고 푼 경우
➡ x의 계수는 제대로 보았으므로 x의 계수는 a

81 x^2의 계수가 1인 이차방정식을 푸는데 은수는 x의 계수를 잘못 보고 풀어서 $x=-1$ 또는 $x=6$을 해로 얻었고, 선희는 상수항을 잘못 보고 풀어서 $x=-4$ 또는 $x=3$을 해로 얻었다. 처음 이차방정식의 해를 구하시오.

82 서술형

이차방정식 $x^2+Ax+B=0$의 x의 계수와 상수항을 서로 바꾸어 풀었더니 해가 $x=-4$ 또는 $x=1$이었다. 처음 이차방정식의 해를 구하시오. (단, A, B는 상수)

풀이 과정

답

83 이차방정식 $x^2+ax+b=0$을 푸는데 지우는 x의 계수를 잘못 보고 풀어서 $x=-1$ 또는 $x=2$를 해로 얻었고, 예나는 상수항을 잘못 보고 풀어서 $x=-2\pm\sqrt{3}$을 해로 얻었다. 이때 유리수 a, b에 대하여 $a-b$의 값을 구하시오.

유형21 식이 주어진 문제 개념편 119쪽

주어진 식을 이용하여 이차방정식을 세운다.

84 n각형의 대각선의 개수는 $\frac{n(n-3)}{2}$개이다. 이때 대각선의 개수가 27개인 다각형은?

① 칠각형 ② 팔각형 ③ 구각형
④ 십각형 ⑤ 십일각형

85 자연수 1부터 n까지의 합은 $\frac{n(n+1)}{2}$이다. 이때 합이 105가 되려면 1부터 얼마까지의 자연수를 더해야 하는지 구하시오.

86 다음 그림과 같이 각 단계마다 바둑돌의 개수를 늘려가며 직사각형 모양으로 배열하려고 한다. 물음에 답하시오.

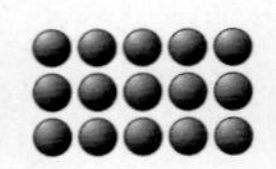
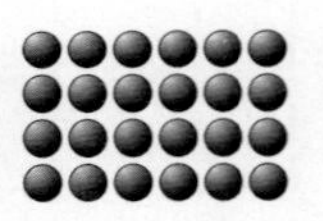

[1단계] [2단계] [3단계] [4단계] …

(1) n단계에서 사용된 바둑돌의 개수를 n에 대한 식으로 나타내시오.

(2) 99개의 바둑돌로 만든 직사각형 모양은 몇 단계인지 구하시오.

유형22 수에 대한 문제 개념편 119쪽

(1) 어떤 수에 대한 문제
어떤 수를 x로 놓고, 주어진 조건을 이용하여 이차방정식을 세운다.
(2) 자리의 숫자에 대한 문제
십의 자리의 숫자가 x, 일의 자리의 숫자가 y인 두 자리의 자연수 ➡ $10x+y$

87 어떤 자연수를 제곱해야 할 것을 잘못하여 3배를 하였더니 제곱한 것보다 10만큼 작아졌다고 한다. 이때 어떤 자연수를 구하시오.

88 차가 3인 두 자연수의 제곱의 합이 185일 때, 이 두 자연수를 구하시오.

89 서술형 두 자리의 자연수가 있다. 이 수의 십의 자리의 숫자와 일의 자리의 숫자의 합은 13이고, 십의 자리의 숫자와 일의 자리의 숫자의 곱은 이 수보다 25만큼 작다고 한다. 이 두 자리의 자연수를 구하시오.

풀이 과정

답

유형23 연속하는 수에 대한 문제 개념편 119쪽

(1) 연속하는 두 자연수 ➡ x, $x+1$ (단, x는 자연수)
(2) 연속하는 세 자연수
➡ $x-1$, x, $x+1$ (단, x는 1보다 큰 자연수)
또는 x, $x+1$, $x+2$ (단, x는 자연수)
(3) 연속하는 두 짝수 ➡ x, $x+2$ (단, x는 짝수)
(4) 연속하는 두 홀수 ➡ x, $x+2$ (단, x는 홀수)

90 연속하는 두 자연수의 제곱의 합이 61일 때, 이 두 자연수를 구하시오.

91 연속하는 두 홀수의 곱이 255일 때, 이 두 홀수의 합을 구하시오.

92 서술형 연속하는 세 자연수 중 가장 큰 수의 제곱은 나머지 두 수의 제곱의 합보다 32만큼 작다고 할 때, 가장 큰 수를 구하시오.

풀이 과정

답

유형24 실생활에 대한 문제 개념편 119~120쪽

나이, 사람 수, 날짜, 개수 등에 대한 문제는 구하는 것을 x로 놓고 이차방정식을 세운다.

주의 나이, 사람 수, 날짜, 개수 등은 자연수이어야 한다.

93 쿠키 250개를 남김없이 학생들에게 똑같이 나누어 주려고 한다. 한 학생이 받는 쿠키의 개수는 학생 수보다 15만큼 적을 때, 학생 수를 구하시오.

94 누나와 동생의 나이 차는 3살이고, 누나의 나이의 제곱은 동생의 나이의 제곱의 2배보다 7만큼 적다. 이때 누나의 나이를 구하시오.

95 민재와 은교의 생일은 모두 5월이고 민재는 은교보다 1주 전 같은 요일에 태어났다고 한다. 두 사람의 생일의 날짜의 곱이 120일 때, 민재의 생일을 구하시오.

까다로운 기출문제

n명의 대표 모두가 악수한 총횟수는 n명 중에서 자격이 같은 대표 2명을 뽑는 경우의 수와 같아!

96 어느 국제회의에 참석한 각국의 대표 모두가 서로 악수를 한 번씩 하였더니 대표 모두가 악수한 총횟수는 105번이었을 때, 이 국제회의에 참석한 대표의 수를 구하시오.

유형 25 쏘아 올린 물체에 대한 문제 개념편 119~120쪽

주어진 이차식을 이용하여 이차방정식을 세운다.
이때 다음에 주의한다.
(1) 쏘아 올린 물체의 높이가 h m인 경우는 올라갈 때와 내려올 때 두 번 생긴다.
(단, 가장 높이 올라간 경우는 제외한다.)
(2) 물체가 지면에 떨어졌을 때의 높이는 0 m이다.
(3) 시각 t에 대한 식에서 $t \geq 0$이다.

97 지면에서 지면에 수직인 방향으로 초속 25 m로 쏘아 올린 물체의 t초 후의 지면으로부터의 높이는 $(25t-5t^2)$ m라고 한다. 이 물체의 높이가 20 m가 되는 것은 물체를 쏘아 올린 지 몇 초 후인가?

① 1초 후 또는 4초 후　② 1초 후 또는 5초 후
③ 2초 후 또는 3초 후　④ 2초 후 또는 5초 후
⑤ 8초 후

98 지면으로부터 80 m 높이의 건물의 꼭대기에서 초속 30 m로 똑바로 위로 쏘아 올린 공의 t초 후의 지면으로부터의 높이는 $(30t-5t^2+80)$ m라고 한다. 이 공이 지면에 떨어질 때까지 걸리는 시간은 몇 초인지 구하시오.

99 지면에서 지면에 수직인 방향으로 초속 35 m로 던져 올린 야구공의 t초 후의 지면으로부터의 높이는 $(35t-5t^2)$ m라고 한다. 이 야구공이 지면으로부터 높이가 50 m 이상인 지점을 지나는 것은 몇 초 동안인가?

① 2초　② 3초　③ 4초
④ 5초　⑤ 6초

유형 26 도형에 대한 문제 개념편 119~120쪽

도형의 넓이를 구하는 공식을 이용하여 이차방정식을 세운다.
(1) (삼각형의 넓이)$=\frac{1}{2}\times$(밑변의 길이)$\times$(높이)
(2) (직사각형의 넓이)$=$(가로의 길이)$\times$(세로의 길이)
(3) (사다리꼴의 넓이)
$=\frac{1}{2}\times\{$(윗변의 길이)$+$(아랫변의 길이)$\}\times$(높이)
(4) (원의 넓이)$=\pi\times$(반지름의 길이)^2

100 가로의 길이가 세로의 길이보다 3 cm만큼 긴 직사각형의 넓이가 70 cm^{2}일 때, 이 직사각형의 세로의 길이를 구하시오.

101 윗변의 길이가 3 cm이고 넓이가 20 cm^{2}인 사다리꼴이 있다. 아랫변의 길이와 높이가 서로 같다고 할 때, 사다리꼴의 높이를 구하시오.

102 다음은 조선 시대의 수학책 "구일집(九一集)"에 있는 문제를 현대적으로 재구성한 것이다.

> 크고 작은 두 개의 정사각형이 있다. 두 정사각형의 넓이의 합은 468 m^{2}이고, 큰 정사각형의 한 변의 길이는 작은 정사각형의 한 변의 길이보다 6 m만큼 길다.

위의 두 정사각형 중 작은 정사각형의 한 변의 길이를 구하시오.

103 서술형 오른쪽 그림과 같이 한 변의 길이가 x m인 정사각형 모양의 밭을 가로의 길이는 3 m만큼 늘이고, 세로의 길이는 1 m만큼 줄였더니 넓이가 45 m^2인 직사각형 모양의 밭이 되었다. 이때 처음 정사각형 모양의 밭의 한 변의 길이를 구하시오.

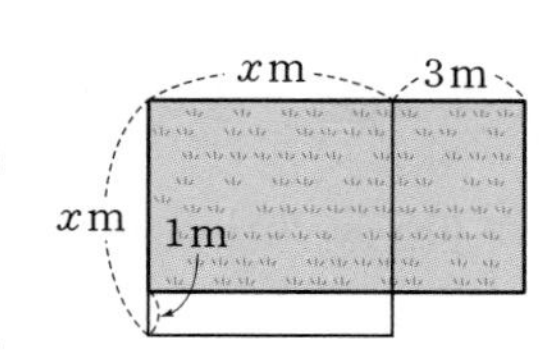

풀이 과정

답

104 오른쪽 그림과 같이 반지름의 길이가 6 cm인 원에서 반지름의 길이를 늘였더니 원의 넓이가 처음 원의 넓이의 4배가 되었다. 이때 반지름의 길이를 얼마만큼 늘였는가?

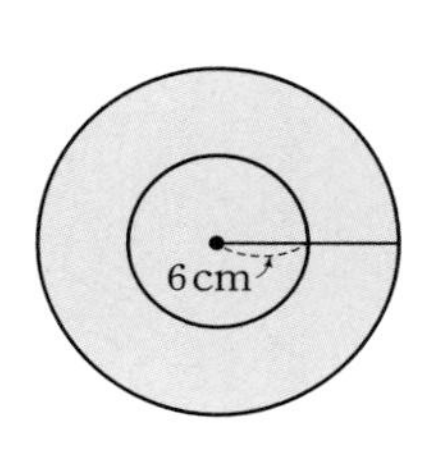

① 2 cm ② 3 cm ③ 4 cm
④ 5 cm ⑤ 6 cm

105 오른쪽 그림과 같이 가로와 세로의 길이가 각각 40 cm, 50 cm인 직사각형 ABCD가 있다. 점 P는 점 B에서 출발하여 점 C까지 $\overline{BC}$를 따라 매초 2 cm씩 움직이고, 점 Q는 점 C에서 출발하여 점 D까지 $\overline{CD}$를 따라 매초 3 cm씩 움직인다. 두 점 P, Q가 동시에 출발할 때, △PCQ의 넓이가 300 cm^2가 되는 것은 출발한 지 몇 초 후인지 구하시오.

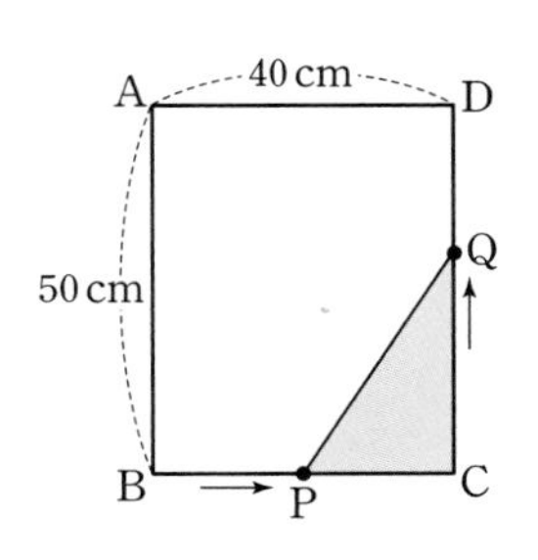

한 걸음 더 연습

유형 26

106 길이가 15 cm인 끈을 두 도막으로 잘라서 크기가 다른 두 정삼각형을 만들려고 한다. 두 정삼각형의 넓이의 비가 3 : 2가 되도록 할 때, 작은 정삼각형의 한 변의 길이를 구하시오.

107 오른쪽 그림은 한 변의 길이가 10 cm인 정사각형 ABCD에서 $\overline{AE}=\overline{BF}=\overline{CG}=\overline{DH}$가 되도록 네 점 E, F, G, H를 잡아 □EFGH를 그린 것이다. □EFGH는 한 변의 길이가 8 cm인 정사각형일 때, $\overline{AH}$의 길이를 구하시오. (단, $\overline{AH}<\overline{DH}$)

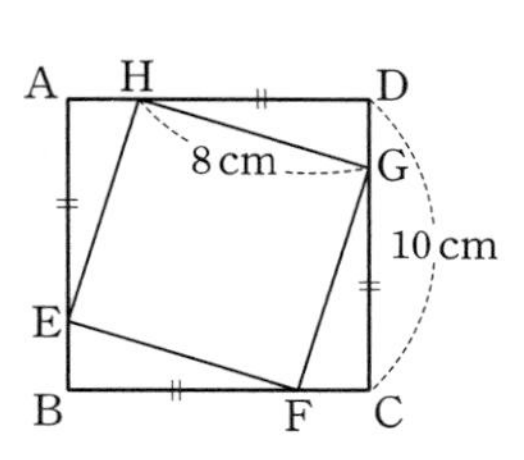

까다로운 기출문제

$\overline{BC}=x$ cm로 놓고 △ABC와 닮음인 이등변삼각형을 찾아봐.

108 오른쪽 그림에서 △ABC는 $\overline{AB}=\overline{AC}=10$ cm인 이등변삼각형이다. ∠C=72°, ∠ABD=∠CBD일 때, $\overline{BC}$의 길이를 구하시오.

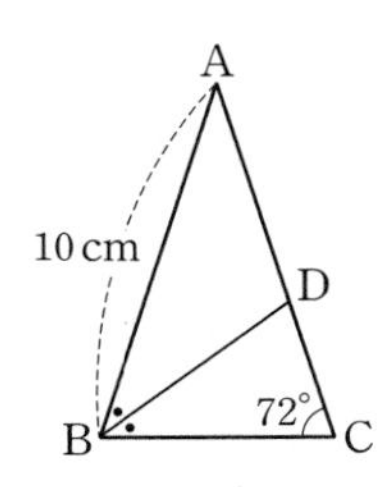

유형27 맞닿아 있는 도형에 대한 문제 개념편 119~120쪽

오른쪽 그림과 같이 크기가 다른 두 정사각형이 맞닿아 있을 때

➡ 작은 정사각형의 한 변의 길이가 x이면 큰 정사각형의 한 변의 길이는 $a-x$이다.

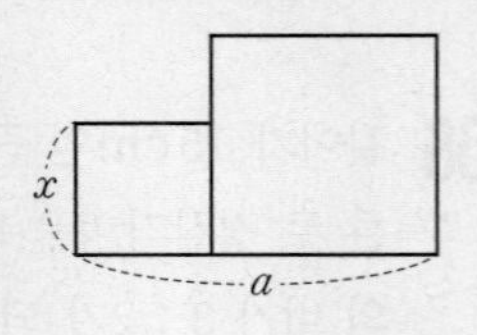

109 오른쪽 그림과 같이 길이가 8 cm인 $\overline{AB}$ 위에 점 C를 잡아 2개의 정사각형을 만들었다. 큰 정사각형의 넓이와 작은 정사각형의 넓이의 합이 $34\,cm^2$일 때, 큰 정사각형의 한 변의 길이는?

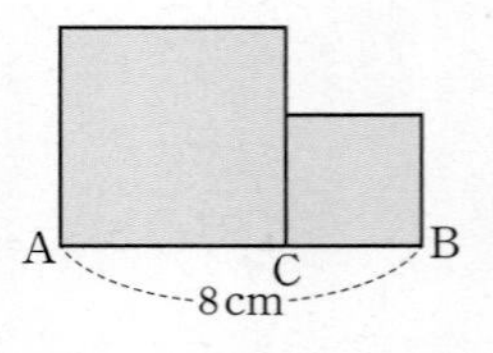

① 5 cm　② $4\sqrt{2}$ cm　③ 6 cm
④ $4\sqrt{3}$ cm　⑤ 7 cm

110 오른쪽 그림과 같이 세 반원으로 이루어진 도형에서 $\overline{AB}=20$ cm이고, 색칠한 부분의 넓이가 $21\pi\,cm^2$일 때, $\overline{AC}$의 길이를 구하시오. (단, $\overline{AC}<\overline{CB}$)

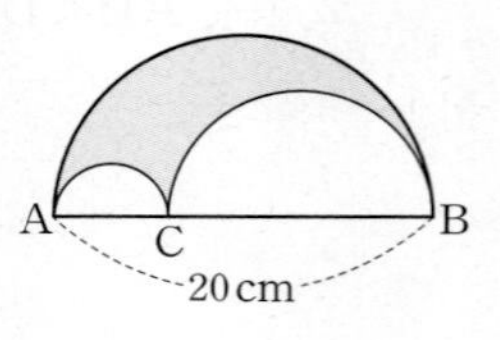

까다로운 기출문제

111 오른쪽 그림에서 두 직사각형 ABCD와 BCFE는 서로 닮은 도형이다. □AEFD는 정사각형이고 $\overline{AB}=2$일 때, $\overline{BC}$의 길이를 구하시오. (단, $\overline{AB}>\overline{BC}$)

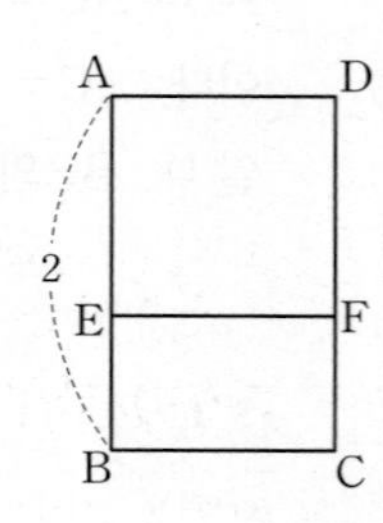

유형28 길의 폭에 대한 문제 개념편 119~120쪽

다음 세 직사각형에서 색칠한 부분의 넓이는 모두 같다.

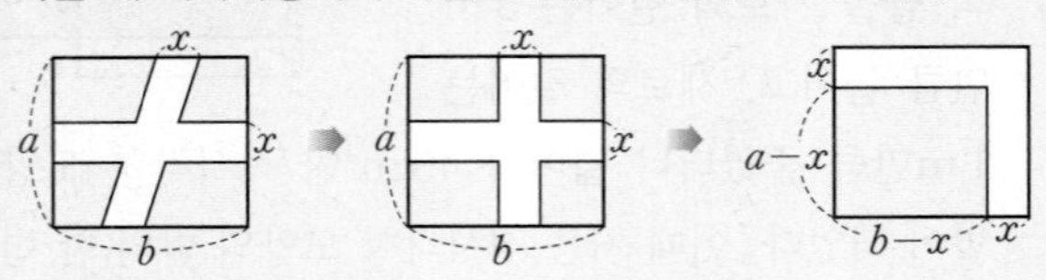

➡ (색칠한 부분의 넓이)$=(a-x)(b-x)$

112 서술형 오른쪽 그림과 같이 가로와 세로의 길이가 각각 30 m, 24 m인 직사각형 모양의 땅에 폭이 일정한 십자형의 길을 만들려고 한다. 길을 제외한 땅의 넓이가 $520\,m^2$가 되도록 할 때, 이 길의 폭을 구하시오.

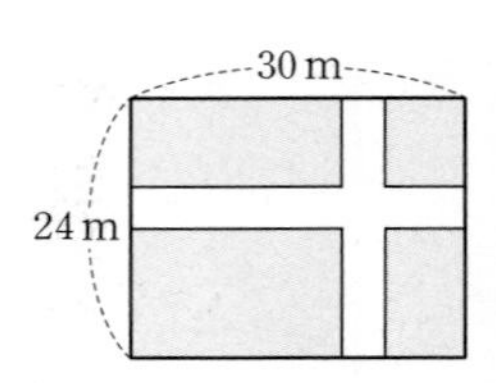

풀이 과정

답

113 오른쪽 그림과 같이 가로와 세로의 길이가 각각 20 m, 14 m인 직사각형 모양의 땅에 폭이 일정한 두 일직선의 길을 교차하도록 만들었다. 길을 제외한 땅의 넓이가 $160\,m^2$일 때, x의 값을 구하시오.

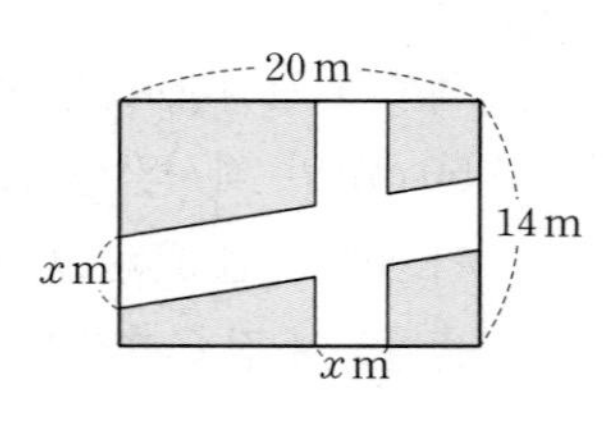

유형 29 상자 만들기에 대한 문제 개념편 119~120쪽

구하는 길이를 x로 놓고 상자의 가로, 세로의 길이와 높이를 각각 x에 대한 식으로 나타낸 다음 직육면체의 부피를 구하는 공식을 이용하여 이차방정식을 세운다.

➡ (직육면체의 부피)=(가로의 길이)×(세로의 길이)×(높이)

114 다음 그림과 같이 정사각형 모양의 종이의 네 귀퉁이에서 한 변의 길이가 2 cm인 정사각형을 잘라 내고 나머지로 부피가 128 cm^3인 뚜껑이 없는 직육면체 모양의 상자를 만들려고 한다. 이때 처음 정사각형 모양의 종이의 한 변의 길이는?

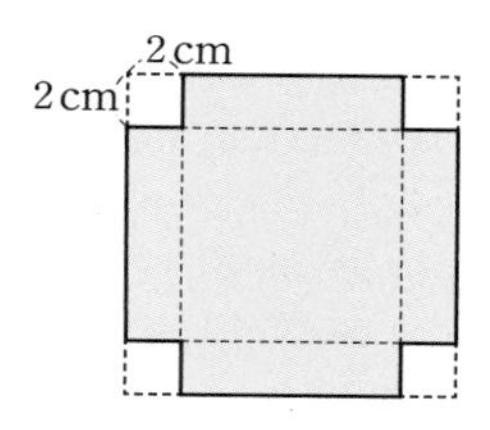

① 8 cm ② 10 cm ③ 12 cm
④ 14 cm ⑤ 16 cm

115 아래 그림과 같이 폭이 48 cm인 양철판의 양쪽을 x cm씩 수직으로 접어 올려 빗금 친 부분의 넓이가 280 cm^2인 물받이를 만들려고 한다. 다음 중 x의 값이 될 수 있는 것은?

(단, 철판의 두께는 생각하지 않는다.)

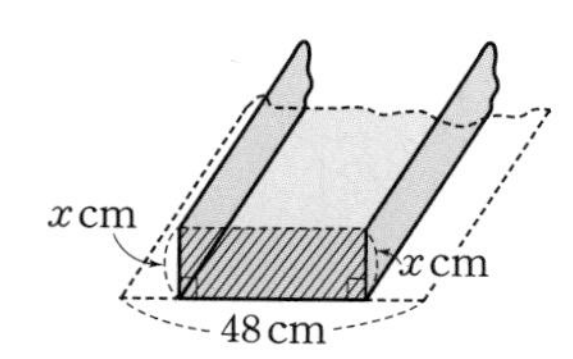

① 9 ② 11 ③ 12
④ 13 ⑤ 14

톡톡 튀는 문제

116 어떤 자연수를 장치 A에 입력하면 입력한 수의 제곱이 출력되고, 장치 B에 입력하면 입력한 수보다 2만큼 큰 수가 출력된다고 한다. 다음 그림과 같이 B, A의 순서로 연결된 장치에 x를 입력하여 얻은 값이 36일 때, x의 값을 구하시오. (단, $x>0$)

x → B → A → 36

117 지구와 달에서 지면에 수직인 방향으로 초속 10 m의 속력으로 던진 공의 x초 후의 지면으로부터의 높이가 각각 다음과 같을 때, 던진 공이 지면에 떨어질 때까지 걸리는 시간이 더 긴 곳과 그때의 시간 차이를 차례로 구하시오.

지구: $(-5x^2+10x)$ m
달: $(-0.8x^2+10x)$ m

이좋이야! LEVEL 1 꼭 나오는 **기본 문제**

1 다음 보기 중 x에 대한 이차방정식을 모두 고르시오.

보기

ㄱ. $x^2=4$　　ㄴ. x^2+6x-7

ㄷ. $x(x^2-1)=x^3+5x$　　ㄹ. $x^2-\frac{1}{x^2}=x^2+3$

ㅁ. $2x(x-2)=x^2+2x+1$

2 $2x^2+x-1=a(x-3)^2$이 x에 대한 이차방정식일 때, 다음 중 상수 a의 값이 될 수 없는 것은?

① $\frac{1}{2}$　② 1　③ $\frac{3}{2}$　④ 2　⑤ 3

3 x의 값이 -2, -1, 0, 1, 2일 때, 다음 중 이차방정식 $x^2+4x+3=0$의 해는?

① -2　② -1　③ 0　④ 1　⑤ 2

4 ★ 이차방정식 $(a+1)x^2+3(a-1)x-6=0$의 한 근이 $x=-2$일 때, 상수 a의 값을 구하시오.

5 이차방정식 $(2x+3)\left(\frac{1}{2}x-3\right)=0$을 풀면?

① $x=-3$ 또는 $x=-6$

② $x=-3$ 또는 $x=3$

③ $x=-\frac{3}{2}$ 또는 $x=3$

④ $x=-\frac{3}{2}$ 또는 $x=6$

⑤ $x=\frac{3}{2}$ 또는 $x=\frac{1}{2}$

6 이차방정식 $(x-3)(x-4)=-x^2+6$을 푸시오.

7 다음 이차방정식 중 중근을 갖는 것을 모두 고르면? (정답 2개)

① $5x^2-45=0$　② $4x^2-12x+9=0$

③ $3(x-3)^2=12$　④ $x(x-8)=0$

⑤ $3-x^2=6(x+2)$

8 ★ 이차방정식 $x^2+2ax+4a+5=0$이 중근을 가질 때, 상수 a의 값을 모두 구하시오.

9 두 이차방정식 $x^2+3x-10=0$, $5x^2-7x=6$의 공통인 근을 구하시오.

서술형

풀이 과정

답

10 이차방정식 $6(x+a)^2=18$의 해가 $x=2\pm\sqrt{b}$일 때, 유리수 a, b에 대하여 $a+b$의 값을 구하시오.

11 이차방정식 $3x^2-2=x^2+8x-7$을 $(x+a)^2=b$ 꼴로 나타낼 때, 상수 a, b에 대하여 ab의 값은?

① -3 ② -2 ③ -1
④ 2 ⑤ 3

12 이차방정식 $3x^2-5x+a=0$의 해가 $x=\frac{b\pm\sqrt{13}}{6}$일 때, 유리수 a, b에 대하여 $a+b$의 값을 구하시오.

13 이차방정식 $\frac{1}{3}x^2-0.5x+\frac{1}{12}=0$의 해는?

① $x=\frac{2\pm\sqrt{2}}{4}$ ② $x=\frac{2\pm\sqrt{3}}{4}$
③ $x=\frac{3\pm\sqrt{2}}{4}$ ④ $x=\frac{3\pm\sqrt{3}}{4}$
⑤ $x=\frac{3\pm\sqrt{5}}{4}$

14 이차방정식 $3x^2+4x+k=0$이 해를 갖도록 하는 상수 k의 값의 범위를 구하시오.

15 이차방정식 $2x^2+ax+b=0$의 두 근이 -4, 2일 때, 상수 a, b에 대하여 $a+b$의 값은?

① -16 ② -12 ③ 4
④ 12 ⑤ 16

16 연속하는 세 짝수를 제곱하여 더한 것이 1208일 때, 세 짝수 중 가장 큰 수를 구하시오.

가뿐하지! LEVEL 2 자주 나오는 실력 문제

17 이차방정식 $x^2+x-1=0$의 한 근을 $x=a$라고 할 때, $a^5+a^4-a^3+a^2+a+5$의 값을 구하시오.

18 이차방정식 $2x^2-x-10=0$의 두 근을 a, b라고 할 때, 이차방정식 $x^2-2ax-2b=0$을 풀면? (단, $a>b$)

① $x=-4$ 또는 $x=1$ ② $x=-2$ 또는 $x=4$
③ $x=-1$ 또는 $x=4$ ④ $x=1$ 또는 $x=4$
⑤ $x=2$ 또는 $x=4$

19 서술형

이차방정식 $x^2+ax-3=0$의 한 근이 $x=3$이고 다른 한 근이 이차방정식 $3x^2+8x+b=0$의 근일 때, 상수 a, b의 값을 각각 구하시오.

풀이 과정

답

20 이차방정식 $(x-1)(x+2)=-2x+8$의 두 근을 a, b라고 할 때, 이차방정식 $x^2+ax+b=0$의 해를 구하시오. (단, $a>b$)

21 이차방정식 $0.5(x+1)(x+3)=\frac{2x(x+2)}{3}$의 두 근 중 큰 근을 a라고 할 때, $n<a<n+1$을 만족시키는 정수 n의 값은?

① 5 ② 6 ③ 7
④ 8 ⑤ 9

22 이차방정식 $x^2-(k+5)x+1=0$이 중근을 가질 때의 상수 k의 값 중 큰 값이 이차방정식 $-2x^2+ax+a^2=0$의 한 근일 때, 양수 a의 값은?

① 5 ② 6 ③ 7
④ 8 ⑤ 9

23 이차방정식 $x^2+kx+(k-1)=0$의 일차항의 계수와 상수항을 바꾸어 풀었더니 한 근이 $x=-2$였다. 이때 처음 이차방정식을 푸시오. (단, k는 상수)

24 $(a+b-1)(a+b+2)-18=0$을 만족시키는 서로 다른 두 자연수 a, b를 두 근으로 하고, x^2의 계수가 1인 이차방정식을 구하시오.

• 정답과 해설 57쪽

유형 3 이차함수의 함숫값 개념편 132쪽

이차함수 $f(x)=ax^2+bx+c$에 대하여 함숫값 $f(k)$
➡ $f(x)=ax^2+bx+c$에 $x=k$를 대입하여 얻은 값
➡ $f(k)=ak^2+bk+c$ ← x 대신 k 대입

7 이차함수 $f(x)=-x^2-5x+7$에 대하여 $f(2)+f(-2)$의 값을 구하시오.

8 이차함수 $f(x)=4x^2-ax+1$에 대하여 $f(-1)=6$일 때, 상수 a의 값은?

① -4 ② -3 ③ -2
④ 1 ⑤ 3

9 이차함수 $f(x)=-\frac{1}{3}x^2+ax+b$에 대하여 $f(-6)=3$, $f(3)=-6$일 때, $f(-3)$의 값을 구하시오. (단, a, b는 상수)

10 이차함수 $f(x)=2x^2-3x-1$에 대하여 $f(a)=1$일 때, 정수 a의 값은?

① 1 ② 2 ③ 3
④ 4 ⑤ 5

유형 4 이차함수 $y=ax^2$의 그래프 개념편 135~136쪽

이차함수 $y=ax^2$에서
(1) a의 부호: 그래프의 모양을 결정
➡ $a>0$이면 아래로 볼록, $a<0$이면 위로 볼록
(2) a의 절댓값: 그래프의 폭을 결정
➡ a의 절댓값이 클수록 폭이 좁아진다.

11 다음 이차함수 중 그 그래프가 위로 볼록한 것은?

① $y=-5x^2$ ② $y=\frac{1}{4}x^2$ ③ $y=x^2$
④ $y=3x^2$ ⑤ $y=5x^2$

12 다음 이차함수 중 그래프가 아래로 볼록하면서 폭이 가장 넓은 것은?

① $y=-3x^2$ ② $y=-\frac{3}{2}x^2$ ③ $y=\frac{1}{4}x^2$
④ $y=x^2$ ⑤ $y=\frac{7}{3}x^2$

13 두 이차함수 $y=ax^2$, $y=-2x^2$의 그래프가 오른쪽 그림과 같을 때, 상수 a의 값의 범위를 구하시오.

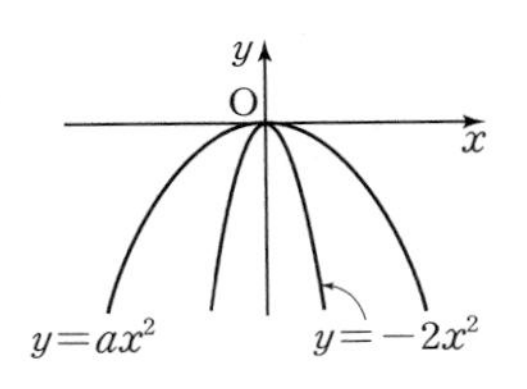

14 오른쪽 그림은 두 이차함수 $y=x^2$, $y=-\frac{1}{2}x^2$의 그래프이다. 다음 이차함수 중 그 그래프가 색칠한 부분을 지나는 것을 모두 고르면? (정답 2개)

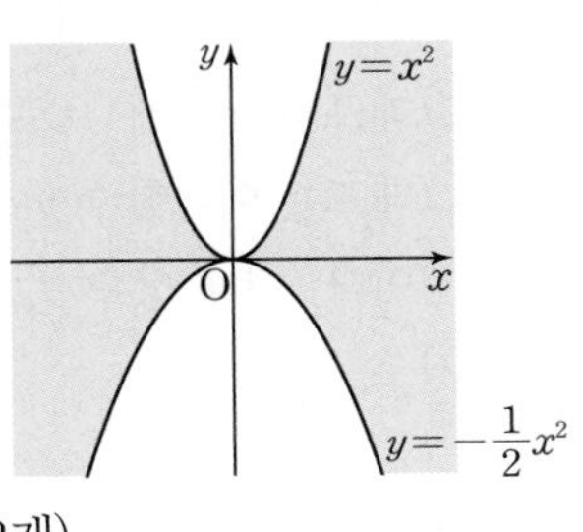

① $y=-x^2$ ② $y=-\frac{3}{4}x^2$ ③ $y=-\frac{1}{3}x^2$
④ $y=\frac{3}{4}x^2$ ⑤ $y=2x^2$

유형 5 두 이차함수 $y=ax^2$, $y=-ax^2$의 그래프 사이의 관계

개념편 135~136쪽

두 이차함수

$y=ax^2$, $y=-ax^2$

절댓값이 같고 부호가 서로 반대

의 그래프는 x축에 서로 대칭이다.

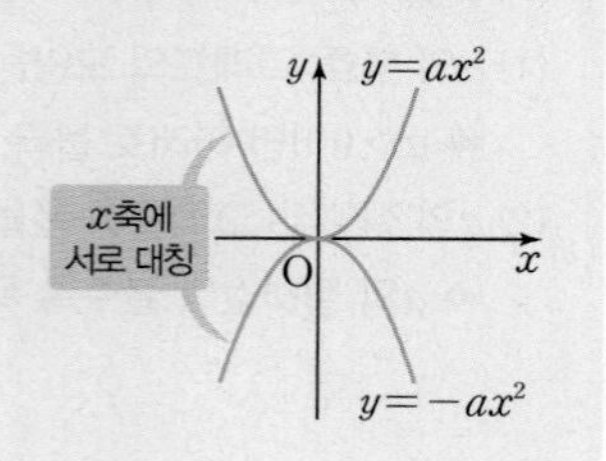

15 이차함수 $y=\frac{4}{3}x^2$의 그래프와 x축에 서로 대칭인 그래프를 나타내는 이차함수의 식은?

① $y=\frac{3}{4}x^2$ ② $y=-\frac{3}{4}x^2$ ③ $y=-\frac{4}{3}x^2$
④ $y=3x^2$ ⑤ $y=4x^2$

16 다음 보기의 이차함수 중 그 그래프가 x축에 서로 대칭인 것은 모두 몇 쌍인지 구하시오.

보기

$y=-3x^2$, $y=-\frac{2}{3}x^2$, $y=-\frac{1}{3}x^2$, $y=-\frac{1}{4}x^2$,
$y=\frac{1}{3}x^2$, $y=\frac{1}{2}x^2$, $y=\frac{3}{2}x^2$, $y=3x^2$

17 이차함수 $y=ax^2$의 그래프는 이차함수 $y=-\frac{1}{2}x^2$의 그래프와 x축에 서로 대칭이고, 이차함수 $y=7x^2$의 그래프는 이차함수 $y=bx^2$의 그래프와 x축에 서로 대칭이다. 이때 상수 a, b에 대하여 $4a-b$의 값을 구하시오.

유형 6 이차함수 $y=ax^2$의 그래프의 성질

개념편 135~136쪽

(1) 원점을 꼭짓점으로 하는 포물선이다.
(2) y축에 대칭이다. ➡ 축의 방정식: $x=0$ (y축)
(3) $a>0$이면 아래로 볼록하고, $a<0$이면 위로 볼록하다.
(4) a의 절댓값이 클수록 그래프의 폭이 좁아진다.
(5) $y=ax^2$, $y=-ax^2$의 그래프는 x축에 서로 대칭이다.

18 다음 중 이차함수 $y=\frac{2}{3}x^2$의 그래프에 대한 설명으로 옳지 않은 것은?

① 꼭짓점은 원점 (0, 0)이다.
② 축의 방정식은 $x=0$이다.
③ 아래로 볼록한 포물선이다.
④ $y=-\frac{2}{3}x^2$의 그래프와 x축에 서로 대칭이다.
⑤ $x>0$일 때, x의 값이 증가하면 y의 값은 감소한다.

19 다음 중 보기의 이차함수의 그래프에 대한 설명으로 옳지 않은 것을 모두 고르면? (정답 2개)

보기

ㄱ. $y=x^2$ ㄴ. $y=2x^2$ ㄷ. $y=3x^2$
ㄹ. $y=-x^2$ ㅁ. $y=-2x^2$ ㅂ. $y=-\frac{1}{3}x^2$

① 모두 원점을 꼭짓점으로 한다.
② 위로 볼록한 그래프는 ㄱ, ㄴ, ㄷ이다.
③ 그래프의 폭이 가장 좁은 것은 ㄷ이다.
④ 그래프의 폭이 가장 넓은 것은 ㅁ이다.
⑤ ㄱ과 ㄹ은 x축에 서로 대칭이다.

20 다음 중 이차함수 $y=ax^2$의 그래프에 대한 설명으로 옳은 것은? (단, a는 상수)

① 꼭짓점의 좌표는 $(1, a)$이다.
② $a>0$일 때, 위로 볼록한 포물선이다.
③ $a<0$이면 $x<0$일 때, x의 값이 증가하면 y의 값도 증가한다.
④ a의 절댓값이 클수록 그래프의 폭이 넓어진다.
⑤ $a<0$일 때, 제1, 2사분면을 지난다.

유형 7 이차함수 $y=ax^2$의 그래프 위의 점

개념편 135~136쪽

점 (p, q)가 이차함수 $y=ax^2$의 그래프 위에 있다.
➡ $y=ax^2$의 그래프가 점 (p, q)를 지난다.
➡ $y=ax^2$에 $x=p$, $y=q$를 대입하면 등식이 성립한다.
➡ $q=ap^2$

21 다음 중 이차함수 $y=-2x^2$의 그래프 위의 점이 아닌 것은?

① $(-2, -8)$ ② $(-1, -2)$
③ $(0, -2)$ ④ $(1, -2)$
⑤ $(3, -18)$

22 이차함수 $y=\frac{1}{3}x^2$의 그래프가 점 $(6, k)$를 지날 때, k의 값은?

① 6 ② 8 ③ 12
④ 18 ⑤ 36

23 이차함수 $y=4x^2$의 그래프 위의 원점이 아닌 점 A의 x좌표와 y좌표가 같을 때, 점 A의 좌표는?

① $\left(\frac{1}{4}, \frac{1}{4}\right)$ ② $\left(\frac{1}{3}, \frac{1}{3}\right)$ ③ $(1, 1)$
④ $(2, 2)$ ⑤ $(4, 4)$

24 서술형 이차함수 $y=ax^2$의 그래프가 두 점 $(4, 8)$, $(-2, b)$를 지날 때, ab의 값을 구하시오. (단, a는 상수)

풀이 과정

답

25 이차함수 $y=5x^2$의 그래프는 점 $(-2, a)$를 지나고, 이차함수 $y=bx^2$의 그래프와 x축에 서로 대칭일 때, $a+b$의 값은? (단, b는 상수)

① 3 ② 5 ③ 8
④ 12 ⑤ 15

26 이차함수 $y=-3x^2$의 그래프와 x축에 서로 대칭인 그래프가 점 $(a, -3a)$를 지날 때, a의 값은?
(단, $a\neq0$)

① -2 ② -1 ③ 1
④ 2 ⑤ 3

유형 8 이차함수 $y=ax^2$의 식 구하기 개념편 135~136쪽

원점을 꼭짓점으로 하고 y축을 축으로 하는 포물선을 그래프로 하는 이차함수의 식은 다음과 같이 구한다.

❶ $y=ax^2$으로 놓는다.

❷ 지나는 점의 좌표를 대입하여 a의 값을 구한다.

27 원점을 꼭짓점으로 하고 점 $(3,\ -6)$을 지나는 포물선을 그래프로 하는 이차함수의 식은?

① $y=-2x^2$ ② $y=-\frac{3}{2}x^2$ ③ $y=-\frac{2}{3}x^2$

④ $y=\frac{2}{3}x^2$ ⑤ $y=2x^2$

28 서술형 원점을 꼭짓점으로 하는 포물선이 두 점 $(-1,\ 4)$, $(2,\ m)$을 지날 때, m의 값을 구하시오.

풀이 과정

답

29 다음 중 주어진 조건을 모두 만족시키는 포물선을 그래프로 하는 이차함수의 식은?

조건
(가) 위로 볼록한 포물선이다.
(나) 원점을 꼭짓점으로 하고, y축을 축으로 한다.
(다) $y=2x^2$의 그래프보다 폭이 좁다.

① $y=-4x^2$ ② $y=-x^2$ ③ $y=-\frac{1}{2}x^2$

④ $y=2x^2$ ⑤ $y=3x^2$

까다로운

유형 9 이차함수 $y=ax^2$의 그래프의 응용 개념편 135~136쪽

이차함수 $y=ax^2$의 그래프 위의 두 점 A, B에 대하여 선분 AB가 x축에 평행할 때, $y=ax^2$의 그래프는 y축에 대칭이므로

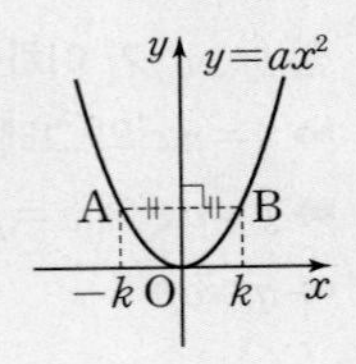

➡ 점 B의 x좌표를 k로 놓으면 점 A의 x좌표는 $-k$이다.

➡ 두 점 A, B의 y좌표는 같다.

30 다음 그림과 같이 이차함수 $y=ax^2$의 그래프 위에 두 점 A$(-2,\ -1)$, D$(2,\ -1)$이 있다. 이 그래프 위에 y좌표가 같고, 거리가 8인 두 점 B, C를 잡을 때, □ABCD의 넓이를 구하시오.

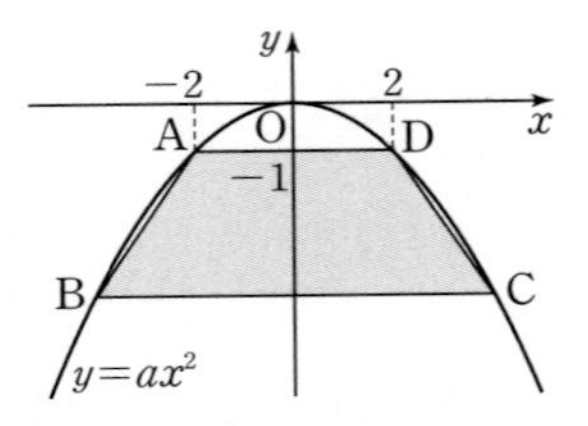

31 오른쪽 그림과 같이 직선 $y=12$가 이차함수 $y=ax^2$의 그래프와 만나는 점을 각각 A, E, 이차함수 $y=3x^2$의 그래프와 만나는 점을 각각 B, D, y축과 만나는 점을 C라고 하자. $\overline{AB}=\overline{BC}=\overline{CD}=\overline{DE}$일 때, 상수 a의 값을 구하시오.

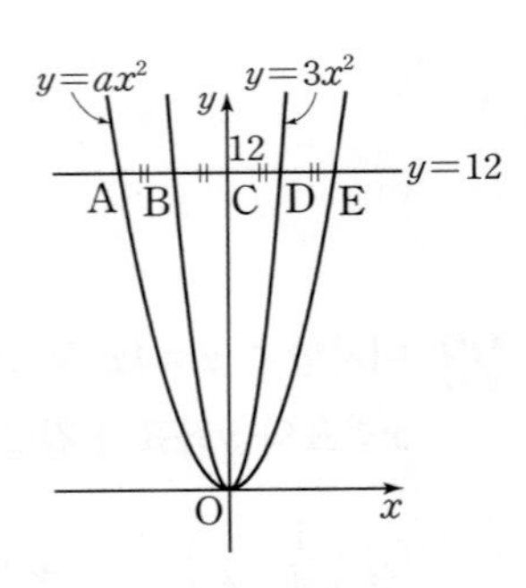

유형10 이차함수 $y=ax^2+q$의 그래프 개념편 138쪽

(1) $y=ax^2$의 그래프를 y축의 방향으로 q만큼 평행이동한 그래프이다.
(2) 축의 방정식: $x=0$(y축)
(3) 꼭짓점의 좌표: $(0,\ q)$

32 이차함수 $y=-x^2$의 그래프를 y축의 방향으로 3만큼 평행이동한 그래프를 나타내는 이차함수의 식은?

① $y=-x^2+3$ ② $y=-x^2-3$
③ $y=-(x+3)^2$ ④ $y=-(x-3)^2$
⑤ $y=x^2+3$

33 이차함수 $y=-2x^2$의 그래프를 y축의 방향으로 7만큼 평행이동한 그래프의 꼭짓점의 좌표와 축의 방정식을 차례로 구한 것은?

① $(-7,\ 0)$, $y=0$ ② $(0,\ 7)$, $y=0$
③ $(0,\ -7)$, $x=0$ ④ $(0,\ 7)$, $x=0$
⑤ $(-2,\ 7)$, $x=-2$

34 다음 중 이차함수 $y=2x^2+1$의 그래프로 적당한 것은?

①
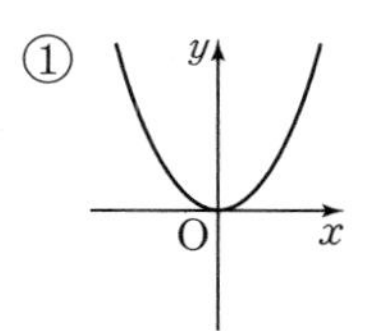

②
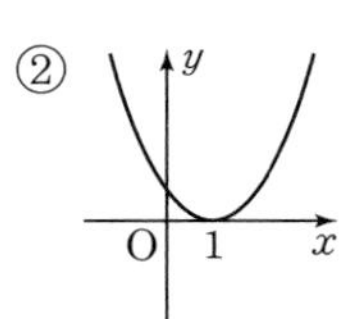

③
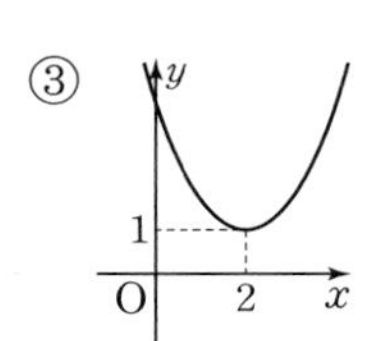

④
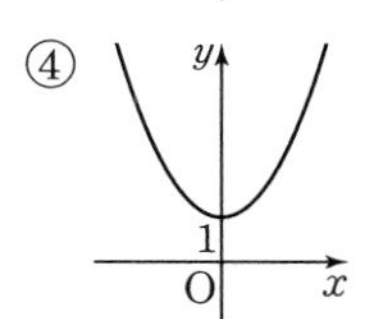

⑤
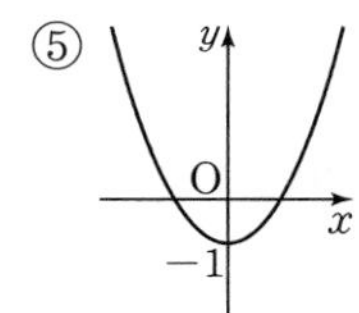

35 이차함수 $y=3x^2$의 그래프를 y축의 방향으로 -2만큼 평행이동한 그래프가 점 $(-1,\ k)$를 지날 때, k의 값을 구하시오.

36 이차함수 $y=\frac{2}{3}x^2$의 그래프를 y축의 방향으로 a만큼 평행이동한 그래프가 점 $(6,\ 19)$를 지날 때, a의 값을 구하시오.

37 서술형
이차함수 $y=ax^2+q$의 그래프가 두 점 $(1,\ -3)$, $(-2,\ 3)$을 지날 때, 상수 a, q에 대하여 $2a+q$의 값을 구하시오.

풀이 과정

답

보기 다多 모아~

38 다음 중 이차함수 $y=-x^2+5$의 그래프에 대한 설명으로 옳지 않은 것을 모두 고르면?

① 위로 볼록한 포물선이다.
② y축이 대칭축이다.
③ 꼭짓점의 좌표는 $(0,\ 5)$이다.
④ $x>0$일 때, x의 값이 증가하면 y의 값은 감소한다.
⑤ $y=x^2$의 그래프를 y축의 방향으로 5만큼 평행이동한 그래프이다.
⑥ 제3, 4사분면만을 지난다.

39 이차함수 $y=ax^2+q$의 그래프가 오른쪽 그림과 같을 때, 상수 a, q에 대하여 aq의 값을 구하시오.

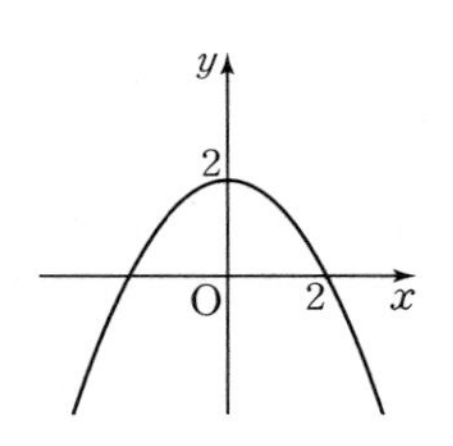

유형11 이차함수 $y=a(x-p)^2$의 그래프 개념편 139쪽

(1) $y=ax^2$의 그래프를 x축의 방향으로 p만큼 평행이동한 그래프이다.
(2) 축의 방정식: $x=p$
(3) 꼭짓점의 좌표: $(p,\ 0)$

40 이차함수 $y=-2x^2$의 그래프를 x축의 방향으로 -3만큼 평행이동한 그래프를 나타내는 이차함수의 식과 그 꼭짓점의 좌표를 차례로 구한 것은?

① $y=-2(x-3)^2$, $(3,\ 0)$
② $y=-2(x+3)^2$, $(-3,\ 0)$
③ $y=-2(x+3)^2$, $(3,\ 0)$
④ $y=-2x^2-3$, $(-3,\ 0)$
⑤ $y=2(x+3)^2$, $(-3,\ 0)$

41 다음 중 이차함수 $y=2(x+1)^2$의 그래프로 적당한 것은?

①
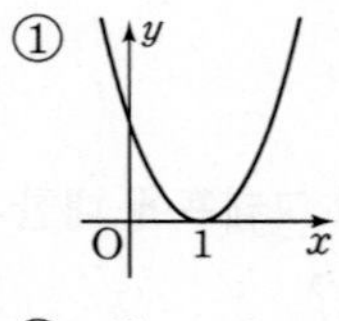

②
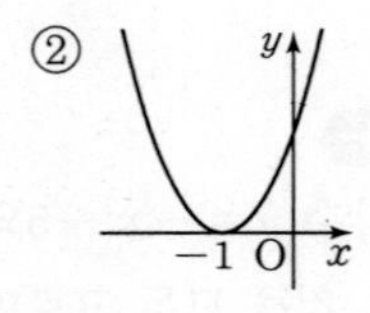

③
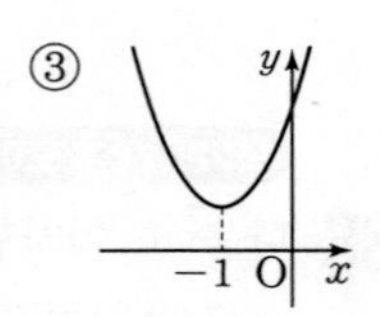

④
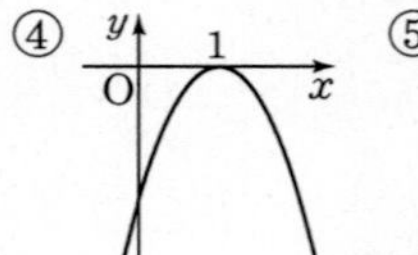

⑤
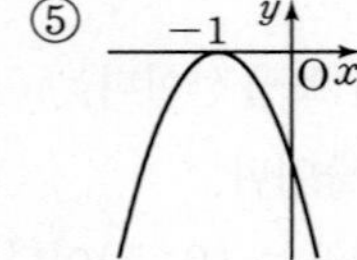

42 이차함수 $y=3(x-1)^2$의 그래프에서 x의 값이 증가할 때, y의 값도 증가하는 x의 값의 범위는?

① $x<-1$ ② $x<1$ ③ $x<0$
④ $x>-1$ ⑤ $x>1$

43 이차함수 $y=5x^2$의 그래프를 x축의 방향으로 -2만큼 평행이동한 그래프가 점 $(-3,\ k)$를 지날 때, k의 값을 구하시오.

보기 다多 모아~

44 다음 중 이차함수 $y=-4(x-2)^2$의 그래프에 대한 설명으로 옳은 것을 모두 고르면?

① 위로 볼록한 포물선이다.
② 축의 방정식은 $x=-2$이다.
③ 꼭짓점의 좌표는 $(0,\ 2)$이다.
④ $x<2$일 때, x의 값이 증가하면 y의 값도 증가한다.
⑤ $y=-4x^2$의 그래프를 x축의 방향으로 -2만큼 평행이동한 그래프이다.
⑥ 모든 사분면을 지난다.
⑦ $y=-4x^2$의 그래프와 폭이 같다.

45 이차함수 $y=a(x-p)^2$의 그래프가 오른쪽 그림과 같을 때, 상수 a, p의 값을 각각 구하시오.

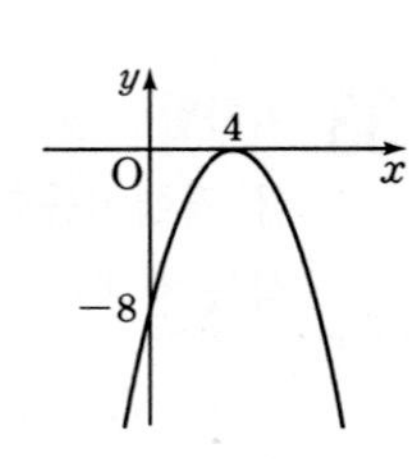

두 이차함수의 그래프의 꼭짓점의 좌표를 각각 구해 봐.

까다로운 기출문제

46 오른쪽 그림과 같이 이차함수 $y=-\frac{1}{2}x^2+8$의 그래프와 이차함수 $y=a(x-p)^2$의 그래프가 서로의 꼭짓점을 지날 때, 상수 a, p에 대하여 ap의 값을 구하시오. (단, $p<0$)

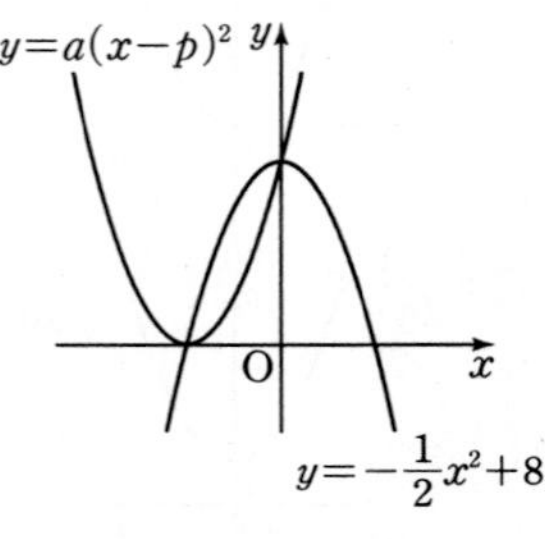

유형 12 이차함수 $y=a(x-p)^2+q$의 그래프

개념편 141쪽

(1) $y=ax^2$의 그래프를 x축의 방향으로 p만큼, y축의 방향으로 q만큼 평행이동한 그래프이다.
(2) 축의 방정식: $x=p$
(3) 꼭짓점의 좌표: $(p,\ q)$

47 이차함수 $y=x^2$의 그래프를 x축의 방향으로 3만큼, y축의 방향으로 -1만큼 평행이동한 그래프를 나타내는 이차함수의 식은?

① $y=-(x-3)^2-1$　② $y=-(x+3)^2+1$
③ $y=(x-3)^2-1$　④ $y=(x+3)^2-1$
⑤ $y=(x-1)^2+3$

48 이차함수 $y=-\frac{1}{12}(x+4)^2-3$의 그래프는 이차함수 $y=-\frac{1}{12}x^2$의 그래프를 x축의 방향으로 m만큼, y축의 방향으로 n만큼 평행이동한 것이다. 이때 $m+n$의 값은?

① -7　② -4　③ -3
④ 1　⑤ 7

49 다음 이차함수 중 그 그래프가 아래로 볼록하고, 꼭짓점이 제3사분면 위에 있는 것은?

① $y=x^2-1$　② $y=-(x+1)^2$
③ $y=(x-2)^2-2$　④ $y=-(x-2)^2-2$
⑤ $y=(x+2)^2-2$

50 다음 중 이차함수 $y=(x-3)^2+4$의 그래프로 적당한 것은?

①
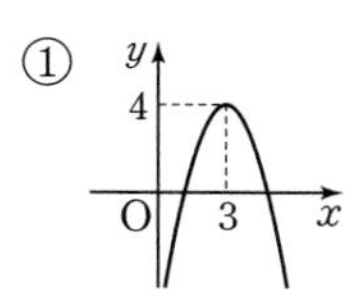

②
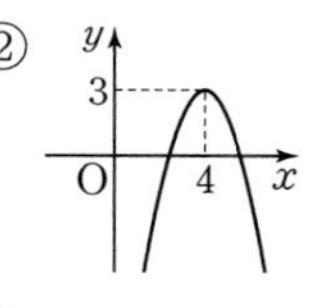

③
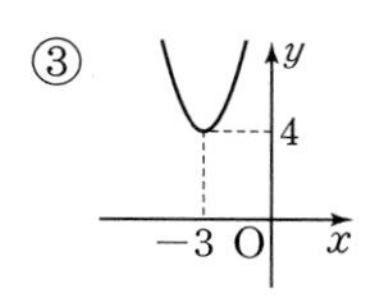

④
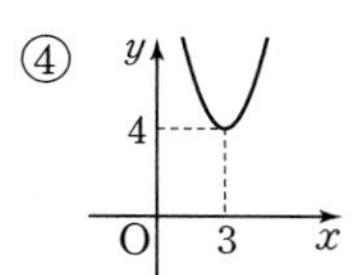

⑤
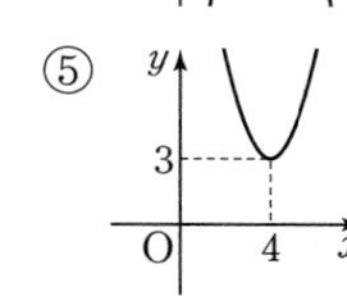

51 이차함수 $y=-5(x-1)^2-1$의 그래프가 지나지 <u>않는</u> 사분면은?

① 제1, 2사분면　② 제1, 4사분면
③ 제2, 3사분면　④ 제2, 4사분면
⑤ 제3, 4사분면

52 이차함수 $y=-7(x+1)^2+5$의 그래프에서 x의 값이 증가할 때, y의 값도 증가하는 x의 값의 범위는?

① $x<-1$　② $x<1$　③ $x<5$
④ $x>-1$　⑤ $x>1$

53 다음 이차함수의 그래프 중 이차함수 $y=-3x^2$의 그래프를 평행이동하여 완전히 포갤 수 있는 것은?

① $y=-(x+3)^2$　② $y=3x^2-1$
③ $y=-\frac{1}{3}x^2$　④ $y=3(x+1)^2-3$
⑤ $y=-3(x-2)^2-1$

54 이차함수 $y=2x^2$의 그래프를 x축의 방향으로 1만큼, y축의 방향으로 -2만큼 평행이동한 그래프가 점 $(3, a)$를 지날 때, a의 값을 구하시오.

보기 다 多 모아~

55 다음 중 이차함수 $y=\frac{1}{2}(x+3)^2-4$의 그래프에 대한 설명으로 옳지 않은 것을 모두 고르면?

① 아래로 볼록한 포물선이다.
② 축의 방정식은 $x=-3$이다.
③ 꼭짓점의 좌표는 $(3, -4)$이다.
④ $y=\frac{1}{2}x^2$의 그래프를 x축의 방향으로 -3만큼, y축의 방향으로 -4만큼 평행이동한 그래프이다.
⑤ $x>-3$일 때, x의 값이 증가하면 y의 값도 증가한다.
⑥ 제4사분면을 지난다.

56 다음 중 주어진 조건을 모두 만족시키는 포물선을 그래프로 하는 이차함수의 식은?

조건
(가) 아래로 볼록한 포물선이다.
(나) $y=-2(x-1)^2$의 그래프와 폭이 같다.
(다) 꼭짓점은 제3사분면 위에 있다.

① $y=(x+1)^2-1$ ② $y=2(x-1)^2-1$
③ $y=2(x+1)^2-1$ ④ $y=-2(x+1)^2-1$
⑤ $y=-2(x-1)^2-1$

까다로운 기출문제 (꼭짓점의 좌표를 직선의 식에 대입해 봐.)

57 이차함수 $y=-\frac{4}{3}(x+p)^2+2p^2-1$의 그래프의 꼭짓점이 직선 $y=5x+2$ 위에 있을 때, 상수 p의 값을 구하시오. (단, $p>0$)

유형 13 이차함수 $y=a(x-p)^2+q$의 그래프의 평행이동

개념편 142쪽

이차함수 $y=a(x-p)^2+q$의 그래프를 x축의 방향으로 m만큼, y축의 방향으로 n만큼 평행이동하면

$$y-n=a(x-m-p)^2+q$$

(y 대신 $y-n$을 대입, x 대신 $x-m$을 대입)

$$\therefore y=a(x-m-p)^2+q+n$$

58 이차함수 $y=-\frac{1}{2}(x+1)^2+3$의 그래프를 x축의 방향으로 2만큼, y축의 방향으로 -5만큼 평행이동한 그래프의 축의 방정식과 꼭짓점의 좌표를 차례로 구하시오.

59 이차함수 $y=-3(x-2)^2+5$의 그래프를 x축의 방향으로 a만큼, y축의 방향으로 b만큼 평행이동하면 이차함수 $y=-3(x-1)^2+1$의 그래프와 일치한다. 이때 $a+b$의 값은?

① -5 ② -2 ③ 0
④ 2 ⑤ 5

60 두 이차함수 $y=\frac{2}{3}(x+3)^2$, $y=\frac{2}{3}(x-3)^2$의 그래프가 오른쪽 그림과 같을 때, 색칠한 부분의 넓이를 구하시오. (단, $\overline{PQ}$는 x축에 평행하다.)

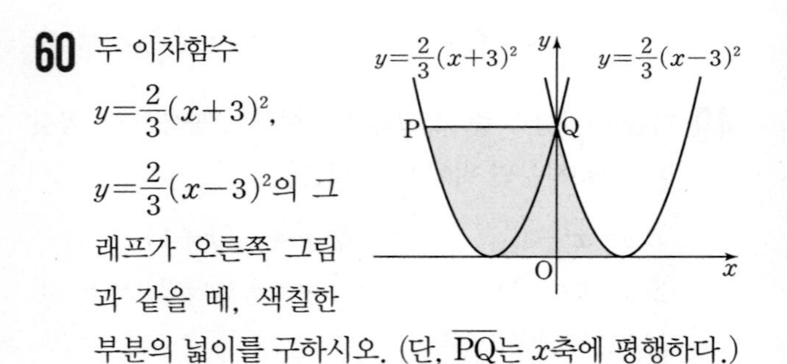

● 정답과 해설 61쪽

유형 14 이차함수 $y=a(x-p)^2+q$의 그래프에서 a, p, q의 부호

개념편 143쪽

(1) a의 부호 ➡ 그래프의 모양에 따라 결정
① 아래로 볼록하면 $a>0$
② 위로 볼록하면 $a<0$

(2) p, q의 부호 ➡ 꼭짓점의 위치에 따라 결정
① 꼭짓점이 제1사분면 위에 있으면 $p>0$, $q>0$
② 꼭짓점이 제2사분면 위에 있으면 $p<0$, $q>0$
③ 꼭짓점이 제3사분면 위에 있으면 $p<0$, $q<0$
④ 꼭짓점이 제4사분면 위에 있으면 $p>0$, $q<0$

61 이차함수 $y=a(x-p)^2+q$의 그래프가 오른쪽 그림과 같을 때, 상수 a, p, q의 부호는?

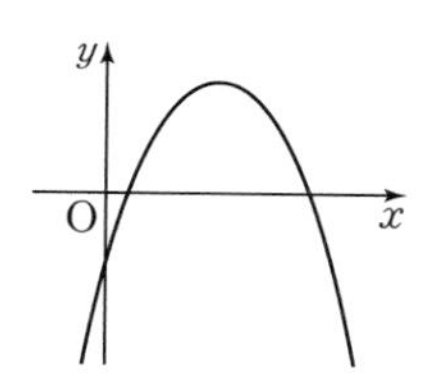

① $a<0$, $p>0$, $q<0$
② $a<0$, $p>0$, $q>0$
③ $a<0$, $p<0$, $q>0$
④ $a>0$, $p>0$, $q<0$
⑤ $a>0$, $p<0$, $q>0$

62 이차함수 $y=a(x-p)^2+q$의 그래프가 오른쪽 그림과 같을 때, 상수 a, p, q에 대하여 다음 중 옳지 않은 것은?

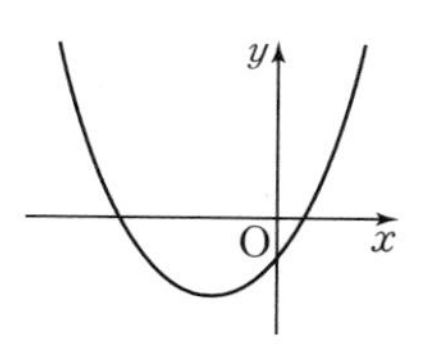

① $a>0$　② $p<0$　③ $pq>0$
④ $a+q^2<0$　⑤ $a(p+q)<0$

63 $a>0$, $p>0$, $q<0$일 때, 다음 중 이차함수 $y=a(x-p)^2+q$의 그래프로 적당한 것은? (단, a, p, q는 상수)

①
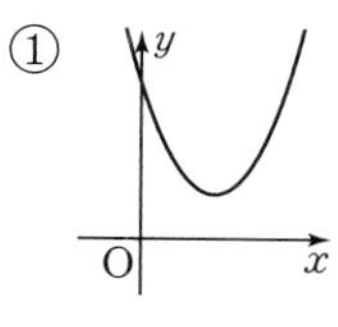

②
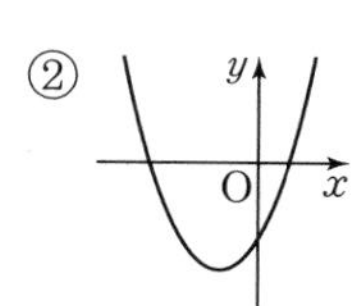

③
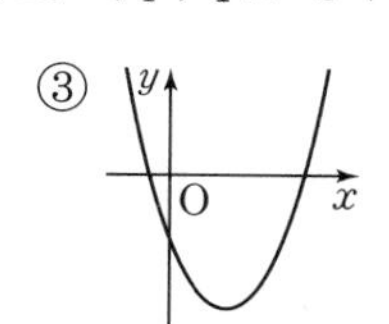

④
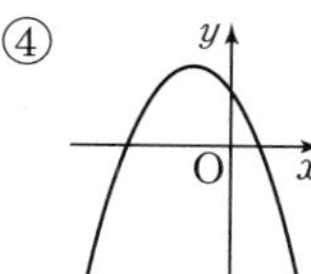

⑤
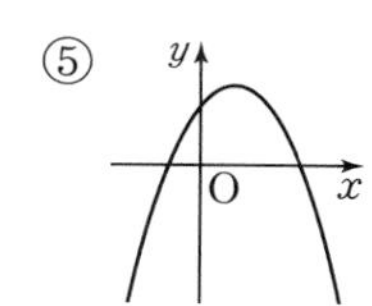

64 일차함수 $y=ax+b$의 그래프가 오른쪽 그림과 같을 때, 다음 중 이차함수 $y=bx^2-a$의 그래프로 적당한 것은? (단, a, b는 상수)

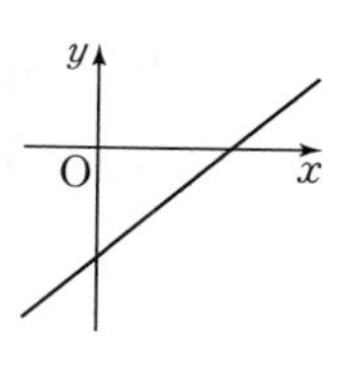

①

②
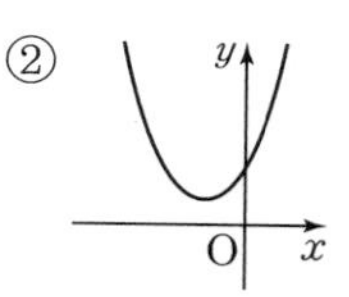

③
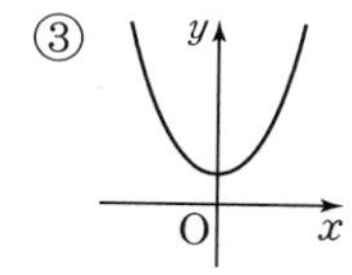

④
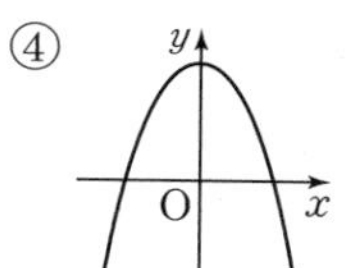

⑤
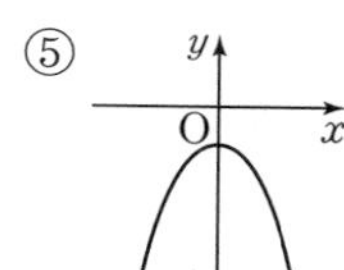

65 이차함수 $y=a(x+p)^2+q$의 그래프가 오른쪽 그림과 같을 때, 이차함수 $y=p(x-q)^2-a$의 그래프가 지나는 사분면은? (단, a, p, q는 상수)

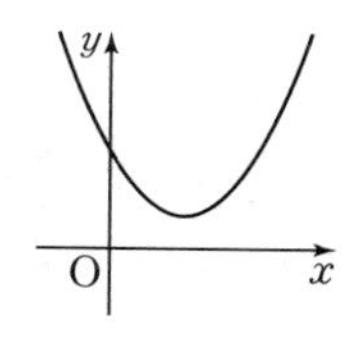

① 제1, 2사분면
② 제3, 4사분면
③ 제1, 2, 4사분면
④ 제1, 3, 4사분면
⑤ 제2, 3, 4사분면

66 이차함수 $y=a(x-p)^2+q$의 그래프가 제1, 2, 3사분면만 지난다고 할 때, 다음 보기 중 옳지 않은 것을 모두 고르시오. (단, a, p, q는 상수)

보기
ㄱ. 그래프는 위로 볼록한 포물선이다.
ㄴ. 그래프는 x축과 두 점에서 만난다.
ㄷ. 그래프의 꼭짓점은 제2사분면 위에 있다.
ㄹ. $apq>0$이다.

유형15 이차함수 $y=ax^2+bx+c$를 $y=a(x-p)^2+q$ 꼴로 고치기 개념편 146~147쪽

이차함수 $y=ax^2+bx+c$를 완전제곱식을 이용하여 $y=a(x-p)^2+q$ 꼴로 고친다. → $y=$(완전제곱식)$+$(상수) 꼴

예 $y=-x^2+2x-3$
$=-(x^2-2x)-3$
$=-(x^2-2x+1-1)-3$
$=-(x^2-2x+1)+1-3$
$=-(x-1)^2-2$

67 다음은 이차함수 $y=-2x^2+8x-5$를 $y=a(x-p)^2+q$ 꼴로 나타내는 과정이다. □ 안에 알맞은 수로 옳지 않은 것은? (단, a, p, q는 상수)

$y=-2x^2+8x-5$
$=-2(x^2-$ ① $x)-5$
$=-2(x^2-$ ② $x+$ ③ $-$ ③ $)-5$
$=-2(x-$ ④ $)^2+$ ⑤

① 4 ② 4 ③ 4
④ 2 ⑤ 5

68 이차함수 $y=\frac{1}{3}x^2-6x+10$을 $y=a(x-p)^2+q$ 꼴로 나타낼 때, 상수 a, p, q에 대하여 $ap+q$의 값은?

① -20 ② -18 ③ -16
④ -14 ⑤ -12

69 이차함수 $y=3x^2-6x+5$의 그래프는 이차함수 $y=ax^2$의 그래프를 x축의 방향으로 p만큼, y축의 방향으로 q만큼 평행이동한 것이다. 이때 apq의 값을 구하시오. (단, a는 상수)

유형16 이차함수 $y=ax^2+bx+c$의 그래프의 꼭짓점의 좌표와 축의 방정식 개념편 146~147쪽

이차함수 $y=ax^2+bx+c$를 $y=a(x-p)^2+q$ 꼴로 변형하여 구한다.
(1) 꼭짓점의 좌표: (p, q)
(2) 축의 방정식: $x=p$

70 이차함수 $y=-3x^2+12x-11$의 그래프의 꼭짓점의 좌표가 (p, q)일 때, $p+q$의 값은?

① -1 ② 0 ③ 1
④ 2 ⑤ 3

71 다음 이차함수 중 그 그래프의 축이 가장 왼쪽에 있는 것은?

① $y=x^2-3$ ② $y=-2(x-4)^2$
③ $y=x^2+4x$ ④ $y=2x^2-8x+7$
⑤ $y=3x^2+6x-7$

72 다음 보기의 이차함수 중 그 그래프의 꼭짓점이 제3사분면 위에 있는 것을 모두 고르시오.

보기
ㄱ. $y=x^2+6x+7$ ㄴ. $y=\frac{1}{2}x^2-3x-1$
ㄷ. $y=-x^2-6x$ ㄹ. $y=-4x^2-16x-17$

73 이차함수 $y=x^2-2ax-a+1$의 그래프의 꼭짓점이 직선 $y=x+2$ 위에 있을 때, 상수 a의 값은?

① -3 ② -1 ③ 1
④ 3 ⑤ 5

한 걸음 더 연습 유형 16

74 이차함수 $y=-x^2-2ax+6$의 그래프의 축의 방정식이 $x=2$일 때, 상수 a의 값을 구하시오.

75 두 이차함수 $y=x^2-2x+a$, $y=-x^2+bx+3$의 그래프의 꼭짓점이 일치할 때, 상수 a, b에 대하여 $a+b$의 값은?

① 3　② $\frac{7}{2}$　③ 5　④ $\frac{21}{4}$　⑤ 7

76 이차함수 $y=-3x^2-12x+a$의 그래프의 꼭짓점이 x축 위에 있을 때, 상수 a의 값을 구하시오.

점 $(-2, 3)$의 좌표를 이차함수의 식에 대입하고 꼭짓점의 좌표를 직선의 식에 대입해 봐.

까다로운 기출문제

77 이차함수 $y=x^2+2ax+b$의 그래프가 점 $(-2, 3)$을 지나고 꼭짓점이 직선 $y=-2x$ 위에 있을 때, 상수 a, b에 대하여 ab의 값을 구하시오.

유형 17 이차함수 $y=ax^2+bx+c$의 그래프 그리기

개념편 146~147쪽

❶ $y=a(x-p)^2+q$ 꼴로 고쳐서 꼭짓점의 좌표를 구한다.
➡ 꼭짓점의 좌표: (p, q)
❷ y축과 만나는 점을 표시한다. ➡ 점 $(0, c)$
❸ a의 부호에 따라 그래프의 모양을 결정하여 그린다.
➡ $a>0$이면 아래로 볼록
$a<0$이면 위로 볼록

78 다음 중 이차함수 $y=-x^2-4x-5$의 그래프는?

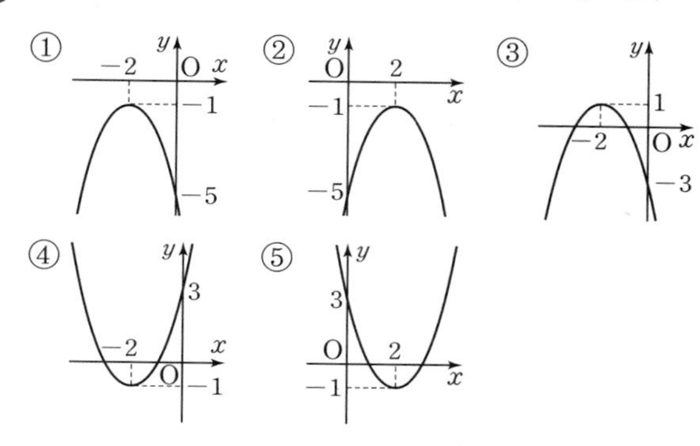

79 이차함수 $y=-2x^2+8x-3$의 그래프가 지나지 않는 사분면은?

① 제1사분면　② 제2사분면
③ 제3사분면　④ 제4사분면
⑤ 제1, 2사분면

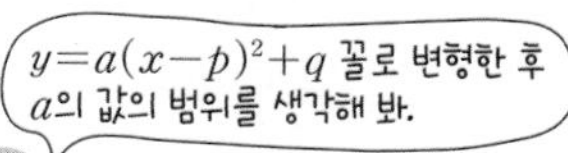

까다로운 기출문제

80 이차함수 $y=ax^2+bx+c$의 그래프의 꼭짓점의 좌표가 $(3, -5)$이고 이 그래프가 제3사분면을 지나지 않을 때, 상수 a의 값의 범위를 구하시오.

유형18 이차함수 $y=ax^2+bx+c$의 그래프에서 증가 또는 감소하는 범위

개념편 146~147쪽

이차함수 $y=ax^2+bx+c$의 그래프에서 증가 또는 감소하는 범위는 $y=a(x-p)^2+q$ 꼴로 고쳐서 그래프를 그렸을 때
➡ 축 $x=p$를 기준으로 바뀐다.

(1) $a>0$일 때

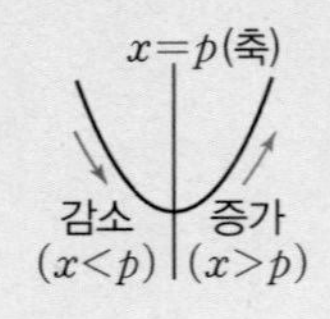

(2) $a<0$일 때

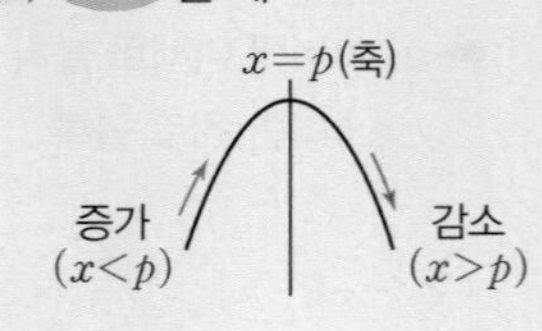

81 이차함수 $y=\frac{1}{3}x^2-2x+5$의 그래프에서 x의 값이 증가할 때, y의 값도 증가하는 x의 값의 범위는?

① $x>-2$ ② $x>0$ ③ $x>3$
④ $x<3$ ⑤ $x<2$

82 이차함수 $y=-x^2+kx+1$의 그래프가 점 $(1, -4)$를 지난다. 이 그래프에서 x의 값이 증가할 때, y의 값은 감소하는 x의 값의 범위를 구하시오. (단, k는 상수)

83 이차함수 $y=x^2+2ax+3a+1$의 그래프는 $x<2$이면 x의 값이 증가할 때 y의 값은 감소하고, $x>2$이면 x의 값이 증가할 때 y의 값도 증가한다. 이 그래프의 꼭짓점의 좌표를 구하시오. (단, a는 상수)

유형19 이차함수 $y=ax^2+bx+c$의 그래프가 축과 만나는 점

개념편 146~147쪽

이차함수 $y=ax^2+bx+c$의 그래프가
(1) x축과 만나는 점의 x좌표
➡ $y=0$을 대입하면 이차방정식 $ax^2+bx+c=0$의 해가 x좌표이다.
(2) y축과 만나는 점의 y좌표
➡ $x=0$을 대입하면 y좌표는 c이다.

84 오른쪽 그림과 같이 이차함수 $y=x^2+2x-3$의 그래프가 x축과 만나는 두 점을 각각 A, B라고 할 때, $\overline{AB}$의 길이를 구하시오.

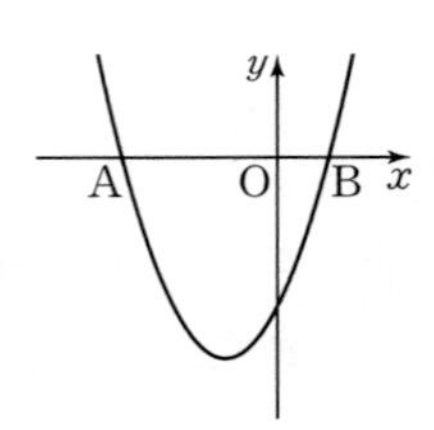

85 오른쪽 그림과 같이 이차함수 $y=x^2-6x+8$의 그래프가 x축과 만나는 두 점을 각각 A, C, 꼭짓점을 B, y축과 만나는 점을 D라고 할 때, 다음 중 옳지 <u>않은</u> 것은? (단, $\overline{DE}$는 x축에 평행하다.)

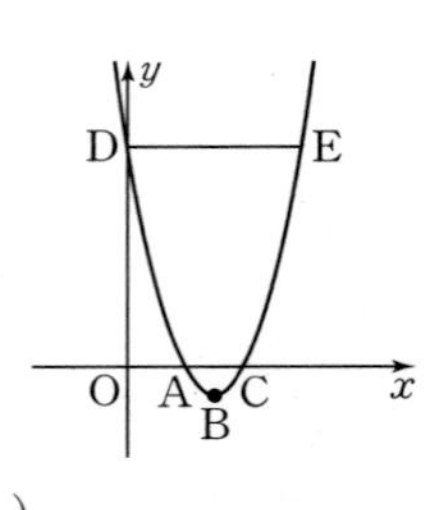

① A(2, 0) ② B(3, -1) ③ C(4, 0)
④ D(0, 8) ⑤ E(5, 8)

86 이차함수 $y=x^2+4x+a$의 그래프가 x축과 두 점 A, B에서 만나고 두 점 A, B 사이의 거리가 6일 때, 상수 a의 값은?

① -6 ② -5 ③ -4
④ -3 ⑤ -2

• 정답과 해설 64쪽

유형 20 이차함수 $y=ax^2+bx+c$의 그래프의 평행이동

개념편 146~147쪽

이차함수 $y=ax^2+bx+c$의 그래프를 x축의 방향으로 m만큼, y축의 방향으로 n만큼 평행이동한 그래프를 나타내는 이차함수의 식은 다음과 같이 구한다.

❶ $y=a(x-p)^2+q$ 꼴로 고친다.

❷ x 대신 $x-m$, y 대신 $y-n$을 대입한다.

➡ $y-n=a(x-m-p)^2+q$

$\therefore\ y=a(x-m-p)^2+q+n$

87 이차함수 $y=x^2+3x+1$의 그래프를 x축의 방향으로 2만큼 평행이동한 그래프를 나타내는 이차함수의 식은?

① $y=x^2+x-1$ ② $y=x^2+x+2$
③ $y=x^2-x-1$ ④ $y=x^2-x+2$
⑤ $y=x^2-\frac{1}{2}x+1$

88 이차함수 $y=2x^2-4x+3$의 그래프를 x축의 방향으로 p만큼, y축의 방향으로 q만큼 평행이동하면 이차함수 $y=2x^2-12x+3$의 그래프와 일치한다. 이때 pq의 값은?

① -32 ② -28 ③ 28
④ 32 ⑤ 34

89 이차함수 $y=-x^2+6x-6$의 그래프를 x축의 방향으로 -1만큼, y축의 방향으로 -1만큼 평행이동한 그래프가 점 $(1,\ k)$를 지날 때, k의 값을 구하시오.

유형 21 이차함수 $y=ax^2+bx+c$의 그래프의 성질

개념편 146~147쪽

(1) 그래프의 모양 ➡ a의 부호로 판단
그래프의 폭 ➡ a의 절댓값으로 판단

(2) 꼭짓점의 좌표, 축의 방정식
➡ $y=a(x-p)^2+q$ 꼴로 고쳐서 구하기

(3) y축과 만나는 점 ➡ $(0,\ c)$

(4) 그래프가 증가 또는 감소하는 범위
➡ 축을 기준으로 그래프의 모양에 따라 판단

(5) x축과 만나는 점의 x좌표 ➡ $ax^2+bx+c=0$의 해

(6) 지나는 사분면 ➡ 그래프를 그려 보기

90 다음 이차함수 중 그 그래프가 위로 볼록하면서 폭이 가장 좁은 것은?

① $y=-x^2-8x$ ② $y=2x^2+6x-1$
③ $y=-3x^2+5$ ④ $y=-\frac{1}{2}x^2+2x-2$
⑤ $y=\frac{1}{4}x^2+x+4$

91 다음 이차함수의 그래프 중 이차함수 $y=\frac{1}{2}x^2-4x+3$의 그래프를 평행이동하여 완전히 포갤 수 있는 것은?

① $y=-2x^2+4x-3$ ② $y=-\frac{1}{2}x^2+5$
③ $y=\frac{1}{2}x(x-1)$ ④ $y=(x+2)^2-7$
⑤ $y=2x^2-4x+3$

92 이차함수 $y=-2x^2-x+a$의 그래프가 두 점 $(-1,\ 5)$, $(1,\ b)$를 지날 때, $a-2b$의 값을 구하시오. (단, a는 상수)

보기 다多 모아~

93 다음 중 이차함수 $y=-x^2+2x+3$의 그래프에 대한 설명으로 옳지 않은 것을 모두 고르면?

① 아래로 볼록한 포물선이다.
② 직선 $x=-1$을 축으로 한다.
③ 꼭짓점의 좌표는 $(1, 4)$이다.
④ y축과 만나는 점의 좌표는 $(0, 3)$이다.
⑤ 제2사분면을 지나지 않는다.
⑥ $x>-1$일 때, x의 값이 증가하면 y의 값은 감소한다.
⑦ x축과 두 점 $(-1, 0)$, $(3, 0)$에서 만난다.
⑧ $y=-x^2$의 그래프를 x축의 방향으로 1만큼, y축의 방향으로 4만큼 평행이동한 그래프이다.

94 다음은 은서가 이차함수 $y=ax^2+bx+c$의 그래프의 성질에 대하여 공부한 내용을 적어 놓은 것이다. 옳지 않은 것을 모두 고른 것은? (단, a, b, c는 상수)

ㄱ. 축의 방정식은 $x=\frac{b}{2a}$이다.
ㄴ. y축과 만나는 점의 좌표는 $(0, c)$이다.
ㄷ. a의 절댓값은 그래프의 폭을 결정한다.
ㄹ. $a>0$이면 아래로 볼록, $a<0$이면 위로 볼록한 포물선이다.
ㅁ. $y=-ax^2$의 그래프를 평행이동하면 완전히 포개어진다.

① ㄱ, ㄴ ② ㄱ, ㅁ ③ ㄴ, ㄷ
④ ㄴ, ㄹ ⑤ ㄹ, ㅁ

유형22 이차함수 $y=ax^2+bx+c$의 그래프에서 a, b, c의 부호

개념편 148쪽

(1) a의 부호: 그래프의 모양에 따라 결정
① 아래로 볼록 ➡ $a>0$
② 위로 볼록 ➡ $a<0$

(2) b의 부호: 축의 위치에 따라 결정
① y축의 왼쪽에 위치 ➡ $ab>0$(a, b는 같은 부호)
② y축과 일치 ➡ $b=0$
③ y축의 오른쪽에 위치 ➡ $ab<0$(a, b는 다른 부호)

(3) c의 부호: y축과 만나는 점의 위치에 따라 결정
① x축보다 위쪽에 위치 ➡ $c>0$
② 원점에 위치 ➡ $c=0$
③ x축보다 아래쪽에 위치 ➡ $c<0$

95 이차함수 $y=ax^2+bx+c$의 그래프가 오른쪽 그림과 같을 때, 상수 a, b, c의 부호는?

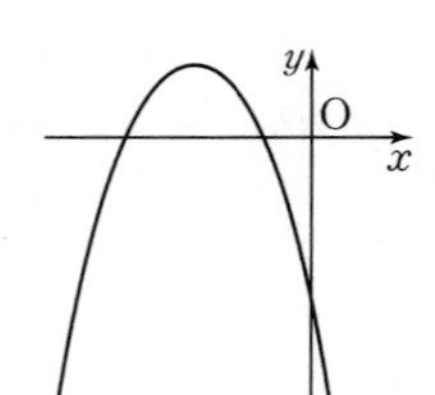

① $a<0$, $b<0$, $c<0$
② $a<0$, $b<0$, $c>0$
③ $a<0$, $b>0$, $c>0$
④ $a>0$, $b<0$, $c>0$
⑤ $a>0$, $b>0$, $c>0$

96 이차함수 $y=ax^2+bx+c$의 그래프가 오른쪽 그림과 같을 때, 다음 중 옳은 것은?

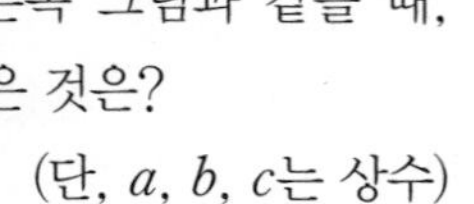
(단, a, b, c는 상수)

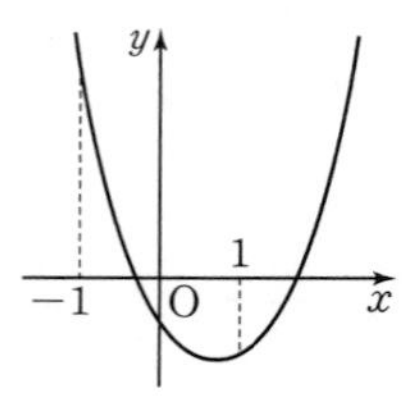

① $ab>0$ ② $ac>0$
③ $bc<0$ ④ $a-b+c<0$
⑤ $a+b+c<0$

97 $a<0$, $ab>0$, $bc>0$일 때, 다음 중 이차함수 $y=ax^2-bx-c$의 그래프로 적당한 것은?
(단, a, b, c는 상수)

① 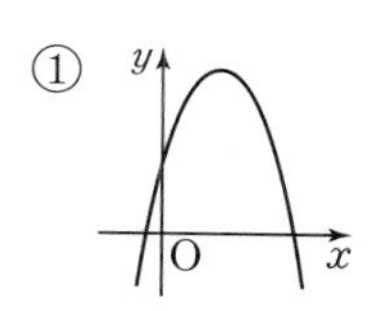
② 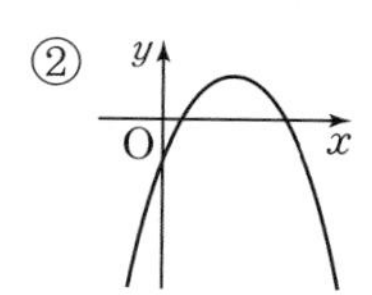
③ 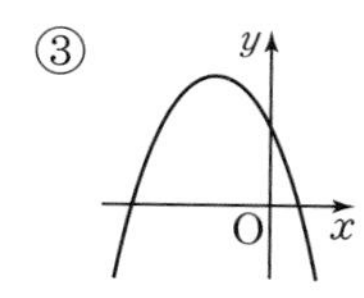
④ 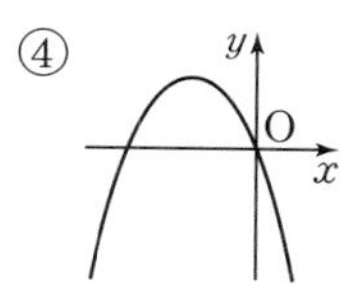
⑤ 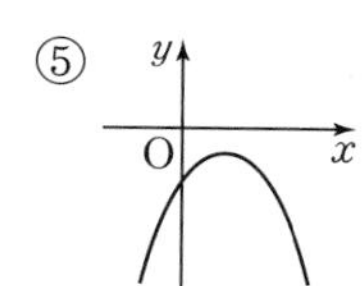

98 이차함수 $y=ax^2+bx+c$의 그래프가 오른쪽 그림과 같을 때, 일차함수 $y=ax+\frac{c}{b}$의 그래프가 지나지 않는 사분면은?
(단, a, b, c는 상수)

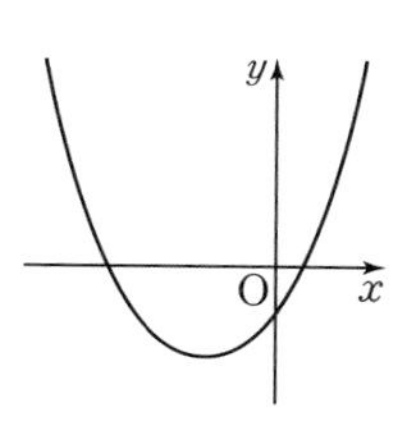

① 제1사분면 ② 제2사분면 ③ 제3사분면
④ 제4사분면 ⑤ 제1, 2사분면

99 일차함수 $y=ax+b$의 그래프가 오른쪽 그림과 같을 때, 다음 중 이차함수 $y=x^2+ax-b$의 그래프로 적당한 것은? (단, a, b는 상수)

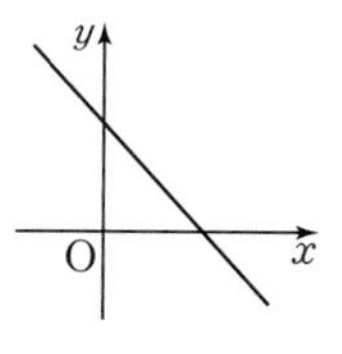

① 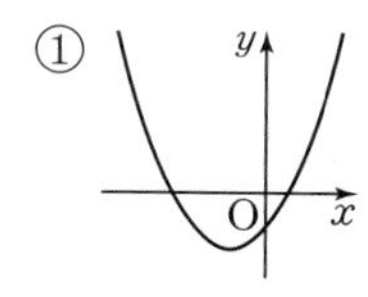
② 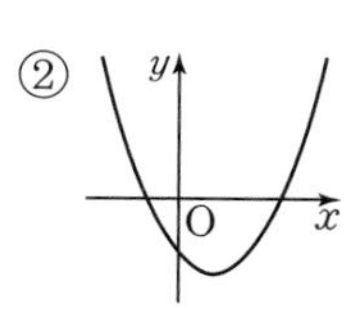
③ 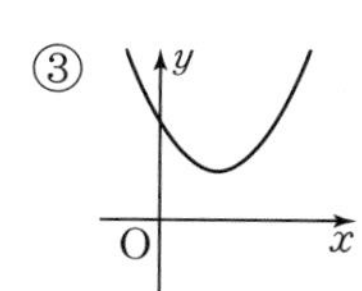
④ 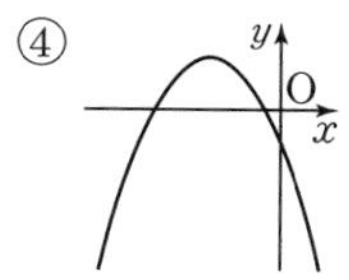
⑤ 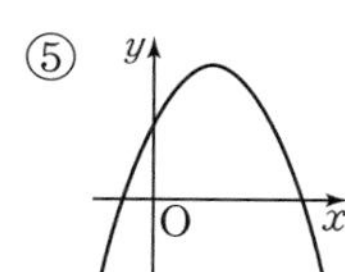

까다로운

유형23 이차함수 $y=ax^2+bx+c$의 그래프와 삼각형의 넓이

개념편 146~147쪽

이차함수 $y=ax^2+bx+c$의 그래프 위의 점을 꼭짓점으로 하는 삼각형의 넓이를 구할 때, 다음과 같이 필요한 점의 좌표를 구한다.

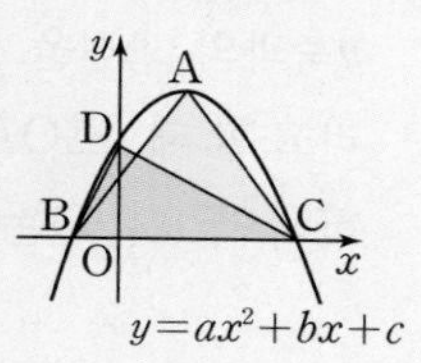

(1) 꼭짓점 A의 좌표
➡ $y=a(x-p)^2+q$ 꼴로 변형하면 $A(p, q)$

(2) x축과의 두 교점 B, C의 좌표
➡ 이차방정식 $ax^2+bx+c=0$의 해가 α, $\beta(\alpha<\beta)$이면 $B(\alpha, 0)$, $C(\beta, 0)$

(3) y축과의 교점 D의 좌표 ➡ $D(0, c)$

100 오른쪽 그림과 같이 이차함수 $y=-x^2+2x+8$의 그래프의 꼭짓점을 A, x축과의 두 교점을 각각 B, C라고 할 때, 다음을 구하시오.

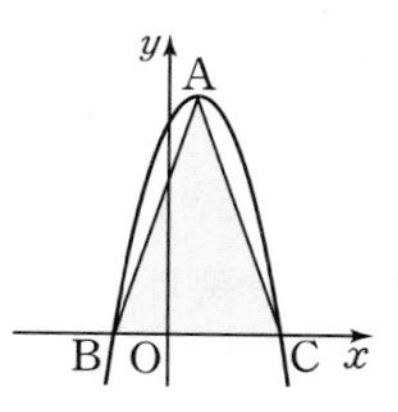

(1) 점 A의 좌표
(2) 두 점 B, C의 좌표
(3) △ABC의 넓이

101 서술형 오른쪽 그림과 같이 이차함수 $y=x^2+3x-4$의 그래프와 x축과의 두 교점을 각각 A, B, y축과의 교점을 C라고 할 때, △ACB의 넓이를 구하시오.

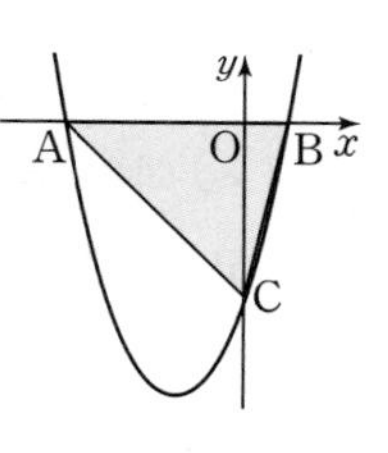

풀이 과정

답

102 오른쪽 그림과 같이 이차함수 $y=\frac{1}{3}x^2-\frac{4}{3}x-4$의 그래프와 y축과의 교점을 A, 꼭짓점을 B라고 할 때, △OAB의 넓이를 구하시오. (단, O는 원점)

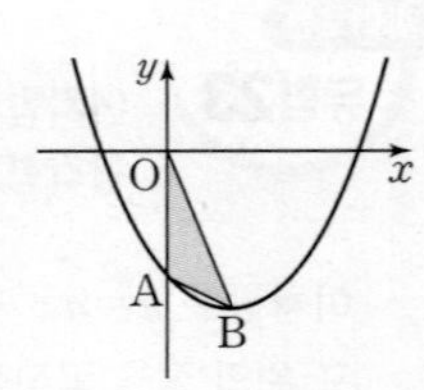

△ABC=△ABO+△AOC−△BOC로 구해 봐.

103 오른쪽 그림과 같이 이차함수 $y=-x^2+2x+3$의 그래프의 꼭짓점을 A, y축과의 교점을 B, x축과의 교점 중 x좌표가 양수인 점을 C라고 할 때, △ABC의 넓이를 구하시오.

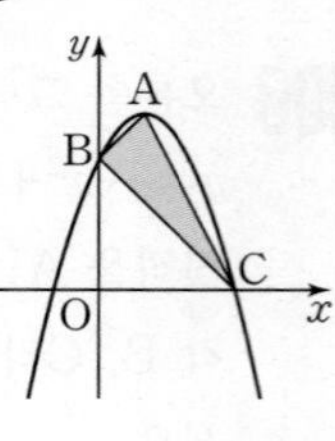

□ABCD=△BCO+△ABO+△AOD로 구해 봐.

104 오른쪽 그림과 같이 이차함수 $y=-x^2+4x+5$의 그래프의 꼭짓점을 A, y축과의 교점을 B, x축과의 두 교점을 각각 C, D라고 할 때, □ABCD의 넓이는?

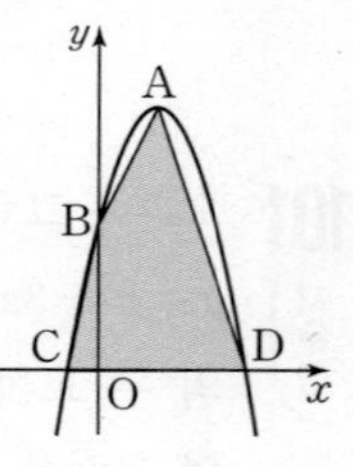

① 20 ② 30 ③ 36
④ 40 ⑤ 56

유형24 이차함수의 식 구하기 - 꼭짓점과 다른 한 점이 주어질 때

개념편 151쪽

꼭짓점의 좌표 $(p,\ q)$와 그래프 위의 다른 한 점 $(x_1,\ y_1)$이 주어질 때

❶ 이차함수의 식을 $y=a(x-p)^2+q$로 놓는다.
❷ ❶의 식에 점 $(x_1,\ y_1)$의 좌표를 대입하여 a의 값을 구한다.

105 이차함수 $y=ax^2+bx+c$의 그래프가 점 $(-3,\ 2)$를 지나고, 꼭짓점의 좌표가 $(-2,\ 1)$일 때, 상수 a, b, c에 대하여 $a+b-c$의 값은?

① -2 ② -1 ③ 0
④ 1 ⑤ 2

106 이차함수 $y=5(x-3)^2-2$의 그래프와 꼭짓점이 일치하고 점 $(-1,\ 6)$을 지나는 이차함수의 그래프가 y축과 만나는 점의 좌표는?

① $\left(0,\ \frac{5}{2}\right)$ ② $\left(0,\ \frac{1}{2}\right)$ ③ $(0,\ 0)$
④ $\left(0,\ -\frac{1}{2}\right)$ ⑤ $\left(0,\ -\frac{5}{2}\right)$

107 오른쪽 그림과 같은 이차함수의 그래프가 점 $(5,\ k)$를 지날 때, k의 값은?

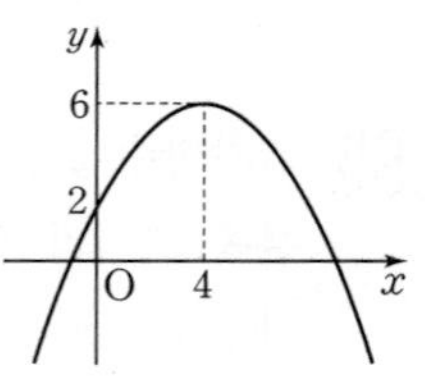

① $\frac{11}{4}$ ② 3
③ 4 ④ $\frac{21}{4}$
⑤ $\frac{23}{4}$

유형25 이차함수의 식 구하기 – 축의 방정식과 두 점이 주어질 때

개념편 152쪽

축의 방정식 $x=p$와 그래프 위의 두 점 $(x_1,\ y_1)$, $(x_2,\ y_2)$가 주어질 때

❶ 이차함수의 식을 $y=a(x-p)^2+q$로 놓는다.

❷ ❶의 식에 두 점 $(x_1,\ y_1)$, $(x_2,\ y_2)$의 좌표를 각각 대입하여 a, q의 값을 구한다.

108 이차함수 $y=a(x-p)^2+q$의 그래프가 오른쪽 그림과 같이 직선 $x=-2$를 축으로 할 때, 상수 a, p, q에 대하여 apq의 값을 구하시오.

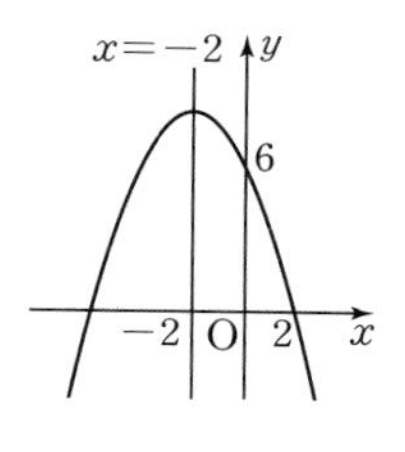

109 축의 방정식이 $x=1$이고 y축과 만나는 점의 y좌표가 -2인 이차함수의 그래프가 두 점 $(-2,\ 14)$, $(3,\ k)$를 지날 때, k의 값을 구하시오.

110 이차함수 $y=ax^2+bx+c$의 그래프가 다음 조건을 모두 만족시킬 때, 상수 a, b, c에 대하여 $a+b-c$의 값을 구하시오.

조건

(가) $y=-2x^2$의 그래프를 평행이동하면 완전히 포개어진다.

(나) 점 $(-1,\ -3)$을 지난다.

(다) $x<-3$일 때, x의 값이 증가하면 y의 값도 증가하고 $x>-3$일 때, x의 값이 증가하면 y의 값은 감소한다.

유형26 이차함수의 식 구하기 – 서로 다른 세 점이 주어질 때

개념편 153쪽

그래프 위의 서로 다른 세 점이 주어질 때

❶ 이차함수의 식을 $y=ax^2+bx+c$로 놓는다.

❷ ❶의 식에 세 점의 좌표를 각각 대입하여 a, b, c의 값을 구한다.

참고 세 점 중 x좌표가 0인 점의 좌표를 먼저 대입하여 c의 값을 구한 후 나머지 점의 좌표를 대입하면 편리하다.

111 세 점 $(-1,\ 6)$, $(0,\ 1)$, $(1,\ 2)$를 지나는 포물선을 그래프로 하는 이차함수의 식을 $y=ax^2+bx+c$라고 할 때, 상수 a, b, c에 대하여 $a-2b+3c$의 값을 구하시오.

112 서술형 세 점 $(0,\ 8)$, $(-1,\ 11)$, $(4,\ 16)$을 지나는 이차함수의 그래프의 꼭짓점의 좌표를 구하시오.

답

113 오른쪽 그림과 같은 포물선을 그래프로 하는 이차함수의 식은?

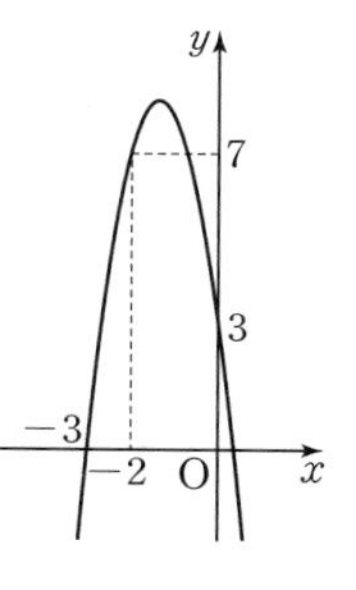

① $y=-x^2-4x+3$

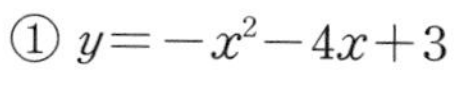

② $y=-2x^2+4x+3$

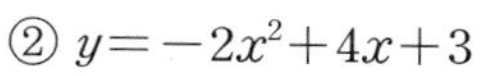

③ $y=-3x^2-8x+3$

④ $y=x^2-4x+3$

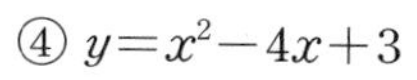

⑤ $y=3x^2+8x+3$

유형 27 이차함수의 식 구하기 - x축과 만나는 두 점과 다른 한 점이 주어질 때

개념편 154쪽

x축과 만나는 두 점 $(m, 0)$, $(n, 0)$과 그래프 위의 다른 한 점 (x_1, y_1)이 주어질 때

❶ 이차함수의 식을 $y=a(x-m)(x-n)$으로 놓는다.

❷ ❶의 식에 점 (x_1, y_1)의 좌표를 대입하여 a의 값을 구한다.

114 이차함수 $y=ax^2+bx+c$의 그래프가 점 $(1, -12)$를 지나고, x축과 두 점 $(-2, 0)$, $(3, 0)$에서 만날 때, 상수 a, b, c에 대하여 $ab-c$의 값은?

① -8　② -6　③ 4　④ 6　⑤ 8

115 세 점 $(1, 0)$, $(5, 0)$, $(4, k)$를 지나는 포물선을 그래프로 하는 이차함수의 식을 $y=x^2+bx+c$라고 할 때, $b+c-k$의 값은? (단, b, c는 상수)

① -2　② -1　③ 0　④ 1　⑤ 2

116 오른쪽 그림과 같은 이차함수의 그래프의 꼭짓점의 좌표를 구하시오.

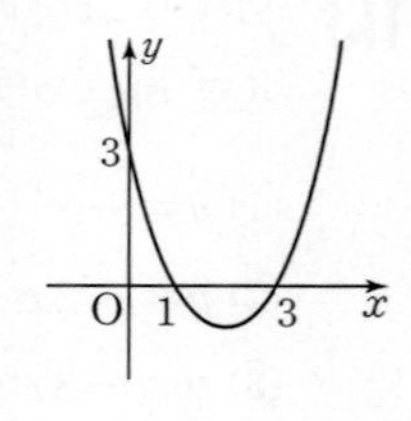

톡톡 튀는 문제

117 오른쪽 그림에서 이차함수 $y=ax^2$과 $y=dx^2$, $y=bx^2$과 $y=cx^2$의 그래프는 각각 x축에 서로 대칭이다. 다음 보기 중 옳은 것을 모두 고른 것은? (단, a, b, c, d는 상수)

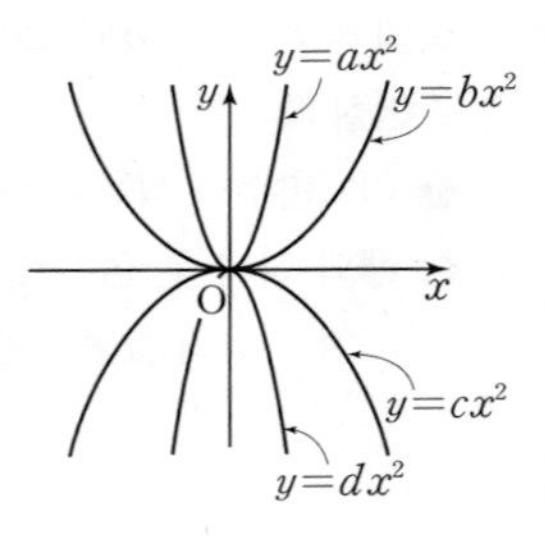

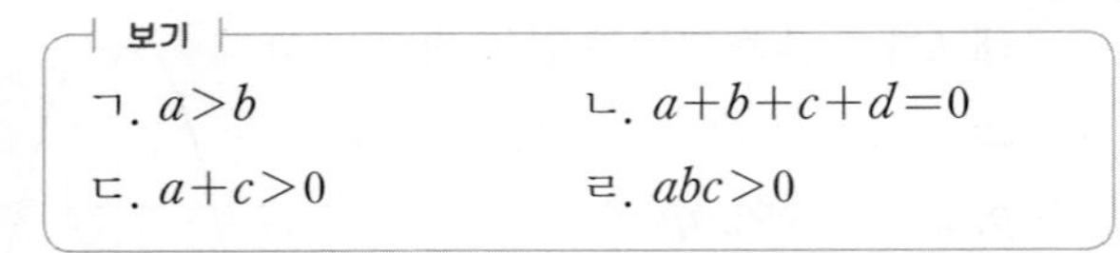
보기

ㄱ. $a>b$　ㄴ. $a+b+c+d=0$

ㄷ. $a+c>0$　ㄹ. $abc>0$

① ㄱ, ㄴ　② ㄱ, ㄹ　③ ㄴ, ㄷ　④ ㄱ, ㄴ, ㄷ　⑤ ㄴ, ㄷ, ㄹ

118 오른쪽 그림과 같이 평평한 지면 위에 있는 두 지점 A, B 사이의 거리는 12 m이다. 두 지점 A, B에서 각각 9 m, 3 m 떨어진 C 지점에 지면과 수직으로 높이가 6 m인 기둥이 세워져 있다. A 지점에서 쏘아 올린 공이 포물선 모양으로 날아 기둥의 꼭대기에서 지면에 수직으로 6 m 위인 P 지점을 지나 B 지점에 떨어졌다. 이 공이 가장 높이 올라갔을 때의 지면으로부터의 높이를 구하시오. (단, 포물선의 축은 지면에 수직이고 공의 크기와 기둥의 굵기는 생각하지 않는다.)

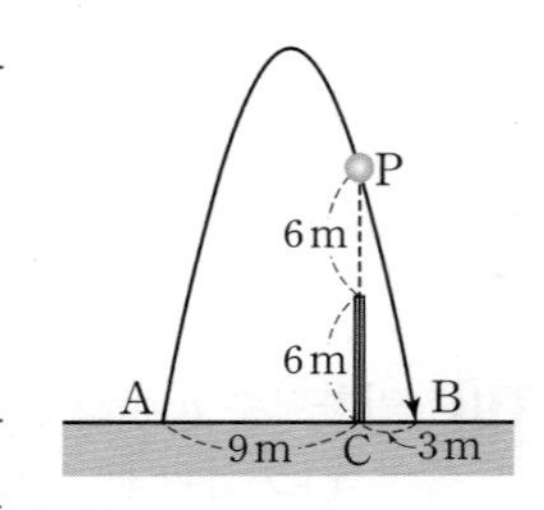

• 정답과 해설 67쪽

꼭 나오는 기본 문제

1 다음 중 y가 x에 대한 이차함수인 것은?

① 1 L에 1500원인 휘발유 x L의 가격 y원
② 시속 35 km로 x시간 동안 달린 거리 y km
③ 둘레의 길이가 10 cm이고, 가로의 길이가 x cm인 직사각형의 넓이 $y\text{ cm}^2$
④ 넓이가 8 cm^2이고, 밑변의 길이가 x cm인 삼각형의 높이 y cm
⑤ 반지름의 길이가 x cm인 구의 부피 $y\text{ cm}^3$

2 두 이차함수 $y=x^2$, $y=-x^2$의 그래프가 오른쪽 그림과 같을 때, ㉠~㉣ 중 이차함수 $y=-3x^2$의 그래프로 적당한 것을 고르시오.

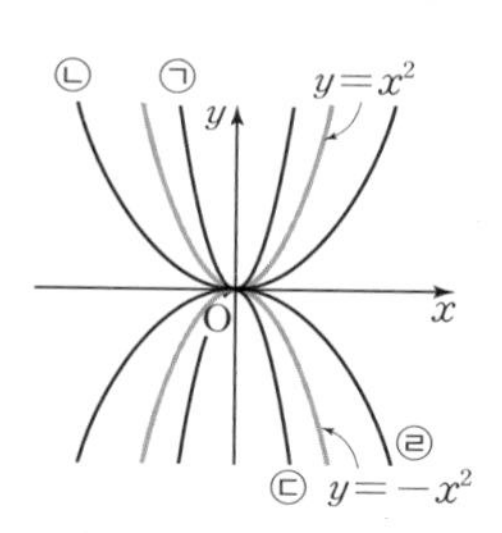

3 다음 중 이차함수 $y=-\frac{1}{2}x^2$의 그래프에 대한 설명으로 옳은 것은?

① x축과 한 점에서 만난다.
② $y=-x^2$의 그래프보다 폭이 좁다.
③ 제1, 2사분면을 지난다.
④ 원점을 꼭짓점으로 하고, 아래로 볼록한 포물선이다.
⑤ $x>0$일 때, x의 값이 증가하면 y의 값도 증가한다.

4 이차함수 $y=-\frac{2}{3}x^2$의 그래프와 x축에 서로 대칭인 그래프가 점 $(3,\ a)$를 지날 때, a의 값은?

① $-\frac{27}{2}$　② -6　③ $\frac{9}{2}$　④ 6　⑤ $\frac{27}{2}$

5 이차함수 $y=f(x)$의 그래프가 오른쪽 그림과 같을 때, $f(4)$의 값을 구하시오.

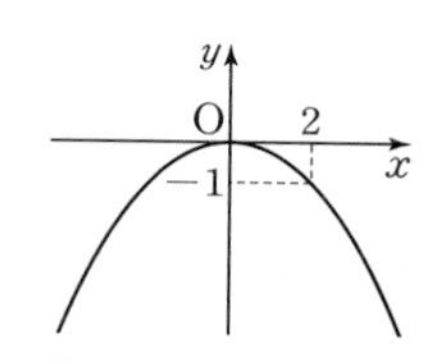

6 서술형 이차함수 $y=-\frac{1}{2}x^2$의 그래프를 y축의 방향으로 a만큼 평행이동한 그래프가 점 $(-2,\ -7)$을 지날 때, 평행이동한 그래프의 꼭짓점의 좌표를 구하시오.

풀이 과정

답

7 이차함수 $y=-3(x-2)^2$의 그래프에서 x의 값이 증가할 때, y의 값은 감소하는 x의 값의 범위를 구하시오.

8 이차함수 $y=a(x+p)^2+q$의 그래프가 오른쪽 그림과 같을 때, 상수 a, p, q의 부호는?

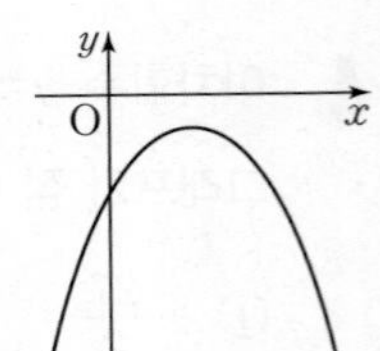

① $a<0$, $p>0$, $q<0$
② $a<0$, $p>0$, $q>0$
③ $a<0$, $p<0$, $q<0$
④ $a>0$, $p>0$, $q<0$
⑤ $a>0$, $p<0$, $q>0$

9 이차함수 $y=-3x^2+12x-6$의 그래프의 축의 방정식과 꼭짓점의 좌표를 차례로 구한 것은?

① $x=1$, $(1, 4)$　② $x=1$, $(1, 6)$
③ $x=2$, $(2, 2)$　④ $x=2$, $(2, 6)$
⑤ $x=4$, $(4, 6)$

10 다음 이차함수 중 그 그래프가 모든 사분면을 지나는 것은?

① $y=-x^2-8x-10$　② $y=-x^2-2x+1$
③ $y=x^2+6x+9$　④ $y=2x^2+4$
⑤ $y=3x^2-9x$

11 이차함수 $y=-x^2+10x-19$의 그래프를 x축의 방향으로 -3만큼, y축의 방향으로 -6만큼 평행이동한 그래프의 꼭짓점의 좌표를 (p, q)라고 할 때, $p+q$의 값을 구하시오.

12 다음 중 이차함수 $y=2x^2+4x-3$의 그래프에 대한 설명으로 옳지 않은 것을 모두 고르면? (정답 2개)

① 축의 방정식은 $x=1$이다.
② y축과 만나는 점의 좌표는 $(0, -3)$이다.
③ 모든 사분면을 지난다.
④ $y=2x^2$의 그래프를 x축의 방향으로 -2만큼, y축의 방향으로 -5만큼 평행이동한 그래프이다.
⑤ $x>-1$일 때, x의 값이 증가하면 y의 값도 증가한다.

13 오른쪽 그림과 같은 포물선을 그래프로 하는 이차함수의 식은?

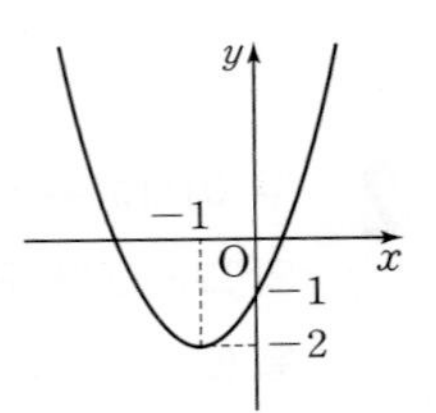

① $y=x^2+2x+1$
② $y=x^2+2x-1$
③ $y=x^2-2x+1$
④ $y=x^2-2x-1$
⑤ $y=x^2-x-1$

14 서술형

세 점 $(0, 16)$, $(1, 10)$, $(3, -14)$를 지나는 포물선을 그래프로 하는 이차함수의 식을 $y=ax^2+bx+c$라고 할 때, 상수 a, b, c에 대하여 $a-2b-c$의 값을 구하시오.

풀이 과정

답

자주 나오는 실력 문제

15 이차함수 $f(x)=3x^2-7x+2$에 대하여 $f(a)=-2$일 때, 정수 a의 값을 구하시오.

16 다음 중 주어진 조건을 모두 만족시키는 포물선을 그래프로 하는 이차함수의 식은?

조건
(가) 꼭짓점의 좌표가 $(0,\ -1)$이다.
(나) 제1, 2사분면을 지나지 않는다.
(다) $y=x^2$의 그래프보다 폭이 넓다.

① $y=-\frac{1}{3}(x+1)^2$ ② $y=3(x-1)^2$
③ $y=-3x^2-1$ ④ $y=-\frac{1}{3}x^2-1$
⑤ $y=\frac{1}{3}x^2-1$

17 오른쪽 그림과 같이 이차함수 $y=a(x-p)^2$의 그래프와 이차함수 $y=-\frac{1}{3}x^2+12$의 그래프가 서로의 꼭짓점을 지날 때, 상수 a, p에 대하여 $3a+p$의 값을 구하시오. (단, $p>0$)

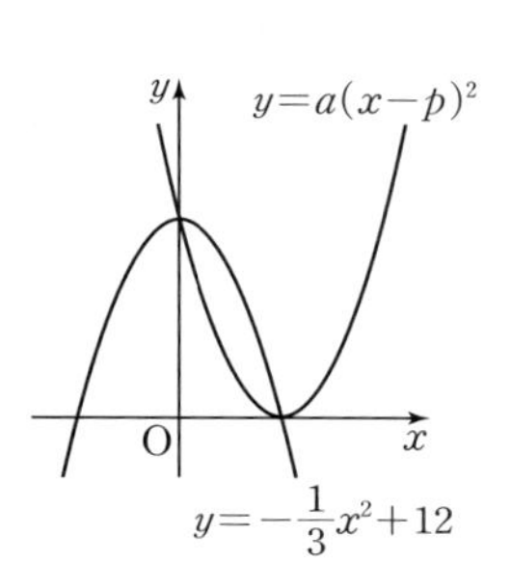

18 이차함수 $y=x^2-2ax+a+4$의 그래프의 꼭짓점이 직선 $y=4x$ 위에 있을 때, 상수 a의 값을 구하시오. (단, $a>0$)

19 이차함수 $y=\frac{1}{4}x^2-x+k$의 그래프가 x축과 두 점 A, B에서 만나고 $\overline{\mathrm{AB}}=12$일 때, 이 이차함수의 그래프의 꼭짓점의 좌표를 구하시오. (단, k는 상수)

20 두 이차함수 $y=x^2+4$, $y=x^2-3$의 그래프가 오른쪽 그림과 같을 때, 색칠한 부분의 넓이를 구하시오.

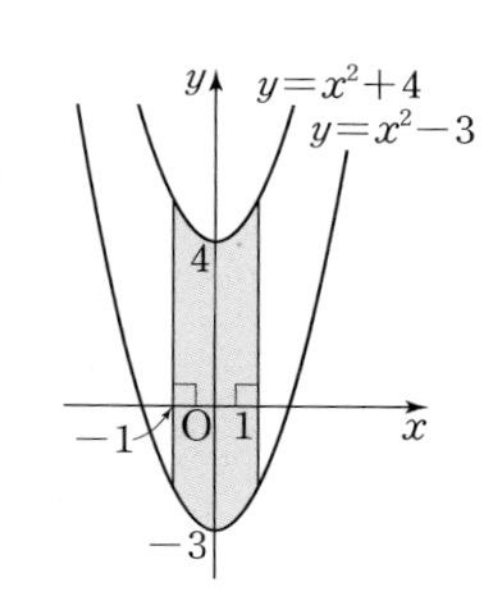

21 이차함수 $y=ax^2+bx+c$의 그래프가 오른쪽 그림과 같을 때, 다음 보기 중 옳은 것을 모두 고르시오. (단, a, b, c는 상수)

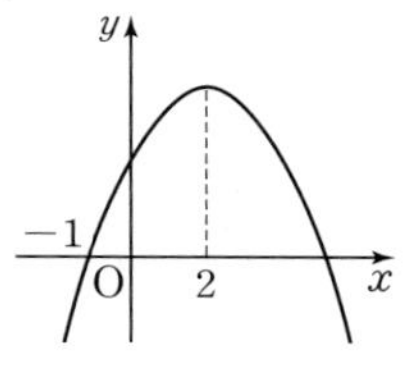

보기
ㄱ. $bc>0$ ㄴ. $abc<0$
ㄷ. $\frac{a}{b}>0$ ㄹ. $\frac{1}{4}a-\frac{1}{2}b+c<0$
ㅁ. $4a+2b+c>0$

22 서술형 오른쪽 그림과 같이 이차함수 $y=-\frac{1}{2}x^2+x+4$의 그래프와 x축과의 두 교점을 각각 A, B, y축과의 교점을 C, 꼭짓점을 D라고 할 때, △ABC와 △ABD의 넓이의 차를 구하시오.

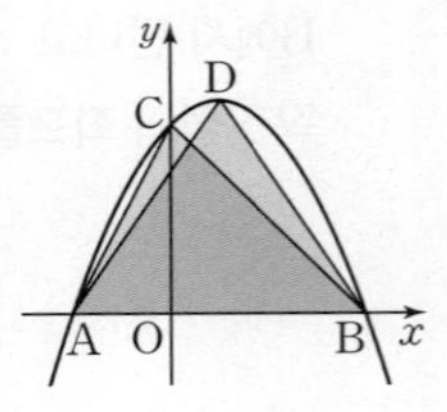

풀이 과정

답

23 이차함수 $y=4x^2+24x+41$의 그래프와 꼭짓점의 좌표가 같고, 이차함수 $y=\frac{1}{3}x^2-x-4$의 그래프와 y축에서 만나는 포물선을 그래프로 하는 이차함수의 식은?

① $y=-x^2-6x-9$ ② $y=-x^2-6x-4$
③ $y=x^2-6x+4$ ④ $y=x^2+6x+4$
⑤ $y=x^2+6x+9$

24 이차함수 $y=ax^2+bx+c$의 그래프가 다음 조건을 모두 만족시킬 때, 상수 a, b, c에 대하여 $ab+c$의 값을 구하시오.

조건
(가) $y=-2x^2$의 그래프를 평행이동하면 완전히 포개어진다.
(나) 축의 방정식은 $x=1$이다.
(다) 점 $(-2, -7)$을 지난다.

만점을 위한 도전 문제

25 오른쪽 그림과 같이 이차함수 $y=-3x^2$의 그래프 위에 선분 AB가 x축과 평행하도록 두 점 A, B를 잡고, 이차함수 $y=ax^2$의 그래프 위에 □ABCD가 사다리꼴이 되도록 두 점 C, D를 잡았다. 점 B의 x좌표는 1, $\overline{CD}=2\overline{AB}$이고 □ABCD의 넓이가 24일 때, 상수 a의 값을 구하시오.

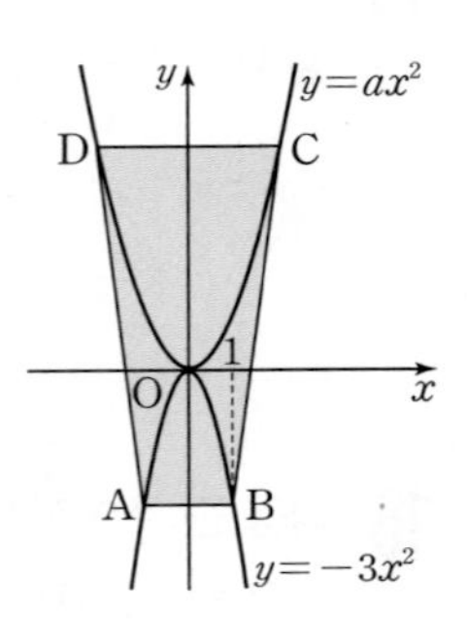

26 오른쪽 그림과 같이 직사각형 ABCD의 두 꼭짓점 A, D가 이차함수 $y=-x^2+6x$의 그래프 위에 있고 두 꼭짓점 B, C가 x축 위에 있다. □ABCD의 둘레의 길이가 18일 때, 점 A의 좌표를 구하시오.

(단, 두 점 A, D는 제1사분면 위의 점이다.)

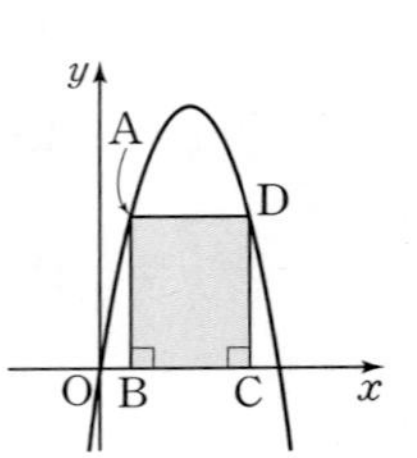

27 다음 그림과 같이 두 이차함수 $y=-x^2+2x+8$, $y=-x^2+10x-16$의 그래프의 꼭짓점을 각각 A, B라 하고, x축과의 두 교점 중 x좌표가 작은 점을 각각 C, D라고 할 때, □ACDB의 넓이를 구하시오.

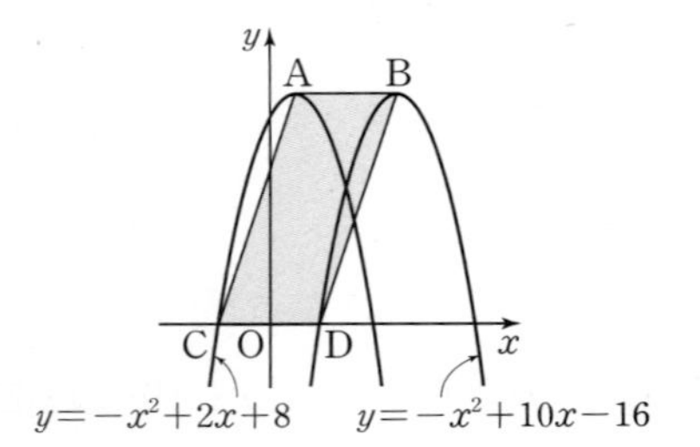

memo

memo

책 속의 가접 별책 (특허 제 0557442호)

'정답과 해설'은 본책에서 쉽게 분리할 수 있도록 제작되었으므로
유통 과정에서 분리될 수 있으나 파본이 아닌 정상 제품입니다.

실력향상 POWER

유형편

정답과 해설

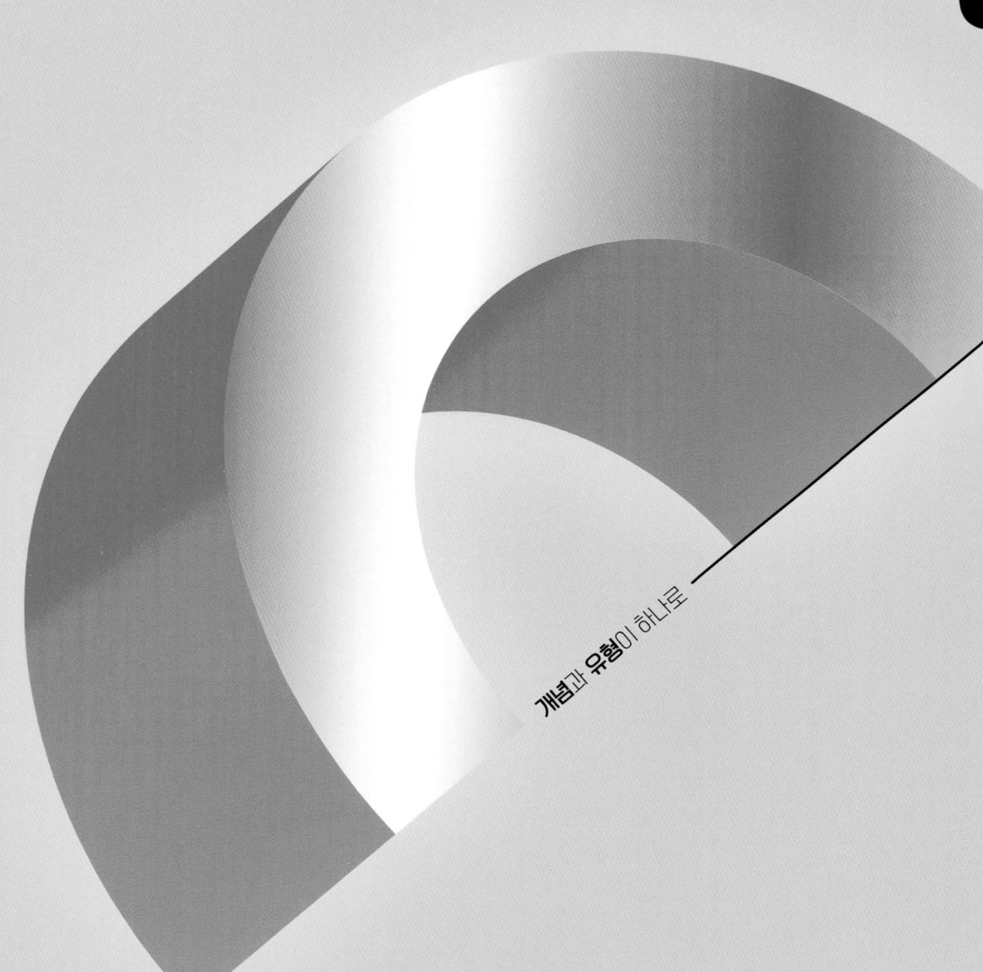

중학 수학

3·1

개념+유형

visang

정답만 모아 스피드 체크

1 제곱근과 실수

유형 1~14 P. 6~13

1 ⑤ 2 ④ 3 ④ 4 ⑤
5 (1) -25 (2) -5 6 ② 7 ③ 8 $\sqrt{74}$
9 ④ 10 ③ 11 ②, ③ 12 ③ 13 ⑤
14 ④ 15 ④ 16 $\sqrt{3^2}$ 17 8 18 ⑤
19 $-\frac{3}{2}$ 20 ⑤ 21 19 22 ⑤ 23 ⑤
24 $4a+2b$ 25 ③ 26 (1) 1 (2) 2 (3) $2a$
27 ① 28 b 29 ③ 30 ② 31 ②
32 ④ 33 15 34 100 35 21 36 ②
37 ② 38 10 39 ③ 40 ④ 41 ③
42 ③ 43 ② 44 6개 45 21 46 ②, ⑧
47 $\sqrt{0.25}$ 48 ④ 49 ② 50 ⑤ 51 45
52 ② 53 ④ 54 2 55 26

유형 15~25 P. 14~20

56 ⑤ 57 ③ 58 ⑤ 59 ⑤ 60 ④, ⑤
61 ③, ④ 62 ② 63 ③ 64 $\sqrt{2}$ 65 ③
66 $A(1-\sqrt{2})$, $B(1+\sqrt{2})$, $C(5-\sqrt{2})$, $D(4+\sqrt{2})$
67 ②, ⑤ 68 $2-\sqrt{5}$, $2+\sqrt{5}$ 69 $-6+\sqrt{7}$
70 $-3+\sqrt{13}$ 71 14 72 $3+4\pi$ 73 ②
74 ㄱ, ㄴ, ㄷ 75 ② 76 4.351 77 1040
78 ④ 79 ③ 80 ② 81 ① 82 $c<a<b$
83 $3+\sqrt{6}$ 84 ③ 85 ② 86 점 B, 점 A, 점 C
87 ④ 88 6개 89 ② 90 ③
91 (1) $\sqrt{2}-5$ (2) $6-\sqrt{3}$ 92 $\sqrt{7}$ 93 ②
94 ④ 95 ②

단원 마무리 P. 21~23

1 ④ 2 6 3 ⑤ 4 ② 5 ②
6 ③ 7 ④ 8 ㄱ, ㄴ, ㄹ 9 ④
10 ④ 11 $\sqrt{3}-7$ 12 $\sqrt{6}$cm 13 $a-b$ 14 48
15 30 16 9 17 ① 18 ⑤ 19 3개
20 ② 21 176 22 202개

2 근호를 포함한 식의 계산

유형 1~10 P. 26~32

1 ⑤ 2 $-20\sqrt{6}$ 3 ② 4 4 5 ④
6 16 7 $\sqrt{3}$ 8 ⑤ 9 91 10 12
11 ⑤ 12 $10\sqrt{5}$ 13 ㄱ, ㄴ, ㄹ 14 ③
15 2 16 ④ 17 ㄴ, ㄹ 18 18.2504
19 ④ 20 ② 21 ② 22 $\frac{1}{5}$ 23 ④
24 ④ 25 ② 26 2 27 $\frac{\sqrt{2}}{\sqrt{3}}$ 28 $\sqrt{6}$
29 ④, ⑤ 30 $-\frac{1}{15}$ 31 $\sqrt{5}$ 32 $27\sqrt{2}$ m^2
33 ④ 34 $16\sqrt{3}\pi$ cm 35 $\frac{7\sqrt{2}}{2}$ cm
36 $12\sqrt{15}$ cm^2 37 $150\sqrt{10}\pi$ cm^3
38 $3\sqrt{11}$ cm^2 39 ③ 40 $3\sqrt{5}\pi$ cm^3
41 ① 42 ③ 43 $6\sqrt{5}$ cm^2

유형 11~20 P. 32~38

44 ⑤ 45 ⑤ 46 $\frac{1}{5}$
47 (1) $3\sqrt{7}$ (2) $-2\sqrt{2}+2\sqrt{3}$ 48 (1) 5 (2) 7
49 2 50 ④ 51 $\sqrt{15}$ 52 ④ 53 ⑤
54 (1) $\frac{12\sqrt{5}}{5}$ (2) $-\frac{\sqrt{2}}{2}$ (3) $10\sqrt{2}-3$ (4) $\sqrt{3}-3\sqrt{2}$
55 (1) 4 (2) $-\frac{11}{4}$ 56 ④ 57 ②
58 (1) $8+\sqrt{6}$ (2) 2 (3) $6-2\sqrt{2}$ (4) -9 59 ⑤
60 -8 61 ④ 62 $\frac{2\sqrt{5}-5}{3}$ 63 $-\frac{11\sqrt{6}}{6}$
64 $\frac{5\sqrt{2}+2}{8}$ 65 ② 66 -3 67 $\sqrt{6}-\sqrt{3}$
68 ① 69 ② 70 ① 71 $\frac{5\sqrt{6}}{2}$ cm^2
72 $(24+6\sqrt{35})$ cm^2 73 ② 74 ③ 75 ③
76 $\frac{2\sqrt{15}}{3}$ 77 ① 78 $6\sqrt{5}$ 79 $-1+2\sqrt{2}$
80 ④ 81 ③ 82 $3+\sqrt{12}$, $5+\sqrt{3}$, $\sqrt{48}$
83 ② 84 $(80+30\sqrt{2})$ cm

단원 마무리 P. 39~41

1 ④ 2 ③ 3 ③ 4 ⑤ 5 ④
6 $-3\sqrt{2}$ 7 ④ 8 ① 9 1 10 $12\sqrt{3}$
11 ④ 12 ② 13 ⑤ 14 $4\sqrt{10}$ cm
15 $2\sqrt{2}-3$ 16 ③ 17 $-\frac{2}{3}$ 18 ④
19 $\frac{\sqrt{3}}{9}\text{cm}^2$ 20 $\frac{32\sqrt{7}}{3}\text{cm}^3$
21 $6\sqrt{3}+10\sqrt{5}$

3 다항식의 곱셈

유형 1~9 P. 44~49

1 (1) $12a^2-2ab-2b^2$ (2) $3x^2-8xy+4y^2$
(3) $10x^2-xy-8x-2y^2+4y$
2 ④ 3 ① 4 ③ 5 ③ 6 $\frac{3}{4}$
7 ② 8 ② 9 ② 10 ③ 11 ⑤
12 ③ 13 264 14 $-\frac{2}{5}$ 15 ⑤ 16 0
17 ③ 18 6 19 ④ 20 6
21 $15x^2+17x-4$ 22 ④ 23 ① 24 ㄷ
25 $8x^2+4xy-8y^2$ 26 39 27 36 28 -2
29 $x^2+3x-10$ 30 ④ 31 ④
32 $24x^2-20x+4$ 33 $-a^2+3ab-2b^2$ 34 x^2
35 (1) $a^2+4ab+4b^2+a+2b-12$ (2) $4x^2-y^2-2y-1$
36 $2A$, $2(x-2y)$, $x^2-4xy+4y^2+2x-4y+1$
37 ③

유형 10~15 P. 49~54

38 ③ 39 ④ 40 175 41 1010 42 6
43 9 44 $2^{32}-1$ 45 ② 46 $30+7\sqrt{2}$
47 ③ 48 $6-4\sqrt{2}$ 49 3 50 2
51 $20+2\sqrt{10}$ 52 ④ 53 ④ 54 10
55 5 56 $10+5\sqrt{3}$ 57 $-19-6\sqrt{10}$
58 ④ 59 ③ 60 -5 61 ① 62 36
63 $\frac{4}{3}$ 64 ⑤ 65 9 66 10
67 (1) 6 (2) 8 68 ③ 69 (1) 14 (2) 12
70 17 71 ④ 72 ② 73 ③ 74 세호
75 (1) 33개 (2) $33x^2+33xy-66y^2$

단원 마무리 P. 55~57

1 5 2 4 3 ③, ⑤ 4 ① 5 ⑤
6 ② 7 ④ 8 ① 9 34 10 ④
11 ① 12 ④ 13 a^2-b^2 14 8
15 $12+4\sqrt{2}-2\sqrt{5}$ 16 $\frac{2+\sqrt{7}}{3}$ 17 $-1+\sqrt{11}$
18 4 19 15 20 $-2x^2+7xy-6y^2$
21 $x^4+8x^3-x^2-68x+60$

4 인수분해

유형 1~2 P. 60

1 ③ 2 ③ 3 ④ 4 ④ 5 ④
6 ㄱ, ㄹ 7 (1) $(a-3b)(x+2)$ (2) $(2a-b)(x+y)$

유형 3~22 P. 61~73

8 ⑤ 9 ㄹ, ㅂ 10 ④ 11 ① 12 ②
13 1 14 ② 15 4 16 ③ 17 ④
18 $-2a$ 19 $-2a+1$ 20 ①, ⑤ 21 $14x$
22 ① 23 ④ 24 ② 25 ㄱ, ㄹ 26 $2x+2$
27 -2 28 ② 29 ③ 30 ⑤ 31 ②, ⑤
32 12 33 $5x+1$ 34 $a=5$, $b=3$ 35 ②
36 10 37 ①, ④ 38 ② 39 ㄴ, ㅁ, ㅂ
40 ① 41 ④ 42 6 43 -10, $x+5$
44 7 45 ③ 46 -16
47 (1) x^2-x-20 (2) $(x+4)(x-5)$
48 $(x+5)(2x-3)$ 49 $(x-2)(x+4)$ 50 ④
51 $6x+6$ 52 $3a-1$ 53 $(6a-5)$ m 54 ⑤
55 5 56 ① 57 ② 58 $a=4$, $b=-1$
59 21 60 ① 61 $(x^2+3x-5)(x^2+3x+7)$
62 ⑤
63 (1) $(a-1)(b+1)$ (2) $(a-b)(a+1)(a-1)$
(3) $(a+b)(a-b-c)$
64 ①, ⑤ 65 $3x-3$ 66 ②
67 (1) $(x-2y+3)(x-2y-3)$ (2) $(x+y+z)(x-y-z)$
(3) $(1+x-y)(1-x+y)$
68 ⑤ 69 $2x$ 70 2 71 ⑤ 72 $x+y+1$
73 ③ 74 $(x+3y-2)(2x-y+3)$ 75 ③
76 ② 77 4916 78 2022 79 ① 80 $\frac{6}{11}$

81 ①, ④ 82 $3+7\sqrt{3}$ 83 $-8\sqrt{7}$
84 ① 85 $5-10\sqrt{5}$ 86 -40 87 $\sqrt{2}$
88 5 89 10 90 ③ 91 10 92 ④
93 $2x+6$ 94 $500\pi\,\text{cm}^3$ 95 ab
96 $(x-2)(2x-3)$ 97 -210

단원 마무리 P. 74~77

1 ③ 2 ③ 3 ③ 4 ① 5 ②
6 ② 7 $x+3$ 8 ⑤ 9 ② 10 -2
11 ④ 12 ⑤ 13 ② 14 ① 15 ③
16 ④ 17 ④ 18 $(x-1)(x+6)$ 19 $x+5$
20 $3x+5$ 21 ③ 22 ③ 23 $-40\sqrt{6}$
24 13 25 64 26 3

5 이차방정식

유형 1~4 P. 80~81

1 ④ 2 ④ 3 ③ 4 ④ 5 ②
6 $x=2$ 7 $x=1$ 또는 $x=4$ 8 ④ 9 24
10 1 11 5 12 ⑤ 13 -5 14 ④

유형 5~15 P. 82~88

15 ⑤ 16 ③ 17 ①, ⑤
18 (1) $x=-1$ 또는 $x=10$ (2) $x=-2$ 또는 $x=\frac{1}{3}$
19 $x=-2$ 또는 $x=7$ 20 ⑤
21 $x=-4$ 또는 $x=-1$ 22 -5 23 ②
24 ② 25 ③ 26 $x=4$ 27 ③ 28 ②
29 4 30 ③ 31 -1 32 ① 33 ②
34 (1) -1 (2) $\frac{4}{9}$ 35 ①, ④ 36 10 37 ②
38 $x=3$ 39 ③ 40 $x=5$ 41 ④ 42 ③
43 11 44 3
45 $A=5$, $B=-\frac{3}{5}$, $C=\frac{9}{10}$, $D=21$, $E=-9$
46 9 47 $x=2\pm\frac{\sqrt{14}}{2}$ 48 -4
49 (가) $x^2+\frac{b}{a}x+\frac{c}{a}=0$ (나) $x^2+\frac{b}{a}x=-\frac{c}{a}$
(다) $x^2+\frac{b}{a}x+\left(\frac{b}{2a}\right)^2=-\frac{c}{a}+\left(\frac{b}{2a}\right)^2$
(라) $\left(x+\frac{b}{2a}\right)^2$ (마) $\frac{-b\pm\sqrt{b^2-4ac}}{2a}$
50 (1) $x=\frac{-1\pm\sqrt{21}}{2}$ (2) $x=\frac{1\pm\sqrt{2}}{3}$ 51 ①
52 ② 53 ④ 54 5개 55 ①, ②
56 (1) $x=3\pm\sqrt{13}$ (2) $x=-\frac{1}{2}$ 또는 $x=\frac{1}{5}$
(3) $x=\frac{6\pm\sqrt{30}}{3}$
57 7 58 3 59 -10 60 $x=-2$ 또는 $x=8$
61 ③ 62 ①

유형 16~29 P. 89~97

63 ⑤ 64 2개 65 2 66 ④ 67 10
68 ⑤ 69 -2, 6 70 ① 71 ④
72 $x=-1$ 또는 $x=\frac{5}{3}$ 73 $-3x^2+9x+30=0$
74 ④ 75 6 76 -2 77 -12 78 ②
79 $2x^2-3x-5=0$ 80 ② 81 $x=-3$ 또는 $x=2$
82 $x=1$ 또는 $x=3$ 83 6 84 ③ 85 14
86 (1) (n^2+2n)개 (2) 9단계 87 5 88 8, 11
89 67 90 5, 6 91 32 92 9 93 25명
94 11살 95 5월 8일 96 15명 97 ①
98 8초 99 ② 100 7 cm 101 5 cm 102 12 m
103 6 m 104 ⑤ 105 10초 후
106 $(-10+5\sqrt{6})$ cm 107 $(5-\sqrt{7})$ cm
108 $(-5+5\sqrt{5})$ cm 109 ① 110 6 cm 111 $-1+\sqrt{5}$
112 4 m 113 4 114 ③ 115 ⑤ 116 4
117 달, 10.5초

단원 마무리 P. 98~101

1 ㄱ, ㅁ 2 ④ 3 ② 4 2 5 ④
6 $x=\frac{3}{2}$ 또는 $x=2$ 7 ②, ⑤ 8 -1, 5 9 $x=2$
10 1 11 ① 12 6 13 ⑤ 14 $k\leq\frac{4}{3}$
15 ② 16 22 17 6 18 ④
19 $a=-2$, $b=5$ 20 $x=-1\pm\sqrt{6}$ 21 ①
22 ② 23 $x=-5$ 또는 $x=-1$
24 $x^2-4x+3=0$ 25 ② 26 7 cm 27 10 m
28 7개 29 30 30 250보

6 이차함수와 그 그래프

유형 1~3 P. 104~105

1 ③ 2 ㄷ, ㅂ 3 ① 4 ⑤ 5 ⑤
6 ②, ③ 7 6 8 ④ 9 6 10 ②

유형 4~9 P. 105~108

11 ① 12 ③ 13 $-2<a<0$ 14 ③, ④
15 ③ 16 2쌍 17 9 18 ⑤ 19 ②, ④
20 ③ 21 ③ 22 ③ 23 ① 24 1
25 ⑤ 26 ② 27 ③ 28 16 29 ①
30 18 31 $\frac{3}{4}$

유형 10~14 P. 109~113

32 ① 33 ④ 34 ④ 35 1 36 -5
37 -1 38 ⑤, ⑥ 39 -1 40 ② 41 ②
42 ⑤ 43 5 44 ①, ④, ⑦
45 $a=-\frac{1}{2}$, $p=4$ 46 -2 47 ③ 48 ①
49 ⑤ 50 ④ 51 ① 52 ① 53 ⑤
54 6 55 ③, ⑥ 56 ③ 57 $\frac{1}{2}$
58 $x=1$, $(1, -2)$ 59 ① 60 36 61 ②
62 ④ 63 ③ 64 ⑤ 65 ② 66 ㄱ, ㄷ

유형 15~23 P. 114~120

67 ⑤ 68 ④ 69 6 70 ⑤ 71 ③
72 ㄱ, ㄹ 73 ② 74 -2 75 ⑤ 76 -12
77 3 78 ① 79 ② 80 $a \geq \frac{5}{9}$ 81 ③
82 $x>-2$ 83 $(2, -9)$ 84 4
85 ⑤ 86 ② 87 ③ 88 ① 89 1
90 ③ 91 ③ 92 0 93 ①, ②, ⑤, ⑥
94 ② 95 ① 96 ⑤ 97 ① 98 ②
99 ②
100 (1) A(1, 9) (2) B(−2, 0), C(4, 0) (3) 27
101 10 102 4 103 3 104 ②

유형 24~27 P. 120~122

105 ③ 106 ① 107 ⑤ 108 8 109 4
110 -1 111 10 112 $(1, 7)$ 113 ③
114 ⑤ 115 ⑤ 116 $(2, -1)$ 117 ④
118 16 m

단원 마무리 P. 123~126

1 ③ 2 ㉢ 3 ① 4 ④ 5 -4
6 $(0, -5)$ 7 $x>2$ 8 ③ 9 ④
10 ② 11 2 12 ①, ④ 13 ② 14 -10
15 1 16 ④ 17 7 18 1 19 $(2, -9)$
20 14 21 ㄱ, ㄴ, ㅁ 22 $\frac{3}{2}$ 23 ②
24 1 25 $\frac{5}{4}$ 26 $(1, 5)$ 27 36

유형 1~14 P. 6~13

1 답 ⑤
x는 5의 제곱근이므로 $x^2=5$ 또는 $x=\pm\sqrt{5}$이다.

2 답 ④
① 0의 제곱근은 0이다.
② 64의 제곱근은 8, -8이다.
③ 0.01의 제곱근은 0.1, -0.1이다.
④ 음수의 제곱근은 없다.
⑤ $\frac{1}{31}$의 제곱근은 $\pm\sqrt{\frac{1}{31}}$이다.
따라서 제곱근이 없는 수는 ④이다.

3 답 ④
a는 13의 제곱근이므로 $a^2=13$
b는 49의 제곱근이므로 $b^2=49$
$\therefore a^2+b^2=13+49=62$

4 답 ⑤
① 6의 제곱근 ⇨ $\pm\sqrt{6}$
② 0.04의 제곱근 ⇨ ±0.2
③ $(-3)^2=9$의 제곱근 ⇨ ±3
④ $\sqrt{25}=5$의 제곱근 ⇨ $\pm\sqrt{5}$
⑤ $\sqrt{\frac{16}{81}}=\frac{4}{9}$의 제곱근 ⇨ $\pm\frac{2}{3}$
따라서 옳은 것은 ⑤이다.

5 답 (1) -25 (2) -5
(1) $(-10)^2=100$의 양의 제곱근 $a=10$
$\frac{25}{4}$의 음의 제곱근 $b=-\frac{5}{2}$
$\therefore ab=10\times\left(-\frac{5}{2}\right)=-25$
(2) $\sqrt{16}=4$의 양의 제곱근 $m=2$
$5.\dot{4}=\frac{54-5}{9}=\frac{49}{9}$의 음의 제곱근 $n=-\frac{7}{3}$
$\therefore m+3n=2+3\times\left(-\frac{7}{3}\right)=-5$

6 답 ②
81의 제곱근은 ±9이고,
$a>b$이므로 $a=9$, $b=-9$
$\therefore \sqrt{a-3b}=\sqrt{9-3\times(-9)}=\sqrt{36}=6$
따라서 6의 제곱근은 $\pm\sqrt{6}$이다.

7 답 ③
새로 만든 땅의 넓이는 $2^2+3^2=13(\text{m}^2)$
새로 만든 땅의 한 변의 길이를 x m라고 하면 $x^2=13$
이때 $x>0$이므로 $x=\sqrt{13}$
따라서 새로 만든 땅의 한 변의 길이는 $\sqrt{13}$ m이다.

8 답 $\sqrt{74}$
$x^2=7^2+5^2=74$
이때 $x>0$이므로 $x=\sqrt{74}$

9 답 ④
$\sqrt{\frac{49}{36}}=\frac{7}{6}$, $\sqrt{0.\dot{4}}=\sqrt{\frac{4}{9}}=\frac{2}{3}$
$\sqrt{0.1}=\sqrt{\frac{1}{10}}$에서 $\frac{1}{10}$은 제곱인 수가 아니다.
따라서 근호를 사용하지 않고 나타낼 수 없는 수는
$\sqrt{12}$, $\sqrt{0.1}$, $\sqrt{\frac{9}{250}}$, $\sqrt{200}$의 4개이다.

10 답 ③
① $0.001=\frac{1}{1000}=\frac{1}{10^3}$은 제곱인 수가 아니다.
② $0.0\dot{4}=\frac{4}{90}=\frac{2}{45}$는 제곱인 수가 아니다.
③ $\pm\sqrt{\frac{25}{144}}=\pm\frac{5}{12}$
따라서 근호를 사용하지 않고 제곱근을 나타낼 수 있는 것은 ③이다.

11 답 ②, ③
① 0의 제곱근은 0의 1개이다.
④ 제곱근 64는 $\sqrt{64}=8$이다.
⑤ -4는 음수이므로 제곱근이 없다.
따라서 옳은 것은 ②, ③이다.

12 답 ③
ㄴ. $\sqrt{(-4)^2}=4$의 제곱근은 ±2이므로
두 제곱근의 합은 $2+(-2)=0$
ㄷ. -5는 음수이므로 제곱근이 없다.
ㄹ. 0.09의 제곱근은 ±0.3이다.
따라서 옳지 않은 것은 ㄷ, ㄹ이다.

13 답 ⑤
①, ②, ③, ④ ±3 ⑤ 3
따라서 그 값이 나머지 넷과 다른 하나는 ⑤이다.

14 답 ④
①, ②, ③, ⑤ 2 ④ -2
따라서 그 값이 나머지 넷과 다른 하나는 ④이다.

15 답 ④

④ $\sqrt{\left(-\frac{5}{16}\right)^2}=\frac{5}{16}$

16 답 $\sqrt{3^2}$

$\sqrt{3^2}=3$, $-\sqrt{5^2}=-5$, $-(\sqrt{7})^2=-7$, $-(-\sqrt{10})^2=-10$, $\sqrt{(-13)^2}=13$이므로 작은 것부터 차례로 나열하면

$-(-\sqrt{10})^2$, $-(\sqrt{7})^2$, $-\sqrt{5^2}$, $\sqrt{3^2}$, $\sqrt{(-13)^2}$

따라서 크기가 작은 것부터 차례로 나열할 때, 네 번째에 오는 수는 $\sqrt{3^2}$이다.

17 답 8

$(-\sqrt{9})^2=9$의 양의 제곱근 $a=3$

$\sqrt{(-25)^2}=25$의 음의 제곱근 $b=-5$

$\therefore a-b=3-(-5)=8$

18 답 ⑤

① $-(\sqrt{3})^2+\sqrt{(-4)^2}=-3+4=1$

② $(-\sqrt{5})^2-(-\sqrt{2^2})=5-(-2)=7$

③ $\sqrt{16}\times\sqrt{\left(-\frac{1}{2}\right)^2}=4\times\frac{1}{2}=2$

④ $\sqrt{(-9)^2}\div\sqrt{\frac{9}{4}}=9\div\frac{3}{2}=9\times\frac{2}{3}=6$

⑤ $-(-\sqrt{10})^2\times\sqrt{0.36}=-10\times0.6=-6$

따라서 계산 결과가 옳지 않은 것은 ⑤이다.

19 답 $-\frac{3}{2}$

$$(-\sqrt{8})^2-\sqrt{(-6)^2}-\sqrt{\left(\frac{1}{2}\right)^2}-\sqrt{(-3)^2}=8-6-\frac{1}{2}-3$$
$$=-\frac{3}{2}$$

20 답 ⑤

$$\sqrt{(-2)^4}\times\sqrt{\left(-\frac{3}{2}\right)^2}\div\left(-\sqrt{\frac{3}{4}}\right)^2=\sqrt{16}\times\frac{3}{2}\div\frac{3}{4}$$
$$=4\times\frac{3}{2}\times\frac{4}{3}=8$$

21 답 19

$A=12+5-9=8$

$B=4+11-7\times\frac{4}{7}=4+11-4=11$

$\therefore A+B=8+11=19$

22 답 ⑤

⑤ $-4a<0$이므로

$-\sqrt{(-4a)^2}=-\{-(-4a)\}=-4a$

23 답 ⑤

$a<0$에서 $-a>0$, $5a<0$, $2a<0$이므로

$$\sqrt{(-a)^2}-\sqrt{(5a)^2}+\sqrt{4a^2}=-a-(-5a)+(-2a)$$
$$=2a$$

24 답 $4a+2b$

$ab<0$에서 a, b는 서로 다른 부호이고

$a-b>0$에서 $a>b$이므로 $a>0$, $b<0$이다.

$$\therefore \sqrt{16a^2}-\sqrt{(-3b)^2}+\sqrt{b^2}=\sqrt{(4a)^2}-\sqrt{(-3b)^2}+\sqrt{b^2}$$
$$=4a-(-3b)+(-b)$$
$$=4a+2b$$

25 답 ③

$\sqrt{a^2}=a$, $\sqrt{(-b)^2}=-b$에서 $a>0$, $b<0$이므로

$-a<0$, $3b<0$

$$\therefore (-\sqrt{a})^2-\sqrt{(-a)^2}+\sqrt{9b^2}$$
$$=(-\sqrt{a})^2-\sqrt{(-a)^2}+\sqrt{(3b)^2}$$
$$=a-\{-(-a)\}+(-3b)$$
$$=a-a-3b=-3b$$

26 답 (1) 1 (2) 2 (3) $2a$

(1) $0<a<1$일 때, $a-1<0$, $-a<0$이므로

$$\sqrt{(a-1)^2}+\sqrt{(-a)^2}=-(a-1)+\{-(-a)\}$$
$$=-a+1+a=1$$

(2) $1<x<3$일 때, $x-1>0$, $x-3<0$이므로

$$\sqrt{(x-1)^2}+\sqrt{(x-3)^2}=x-1+\{-(x-3)\}$$
$$=x-1-x+3=2$$

(3) $-2<a<2$일 때, $a+2>0$, $a-2<0$이므로

$$\sqrt{(a+2)^2}-\sqrt{(a-2)^2}=a+2-\{-(a-2)\}$$
$$=a+2+a-2=2a$$

27 답 ①

$1<a<2$일 때, $2-a>0$이므로

$4-2a=2(2-a)>0$이고, $1-a<0$

$$\therefore \sqrt{(4-2a)^2}-\sqrt{(1-a)^2}=4-2a-\{-(1-a)\}$$
$$=4-2a+1-a=-3a+5$$

28 답 b

$ab<0$에서 a, b는 서로 다른 부호이고

$a<b$에서 $a<0$, $b>0$이므로 $-2a>0$, $b-a>0$이다.

$\therefore \sqrt{a^2}-\sqrt{(-2a)^2}+\sqrt{(b-a)^2}=-a-(-2a)+b-a=b$

29 답 ③

$a>b>c>0$에서 $a-b>0$, $b-a<0$, $c-a<0$이므로

$$\sqrt{(a-b)^2}-\sqrt{(b-a)^2}-\sqrt{(c-a)^2}$$
$$=a-b-\{-(b-a)\}-\{-(c-a)\}$$
$$=a-b+b-a+c-a=c-a$$

30 답 ②

$\sqrt{108x}=\sqrt{2^2\times3^3\times x}$가 자연수가 되려면 $x=3\times$(자연수)^2 꼴이어야 하므로 구하는 가장 작은 자연수 x의 값은 3이다.

31 답 ②

$\sqrt{28x}=\sqrt{2^2\times7\times x}$가 자연수가 되려면 $x=7\times$(자연수)^2 꼴이어야 한다.

따라서 두 자리의 자연수 x는 $7\times2^2=28$, $7\times3^2=63$의 2개이다.

32 답 ④

$\sqrt{48a}=\sqrt{2^4\times3\times a}$가 자연수가 되려면 $a=3\times$(자연수)^2 꼴이어야 한다.

이때 $30\le a\le100$이므로 자연수 a는 $3\times4^2=48$, $3\times5^2=75$이다.

따라서 구하는 자연수 a의 값의 합은

$48+75=123$

33 답 15

$\sqrt{\frac{60}{a}}=\sqrt{\frac{2^2\times3\times5}{a}}$가 자연수가 되려면 a는 60의 약수이면서 $a=3\times5\times$(자연수)^2 꼴이어야 한다.

따라서 구하는 가장 작은 자연수 a의 값은 $3\times5=15$이다.

34 답 100

$\sqrt{\frac{90}{x}}=\sqrt{\frac{2\times3^2\times5}{x}}$가 자연수가 되려면 a는 90의 약수이면서 $x=2\times5\times$(자연수)^2 꼴이어야 한다.

즉, 자연수 x는

$2\times5=10$, $2\times5\times3^2=90$ … (i)

따라서 모든 자연수 x의 값의 합은

$10+90=100$ … (ii)

채점 기준	비율
(i) x의 값 구하기	60 %
(ii) 모든 자연수 x의 값의 합 구하기	40 %

35 답 21

$\sqrt{\frac{540}{x}}=\sqrt{\frac{2^2\times3^3\times5}{x}}$가 자연수가 되려면 x는 540의 약수이면서 $x=3\times5\times$(자연수)^2 꼴이어야 하므로 가장 작은 자연수 x의 값은

$3\times5=15$

$\sqrt{150y}=\sqrt{2\times3\times5^2\times y}$가 자연수가 되려면

$y=2\times3\times$(자연수)^2 꼴이어야 하므로 가장 작은 자연수 y의 값은

$2\times3=6$

$\therefore x+y=15+6=21$

36 답 ②

$\sqrt{40+x}$가 자연수가 되려면 $40+x$는 40보다 큰 (자연수)^2 꼴인 수이어야 하므로

$40+x=49, 64, 81, \cdots$ $\therefore x=9, 24, 41, \cdots$

따라서 구하는 가장 작은 자연수 x의 값은 9이다.

37 답 ②

$\sqrt{27+x}$가 자연수가 되려면 $27+x$는 27보다 큰 (자연수)^2 꼴인 수이어야 하므로

$27+x=36, 49, 64, 81, 100, 121, \cdots$

$\therefore x=9, 22, 37, 54, 73, 94, \cdots$

따라서 x의 값이 아닌 것은 ②이다.

38 답 10

$\sqrt{20+a}$가 자연수가 되려면 $20+a$는 20보다 큰 (자연수)^2 꼴인 수이어야 하므로

$20+a=25, 36, 49, \cdots$ $\therefore a=5, 16, 29, \cdots$

따라서 가장 작은 자연수 $a=5$

이때 $b=\sqrt{20+5}=\sqrt{25}=5$

$\therefore a+b=5+5=10$

39 답 ③

$\sqrt{17-n}$이 자연수가 되려면 $17-n$은 17보다 작은 (자연수)^2 꼴인 수이어야 하므로

$17-n=1, 4, 9, 16$ $\therefore n=16, 13, 8, 1$

따라서 n의 값이 아닌 것은 ③이다.

40 답 ④

$\sqrt{14-n}$이 정수가 되려면 $14-n$은 0 또는 14보다 작은 (자연수)^2 꼴인 수이어야 하므로

$14-n=0, 1, 4, 9$ $\therefore n=14, 13, 10, 5$

따라서 자연수 n의 개수는 4개이다.

41 답 ③

$\sqrt{64-3n}$이 자연수가 되려면 $64-3n$은 64보다 작은 (자연수)^2 꼴인 수이어야 하므로

$64-3n=1, 4, 9, 16, 25, 36, 49$

$3n=63, 60, 55, 48, 39, 28, 15$

$\therefore n=21, 20, \frac{55}{3}, 16, 13, \frac{28}{3}, 5$

이때 n이 자연수이므로 $n=5, 13, 16, 20, 21$

따라서 $A=21$, $B=5$이므로

$A+B=21+5=26$

42 답 ③

$\sqrt{\frac{72}{5}x}=\sqrt{\frac{2^3\times3^2\times x}{5}}$가 자연수가 되려면

$x=2\times5\times$(자연수)^2 꼴이어야 한다.

따라서 구하는 가장 작은 자연수 x의 값은

$2\times5=10$

43 답 ②

$\sqrt{\frac{n}{27}}=\sqrt{\frac{n}{3^3}}$이 유리수가 되려면 $n=3\times$(유리수)^2 꼴이어야 한다.

이때 n은 자연수이므로

$n=3,\ 3\times2^2,\ 3\times3^2,\ 3\times4^2,\ \cdots$

따라서 $a=3,\ b=12,\ c=27$이므로

$a+b+c=3+12+27=42$

44 답 6개

$\sqrt{\frac{61-n}{2}}$이 정수가 되려면 $\frac{61-n}{2}$은 0 또는 $\frac{61}{2}$보다 작은 (자연수)^2 꼴인 수이어야 하므로

$\frac{61-n}{2}=0,\ 1,\ 4,\ 9,\ 16,\ 25$

$61-n=0,\ 2,\ 8,\ 18,\ 32,\ 50$

$\therefore\ n=61,\ 59,\ 53,\ 43,\ 29,\ 11$

따라서 자연수 n의 개수는 6개이다.

45 답 21

$\sqrt{71-a}$가 가장 큰 자연수, $\sqrt{b+13}$이 가장 작은 자연수이어야 한다.

$\sqrt{71-a}$가 가장 큰 자연수가 될 때,

$71-a=64\quad\therefore\ a=7$

$\sqrt{b+13}$이 가장 작은 자연수가 될 때,

$b+13=16\quad\therefore\ b=3$

$\therefore\ ab=7\times3=21$

46 답 ②, ⑧

② $\sqrt{8}>\sqrt{7}$이므로 $-\sqrt{8}<-\sqrt{7}$

③ $4=\sqrt{16}$이고 $\sqrt{16}>\sqrt{12}$이므로 $4>\sqrt{12}$

④ $2=\sqrt{4}$이고 $\sqrt{5}>\sqrt{4}$이므로 $\sqrt{5}>2\quad\therefore\ -\sqrt{5}<-2$

⑤ $\sqrt{2}<\sqrt{3}$이므로 $\frac{\sqrt{2}}{6}<\frac{\sqrt{3}}{6}$

⑥ $\frac{1}{2}=\sqrt{\frac{1}{4}}$이고 $\sqrt{\frac{1}{3}}>\sqrt{\frac{1}{4}}$이므로 $\sqrt{\frac{1}{3}}>\frac{1}{2}$

⑦ $\frac{1}{3}=\sqrt{\frac{1}{9}}$이고 $\sqrt{\frac{1}{9}}>\sqrt{\frac{1}{10}}$이므로 $\frac{1}{3}>\sqrt{\frac{1}{10}}$

$\therefore\ -\frac{1}{3}<-\sqrt{\frac{1}{10}}$

⑧ $0.5=\sqrt{0.25}$이고 $\sqrt{0.5}>\sqrt{0.25}$이므로 $\sqrt{0.5}>0.5$

따라서 옳지 않은 것은 ②, ⑧이다.

47 답 $\sqrt{0.25}$

$0.2=\sqrt{0.04},\ \sqrt{0.2},\ \sqrt{\frac{1}{7}},\ \sqrt{0.25},\ 0.7=\sqrt{0.49}$이므로

$0.2<\sqrt{\frac{1}{7}}<\sqrt{0.2}<\sqrt{0.25}<0.7$

따라서 크기가 작은 것부터 차례로 나열할 때, 네 번째에 오는 수는 $\sqrt{0.25}$이다.

48 답 ④

① $0<a<1$ ② $0<a^2<a$ ③ $a<\sqrt{a}<1$

④ $\frac{1}{a}>1$ ⑤ $\sqrt{\frac{1}{a}}>1$

이때 $\frac{1}{a}=\sqrt{\frac{1}{a^2}}$이고 $\sqrt{\frac{1}{a^2}}>\sqrt{\frac{1}{a}}$이므로 $\frac{1}{a}>\sqrt{\frac{1}{a}}$

따라서 그 값이 가장 큰 것은 ④이다.

다른 풀이

$a=\frac{1}{4}$이라고 하면

① $a=\frac{1}{4}$ ② $a^2=\left(\frac{1}{4}\right)^2=\frac{1}{16}$ ③ $\sqrt{a}=\sqrt{\frac{1}{4}}=\frac{1}{2}$

④ $\frac{1}{a}=4$ ⑤ $\sqrt{\frac{1}{a}}=\sqrt{4}=2$

따라서 그 값이 가장 큰 것은 ④이다.

49 답 ②

$3\le\sqrt{2x}<4$에서 $\sqrt{9}\le\sqrt{2x}<\sqrt{16}$이므로

$9\le2x<16\quad\therefore\ \frac{9}{2}\le x<8$

따라서 자연수 x는 5, 6, 7의 3개이다.

50 답 ⑤

$-5<-\sqrt{2x-1}<-4$에서 $4<\sqrt{2x-1}<5$이므로

$\sqrt{16}<\sqrt{2x-1}<\sqrt{25},\ 16<2x-1<25$

$17<2x<26\quad\therefore\ \frac{17}{2}<x<13$

따라서 자연수 x의 값은 9, 10, 11, 12이므로 자연수 x의 값이 아닌 것은 ⑤ 13이다.

51 답 45

$4<\sqrt{x+4}\le6$에서 $\sqrt{16}<\sqrt{x+4}\le\sqrt{36}$이므로

$16<x+4\le36\quad\therefore\ 12<x\le32$

따라서 $M=32,\ m=13$이므로

$M+m=32+13=45$

52 답 ②

$\sqrt{6}<x<\sqrt{31}$에서 $\sqrt{6}<\sqrt{x^2}<\sqrt{31}$이므로

$6<x^2<31$

이때 x는 자연수이므로 $x^2=9,\ 16,\ 25$

따라서 자연수 x의 값은 3, 4, 5이므로 구하는 합은

$3+4+5=12$

53 답 ④

$\sqrt{9}=3,\ \sqrt{16}=4,\ \sqrt{25}=5$이므로

$N(10)=N(11)=N(12)=N(13)$
$=N(14)=N(15)=3$

$N(16)=N(17)=N(18)=N(19)=N(20)=4$

$\therefore\ N(10)+N(11)+\cdots+N(20)=3\times6+4\times5=38$

54 답 2

$\sqrt{196}<\sqrt{224}<\sqrt{225}$, 즉 $14<\sqrt{224}<15$이므로

$f(224)=(\sqrt{224}$ 이하의 자연수의 개수$)=14$ ··· (i)

$\sqrt{144}<\sqrt{168}<\sqrt{169}$, 즉 $12<\sqrt{168}<13$이므로

$f(168)=(\sqrt{168}$ 이하의 자연수의 개수$)=12$ ··· (ii)

$\therefore f(224)-f(168)=14-12=2$ ··· (iii)

채점 기준	비율
(i) $f(224)$의 값 구하기	40 %
(ii) $f(168)$의 값 구하기	40 %
(iii) $f(224)-f(168)$의 값 구하기	20 %

55 답 26

$f(1)=f(2)=f(3)=1$

$f(4)=f(5)=f(6)=f(7)=f(8)=2$

$f(9)=f(10)=\cdots=f(15)=3$

$f(16)=f(17)=\cdots=f(24)=4$

$f(25)=f(26)=5$

따라서

$f(1)+f(2)+f(3)+\cdots+f(26)$

$=1\times3+2\times5+3\times7+4\times9+5\times2=80$

이므로 구하는 x의 값은 26이다.

유형 15~25 P. 14~20

56 답 ⑤

③ $0.\dot{4}5\dot{5}=\frac{455}{999}$

④ $\sqrt{49}=7$

따라서 무리수인 것은 ⑤이다.

57 답 ③

소수로 나타내었을 때, 순환소수가 아닌 무한소수인 것은 무리수이다.

• $\sqrt{9}-\sqrt{4}=3-2=1$, $\sqrt{(-5)^2}=5$,

$\sqrt{0.\dot{4}}=\sqrt{\frac{4}{9}}=\frac{2}{3}$, $-\sqrt{100}=-10$ ⇨ 유리수

• $\sqrt{0.9}$, π, $-\frac{\sqrt{3}}{3}$, $\sqrt{2}+1$ ⇨ 무리수

따라서 무리수인 것의 개수는 4개이다.

58 답 ⑤

$\sqrt{a}$가 유리수이려면 a가 어떤 유리수의 제곱이어야 한다.

20 이하의 자연수 중에서 어떤 유리수의 제곱인 수는

1^2, 2^2, 3^2, 4^2의 4개이다.

따라서 $\sqrt{a}$가 무리수가 되도록 하는 자연수 a의 개수는

$20-4=16$(개)

59 답 ⑤

ㄱ, ㄴ. 무한소수 중 순환소수는 유리수이고, 순환소수가 아닌 무한소수는 무리수이다.

따라서 옳은 것은 ㄴ, ㄷ, ㄹ이다.

60 답 ④, ⑤

① 유리수이면서 동시에 무리수인 수는 없다.

② 무리수는 순환소수가 아닌 무한소수로 나타낼 수 있다.

③ 근호를 사용하여 나타낸 수가 모두 무리수인 것은 아니다.

예 $\sqrt{4}=2$ ⇨ 유리수

④ 무한소수 중 순환소수는 유리수이다.

⑤ 넓이가 9인 정사각형의 한 변의 길이는 $\sqrt{9}=3$이므로 무리수가 아니다.

⑥ 0은 $0=\frac{0}{1}=\frac{0}{2}=\frac{0}{3}=\cdots$으로 나타낼 수 있으므로 유리수이다.

따라서 옳은 것은 ④, ⑤이다.

61 답 ③, ④

① 제곱근 5는 $\sqrt{5}$이다.

② $3=\sqrt{9}$이므로 $\sqrt{5}<\sqrt{9}$에서 $\sqrt{5}<3$ $\therefore -\sqrt{5}>-3$

즉, $-\sqrt{5}$는 -3보다 큰 수이다.

③ 5는 어떤 유리수의 제곱인 수가 아니므로 $-\sqrt{5}$는 근호를 사용하지 않고 나타낼 수 없다.

⑤ $-\sqrt{5}$는 유리수가 아니므로 $\frac{(\text{정수})}{(0\text{이 아닌 정수})}$ 꼴로 나타낼 수 없다.

따라서 옳은 것은 ③, ④이다.

62 답 ②

□ 안에 해당하는 수는 무리수이다.

① $\sqrt{\frac{9}{64}}=\frac{3}{8}$ ⇨ 유리수

② $\sqrt{0.02}$ ⇨ 무리수

③ $5-\sqrt{4}=5-2=3$ ⇨ 유리수

④ $\sqrt{0.16}=0.4$ ⇨ 유리수

⑤ $-\frac{2}{\sqrt{25}}=-\frac{2}{5}$ ⇨ 유리수

따라서 □ 안에 해당하는 수는 ②이다.

63 답 ③

유리수와 무리수를 통틀어 실수라 하고, 유리수이면서 동시에 무리수인 수는 없으므로 실수의 개수에서 유리수의 개수를 뺀 것은 무리수의 개수와 같다.

$1.333\cdots=1.\dot{3}=\frac{13-1}{9}=\frac{4}{3}$, $-\sqrt{36}=-6$, $\sqrt{\frac{16}{81}}=\frac{4}{9}$

따라서 주어진 수 중 무리수는 $-\sqrt{4.9}$, $\sqrt{0.001}$, $\sqrt{15}$의 3개이므로 $a-b=3$이다.

다른 풀이

실수는 $1.333\cdots$, $\frac{3}{4}$, $-\sqrt{36}$, $-\sqrt{4.9}$, $\sqrt{0.001}$, $\sqrt{\frac{16}{81}}$, 0, $\sqrt{15}$의 8개이므로 $a=8$

유리수는 $1.333\cdots=1.\dot{3}=\frac{13-1}{9}=\frac{4}{3}$, $\frac{3}{4}$, $-\sqrt{36}=-6$, $\sqrt{\frac{16}{81}}=\frac{4}{9}$, 0의 5개이므로 $b=5$

$\therefore a-b=8-5=3$

64 답 $\sqrt{2}$

피타고라스 정리에 의해

$\overline{AC}=\sqrt{1^2+1^2}=\sqrt{2}$

$\overline{AP}=\overline{AC}=\sqrt{2}$이므로 점 P에 대응하는 수는 $\sqrt{2}$이다.

65 답 ③

다섯 개의 점 A～E의 좌표는 각각 다음과 같다.

$A(-\sqrt{2})$, $B(-2+\sqrt{2})$, $C(1-\sqrt{2})$, $D(\sqrt{2})$, $E(1+\sqrt{2})$

66 답 $A(1-\sqrt{2})$, $B(1+\sqrt{2})$, $C(5-\sqrt{2})$, $D(4+\sqrt{2})$

왼쪽 정사각형의 한 변의 길이는 $\sqrt{1^2+1^2}=\sqrt{2}$이므로 두 점 A, B의 좌표는 각각 $A(1-\sqrt{2})$, $B(1+\sqrt{2})$이다.

오른쪽 정사각형의 대각선의 길이는 $\sqrt{1^2+1^2}=\sqrt{2}$이므로 두 점 C, D의 좌표는 각각 $C(5-\sqrt{2})$, $D(4+\sqrt{2})$이다.

67 답 ②, ⑤

① $\overline{AC}=\overline{BD}=\sqrt{1^2+1^2}=\sqrt{2}$

② $\overline{PC}=\overline{AC}=\sqrt{2}$이므로 $P(-1-\sqrt{2})$

③, ④ $\overline{BQ}=\overline{BD}=\sqrt{2}$이므로 $Q(-2+\sqrt{2})$

⑤ $\overline{PB}=\overline{PC}-\overline{BC}=\sqrt{2}-1$

따라서 옳지 않은 것은 ②, ⑤이다.

68 답 $2-\sqrt{5}$, $2+\sqrt{5}$

$\overline{AP}=\overline{AB}=\sqrt{2^2+1^2}=\sqrt{5}$이므로 점 P에 대응하는 수는 $2-\sqrt{5}$

$\overline{AQ}=\overline{AD}=\sqrt{1^2+2^2}=\sqrt{5}$이므로 점 Q에 대응하는 수는 $2+\sqrt{5}$

69 답 $-6+\sqrt{7}$

정사각형 ABCD의 넓이가 7이므로 한 변의 길이는 $\sqrt{7}$

따라서 $\overline{AP}=\overline{AB}=\sqrt{7}$이므로 점 A에 대응하는 수는 $-6+\sqrt{7}$

70 답 $-3+\sqrt{13}$

$\overline{AP}=\overline{AB}=\sqrt{2^2+3^2}=\sqrt{13}$이므로 점 A의 좌표는 $-3+\sqrt{13}$

71 답 14

$\overline{AQ}=\overline{AC}=\sqrt{1^2+3^2}=\sqrt{10}$, $\overline{AP}=\overline{AB}=\sqrt{3^2+1^2}=\sqrt{10}$

점 Q에 대응하는 수가 $4+\sqrt{10}$이므로 점 A에 대응하는 수는 4이다.

따라서 점 P에 대응하는 수는 $4-\sqrt{10}$이므로

$a=4$, $b=10$

$\therefore a+b=4+10=14$

72 답 $3+4\pi$

점 A와 점 P 사이의 거리는 원의 둘레의 길이와 같으므로

$2\pi\times2=4\pi$

따라서 점 P에 대응하는 수는

$3+4\pi$

73 답 ②

② 수직선은 유리수와 무리수, 즉 실수에 대응하는 점들로 완전히 메울 수 있다.

74 답 ㄱ, ㄴ, ㄷ

ㄱ. $1<\sqrt{2}<2<\sqrt{7}<3$이므로 $\sqrt{2}$와 $\sqrt{7}$ 사이의 정수는 2의 1개뿐이다.

ㄹ. 모든 무리수는 수직선 위에 나타낼 수 있다.

따라서 옳은 것은 ㄱ, ㄴ, ㄷ이다.

75 답 ②

- 선우: 1과 $\sqrt{2}$ 사이에는 무수히 많은 무리수가 있다.
- 혜나: 수직선은 유리수와 무리수, 즉 실수에 대응하는 점들로 완전히 메울 수 있다.

따라서 바르게 말한 학생은 지연, 창민이다.

76 답 4.351

$a=2.156$, $b=2.195$이므로

$a+b=2.156+2.195=4.351$

77 답 1040

$x=8.450$, $y=74.1$이므로

$1000x-100y=1000\times8.450-100\times74.1$

$=8450-7410=1040$

78 답 ④

① $(\sqrt{2}+3)-4=\sqrt{2}-1=\sqrt{2}-\sqrt{1}>0$ $\therefore \sqrt{2}+3>4$

② $(5-\sqrt{3})-3=2-\sqrt{3}=\sqrt{4}-\sqrt{3}>0$ $\therefore 5-\sqrt{3}>3$

③ $\sqrt{6}<\sqrt{7}$이므로 양변에 2를 더하면

$\sqrt{6}+2<\sqrt{7}+2$

④ $3>\sqrt{5}$이므로 양변에서 $\sqrt{2}$를 빼면

$3-\sqrt{2}>\sqrt{5}-\sqrt{2}$, 즉 $3-\sqrt{2}>-\sqrt{2}+\sqrt{5}$

⑤ $4>\sqrt{8}$이므로 양변에 $\sqrt{3}$을 더하면

$4+\sqrt{3}>\sqrt{8}+\sqrt{3}$, 즉 $4+\sqrt{3}>\sqrt{3}+\sqrt{8}$

따라서 옳지 않은 것은 ④이다.

79 답 ③

① $(\sqrt{7}-1)-2=\sqrt{7}-3=\sqrt{7}-\sqrt{9}<0$

$\therefore \sqrt{7}-1 \boxed{<} 2$

② $\sqrt{2}<\sqrt{3}$이므로 양변에 $\sqrt{5}$를 더하면

$\sqrt{5}+\sqrt{2} \boxed{<} \sqrt{5}+\sqrt{3}$

③ $4>3$이므로 양변에서 $\sqrt{8}$을 빼면

$4-\sqrt{8} \boxed{>} 3-\sqrt{8}$

④ $(\sqrt{10}-3)-1=\sqrt{10}-4=\sqrt{10}-\sqrt{16}<0$

$\therefore \sqrt{10}-3 \boxed{<} 1$

⑤ $\sqrt{\frac{1}{3}}>\sqrt{\frac{1}{4}}$에서 $-\sqrt{\frac{1}{3}}<-\sqrt{\frac{1}{4}}$이므로

양변에서 5를 빼면 $-\sqrt{\frac{1}{3}}-5 \boxed{<} -\sqrt{\frac{1}{4}}-5$

따라서 부등호의 방향이 나머지 넷과 다른 하나는 ③이다.

80 답 ②

ㄱ. $(\sqrt{3}+4)-6=\sqrt{3}-2=\sqrt{3}-\sqrt{4}<0$

$\therefore \sqrt{3}+4<6$

ㄴ. $\sqrt{2}<\sqrt{3}$이므로 양변에 2를 더하면

$2+\sqrt{2}<2+\sqrt{3}$

ㄷ. $\sqrt{9}<\sqrt{11}$이므로 $3<\sqrt{11}$

ㄹ. $\sqrt{\frac{1}{2}}>\sqrt{\frac{1}{9}}$이므로 $\sqrt{\frac{1}{2}}>\frac{1}{3}$

ㅁ. $3>\sqrt{8}$에서 $-3<-\sqrt{8}$이므로 양변에 $\sqrt{10}$을 더하면

$\sqrt{10}-3<\sqrt{10}-\sqrt{8}$

ㅂ. $\sqrt{\frac{1}{7}}<\sqrt{\frac{1}{6}}$에서 $-\sqrt{\frac{1}{7}}>-\sqrt{\frac{1}{6}}$이므로

양변에 3을 더하면 $3-\sqrt{\frac{1}{7}}>3-\sqrt{\frac{1}{6}}$

따라서 옳은 것은 ㄱ, ㄷ, ㅂ의 3개이다.

81 답 ①

$a-b=(3-\sqrt{2})-2=1-\sqrt{2}=\sqrt{1}-\sqrt{2}<0 \qquad \therefore a<b$

$b-c=2-\sqrt{10}=\sqrt{4}-\sqrt{10}<0 \qquad \therefore b<c$

$\therefore a<b<c$

82 답 $c<a<b$

$a=\sqrt{5}+2$, $b=\sqrt{5}+\sqrt{7}$에서

$2<\sqrt{7}$이므로 양변에 $\sqrt{5}$를 더하면 $\sqrt{5}+2<\sqrt{5}+\sqrt{7}$

$\therefore a<b$ ⋯ (i)

$a-c=(\sqrt{5}+2)-3=\sqrt{5}-1=\sqrt{5}-\sqrt{1}>0$

$\therefore a>c$ ⋯ (ii)

따라서 $c<a<b$이다. ⋯ (iii)

채점 기준	비율
(i) a, b의 대소 비교하기	40 %
(ii) a, c의 대소 비교하기	40 %
(iii) a, b, c의 대소 비교하기	20 %

83 답 $3+\sqrt{6}$

$-1-\sqrt{6}$은 음수이고 $\sqrt{3}+\sqrt{6}$, $3+\sqrt{6}$, 7은 양수이다.

$\sqrt{3}+\sqrt{6}$, $3+\sqrt{6}$에서 $\sqrt{3}<3$이므로

양변에 $\sqrt{6}$을 더하면 $\sqrt{3}+\sqrt{6}<3+\sqrt{6}$

$(3+\sqrt{6})-7=\sqrt{6}-4=\sqrt{6}-\sqrt{16}<0$이므로

$3+\sqrt{6}<7$

따라서 크기가 큰 것부터 차례로 나열하면

7, $3+\sqrt{6}$, $\sqrt{3}+\sqrt{6}$, $-1-\sqrt{6}$

이므로 두 번째에 오는 수는 $3+\sqrt{6}$이다.

84 답 ③

$\sqrt{49}<\sqrt{50}<\sqrt{64}$에서 $7<\sqrt{50}<8$

따라서 수직선에서 $\sqrt{50}$에 대응하는 점이 있는 구간은 ③이다.

85 답 ②

$\sqrt{4}<\sqrt{7}<\sqrt{9}$에서 $2<\sqrt{7}<3 \qquad \therefore -2<\sqrt{7}-4<-1$

따라서 $\sqrt{7}-4$에 대응하는 점은 점 B이다.

86 답 점 B, 점 A, 점 C

$\sqrt{4}<\sqrt{8}<\sqrt{9}$에서 $2<\sqrt{8}<3$ ⇨ 점 B

$\sqrt{1}<\sqrt{3}<\sqrt{4}$에서 $1<\sqrt{3}<2$이므로

$-2<-\sqrt{3}<-1 \qquad \therefore -1<1-\sqrt{3}<0$ ⇨ 점 A

$\sqrt{4}<\sqrt{6}<\sqrt{9}$에서 $2<\sqrt{6}<3$이므로

$3<\sqrt{6}+1<4$ ⇨ 점 C

따라서 $\sqrt{8}$, $1-\sqrt{3}$, $\sqrt{6}+1$에 대응하는 점은 차례로

점 B, 점 A, 점 C이다.

87 답 ④

$\sqrt{4}<\sqrt{5}<\sqrt{9}$에서 $2<\sqrt{5}<3$이고

$\sqrt{16}<\sqrt{18}<\sqrt{25}$에서 $4<\sqrt{18}<5$이다.

① $\pi=3.14\cdots$이므로 $\sqrt{5}<\pi<\sqrt{18}$

② $\sqrt{5}+0.1<3.1$이므로 $\sqrt{5}<\sqrt{5}+0.1<\sqrt{18}$

③ $\sqrt{5}<\sqrt{10}<\sqrt{18}$

④ $2<\sqrt{5}<3$에서 $-1<\sqrt{5}-3<0$이므로

$-\frac{1}{2}<\frac{\sqrt{5}-3}{2}<0 \qquad \therefore \frac{\sqrt{5}-3}{2}<\sqrt{5}$

⑤ $\frac{\sqrt{5}+\sqrt{18}}{2}$은 $\sqrt{5}$와 $\sqrt{18}$의 평균이므로

$\sqrt{5}<\frac{\sqrt{5}+\sqrt{18}}{2}<\sqrt{18}$

따라서 $\sqrt{5}$와 $\sqrt{18}$ 사이에 있는 수가 아닌 것은 ④이다.

88 답 6개

$\sqrt{4}<\sqrt{6}<\sqrt{9}$에서 $2<\sqrt{6}<3$이므로 $-3<-\sqrt{6}<-2$

$\therefore -2<1-\sqrt{6}<-1$

$\sqrt{4}<\sqrt{7}<\sqrt{9}$에서 $2<\sqrt{7}<3$이므로 $4<2+\sqrt{7}<5$

따라서 $1-\sqrt{6}$과 $2+\sqrt{7}$ 사이에 있는 정수는 -1, 0, 1, 2, 3, 4의 6개이다.

89 답 ②

$\sqrt{1}<\sqrt{3}<\sqrt{4}$에서 $1<\sqrt{3}<2$이고,

$\sqrt{9}<\sqrt{10}<\sqrt{16}$에서 $3<\sqrt{10}<4$이다.

① $\sqrt{3}+0.1<2.1$ $\quad\therefore \sqrt{3}<\sqrt{3}+0.1<\sqrt{10}$

② $-4<-\sqrt{10}<-3$에서 $0<4-\sqrt{10}<1$이므로

$4-\sqrt{10}<\sqrt{3}$

④ $\sqrt{3}$과 $\sqrt{10}$ 사이에 있는 정수는 2, 3의 2개이다.

따라서 옳지 않은 것은 ②이다.

90 답 ③

$1<\sqrt{3}<2$이므로

$\sqrt{3}$의 정수 부분 $a=1$,

소수 부분 $b=\sqrt{3}-1$

$\therefore 2a+b=2\times1+(\sqrt{3}-1)=1+\sqrt{3}$

91 답 (1) $\sqrt{2}-5$ (2) $6-\sqrt{3}$

(1) $1<\sqrt{2}<2$이므로 $4<3+\sqrt{2}<5$에서

$3+\sqrt{2}$의 정수 부분 $a=4$,

소수 부분 $b=(3+\sqrt{2})-4=\sqrt{2}-1$

$\therefore b-a=(\sqrt{2}-1)-4=\sqrt{2}-5$

(2) $1<\sqrt{3}<2$이므로 $-2<-\sqrt{3}<-1$, $2<4-\sqrt{3}<3$에서

$4-\sqrt{3}$의 정수 부분 $a=2$,

소수 부분 $b=(4-\sqrt{3})-2=2-\sqrt{3}$

$\therefore 2a+b=2\times2+(2-\sqrt{3})=6-\sqrt{3}$

92 답 $\sqrt{7}$

$2<\sqrt{7}<3$이므로

$-3<-\sqrt{7}<-2$, $2<5-\sqrt{7}<3$에서

$5-\sqrt{7}$의 정수 부분 $a=2$ ⋯ (i)

$7<5+\sqrt{7}<8$이므로

$5+\sqrt{7}$의 소수 부분 $b=(5+\sqrt{7})-7=\sqrt{7}-2$ ⋯ (ii)

$\therefore a+b=2+(\sqrt{7}-2)=\sqrt{7}$ ⋯ (iii)

채점 기준	비율
(i) a의 값 구하기	40 %
(ii) b의 값 구하기	40 %
(iii) $a+b$의 값 구하기	20 %

93 답 ②

$2<\sqrt{5}<3$이므로

$\sqrt{5}$의 소수 부분 $a=\sqrt{5}-2$ $\quad\therefore \sqrt{5}=a+2$

$-3<-\sqrt{5}<-2$에서 $2<5-\sqrt{5}<3$이므로

$5-\sqrt{5}$의 소수 부분은

$(5-\sqrt{5})-2=3-\sqrt{5}=3-(a+2)$

$=1-a$

94 답 ④

그래프가 오른쪽 아래로 향하므로 $a<0$

y절편이 양수이므로 $b>0$

즉, $3a<0$, $-5b<0$, $a-b<0$이므로

$\sqrt{(3a)^2}-\sqrt{(-5b)^2}+\sqrt{(a-b)^2}$

$=-(3a)-\{-(-5b)\}-(a-b)$

$=-3a-5b-a+b$

$=-4a-4b$

95 답 ②

$9<$ⓜ이므로 ⓜ에 적힌 수는 12이고

ⓜ과 마주 보는 면이 ⓒ이므로 ⓒ에 적힌 수는 $\sqrt{12}$이다.

단원 마무리 P. 21~23

1 ④	**2** 6	**3** ⑤	**4** ②	**5** ②
6 ③	**7** ④	**8** ㄱ, ㄴ, ㄹ		**9** ④
10 ④	**11** $\sqrt{3}-7$	**12** $\sqrt{6}$cm	**13** $a-b$	**14** 48
15 30	**16** 9	**17** ①	**18** ⑤	**19** 3개
20 ②	**21** 176	**22** 202개		

1 x는 양수 a의 제곱근이므로 $x^2=a$ 또는 $x=\pm\sqrt{a}$이다.

2 $\sqrt{256}=16$의 양의 제곱근 $a=4$ ⋯ (i)

$(-\sqrt{4})^2=4$의 음의 제곱근 $b=-2$ ⋯ (ii)

$\therefore a-b=4-(-2)=6$ ⋯ (iii)

채점 기준	비율
(i) a의 값 구하기	40 %
(ii) b의 값 구하기	40 %
(iii) $a-b$의 값 구하기	20 %

3 ① -1은 음수이므로 제곱근이 없다.

② 제곱근 4는 $\sqrt{4}=2$이다.

③ $\sqrt{25}=5$의 제곱근은 $\pm\sqrt{5}$이고, 제곱근 5는 $\sqrt{5}$이다.

④ $(-6)^2=36$의 제곱근은 ±6이다.

⑤ $\sqrt{(-7)^2}=7$의 제곱근은 $\pm\sqrt{7}$이다.

따라서 옳은 것은 ⑤이다.

4 $-\sqrt{225}\div\sqrt{(-3)^2}+\sqrt{\frac{1}{16}}\times(-\sqrt{8})^2$

$=-15\div3+\frac{1}{4}\times8$

$=-5+2=-3$

5 ㄱ. $x<-1$이면 $x+1<0$, $x-1<0$이므로
$A=-(x+1)-\{-(x-1)\}$
$=-x-1+x-1=-2$
ㄴ. $-1<x<1$이면 $x+1>0$, $x-1<0$이므로
$A=x+1-\{-(x-1)\}$
$=x+1+x-1=2x$
ㄷ. $x>1$이면 $x+1>0$, $x-1>0$이므로
$A=x+1-(x-1)$
$=x+1-x+1=2$
따라서 옳은 것은 ㄱ, ㄴ이다.

6 $\sqrt{75a}=\sqrt{3\times5^2\times a}$가 자연수가 되려면 $a=3\times$(자연수)^2 꼴이어야 한다.
이때 가장 작은 자연수 a는 3이므로
$\sqrt{75\times3}=\sqrt{3^2\times5^2}=15$ $\quad\therefore b=15$
따라서 구하는 값은 $3+15=18$

7 □ 안에 해당하는 수는 무리수이다.
① 0.1, $\sqrt{4}=2$ ⇨ 유리수
② $-\sqrt{16}=-4$ ⇨ 유리수
③ $\sqrt{1.\dot{7}}=\sqrt{\frac{16}{9}}=\frac{4}{3}$, $\sqrt{(-5)^2}=5$ ⇨ 유리수
⑤ $\sqrt{\frac{1}{36}}=\frac{1}{6}$ ⇨ 유리수
따라서 □ 안에 해당하는 수로만 짝 지어진 것은 ④이다.

8 ㄱ. $\overline{EF}=\sqrt{1^2+1^2}=\sqrt{2}$
ㄴ. $\overline{AP}=\overline{AD}=\sqrt{1^2+3^2}=\sqrt{10}$이므로 점 P에 대응하는 수는 $1-\sqrt{10}$이다.
ㄷ. $\overline{EQ}=\overline{EF}=\sqrt{2}$이므로 점 Q에 대응하는 수는 $5+\sqrt{2}$이다.
ㄹ. $1-\sqrt{10}$과 $5+\sqrt{2}$ 사이에는 무수히 많은 무리수가 있다.
따라서 옳은 것은 ㄱ, ㄴ, ㄹ이다.

9 ① $(\sqrt{3}+1)-2=\sqrt{3}-1=\sqrt{3}-\sqrt{1}>0$
$\therefore \sqrt{3}+1>2$
② $(\sqrt{13}+2)-6=\sqrt{13}-4=\sqrt{13}-\sqrt{16}<0$
$\therefore \sqrt{13}+2<6$
③ $\sqrt{\frac{1}{5}}>\sqrt{\frac{1}{6}}$에서 $-\sqrt{\frac{1}{5}}<-\sqrt{\frac{1}{6}}$이므로
양변에 7을 더하면 $7-\sqrt{\frac{1}{5}}<7-\sqrt{\frac{1}{6}}$
④ $4>\sqrt{15}$이므로 양변에 $\sqrt{3}$을 더하면
$\sqrt{3}+4>\sqrt{3}+\sqrt{15}$
⑤ $\sqrt{10}<\sqrt{11}$이므로 양변에 $\sqrt{6}$을 더하면
$\sqrt{6}+\sqrt{10}<\sqrt{6}+\sqrt{11}$
따라서 옳지 않은 것은 ④이다.

10 $1<\sqrt{3}<2$에서 $-2<-\sqrt{3}<-1$이므로
$3<5-\sqrt{3}<4$
따라서 $5-\sqrt{3}$에 대응하는 점이 있는 구간은 ④이다.

11 $1<\sqrt{3}<2$이므로 $6<5+\sqrt{3}<7$에서
$5+\sqrt{3}$의 정수 부분 $a=6$,
소수 부분 $b=(5+\sqrt{3})-6=\sqrt{3}-1$
$\therefore b-a=(\sqrt{3}-1)-6=\sqrt{3}-7$

12 처음 정사각형의 넓이는 48cm^2이고, 정사각형을 한 번 접으면 그 넓이는 전 단계 정사각형의 넓이의 $\frac{1}{2}$이 되므로
[1단계]~[3단계]에서 생기는 정사각형의 넓이는 각각 다음과 같다.
[1단계] $48\times\frac{1}{2}=24(\text{cm}^2)$
[2단계] $24\times\frac{1}{2}=12(\text{cm}^2)$
[3단계] $12\times\frac{1}{2}=6(\text{cm}^2)$
따라서 [3단계]에서 생기는 정사각형의 한 변의 길이를 $x$cm라고 하면 $x^2=6$
이때 $x>0$이므로 $x=\sqrt{6}$
따라서 [3단계]에서 생기는 정사각형의 한 변의 길이는 $\sqrt{6}$cm이다.

13 $ab<0$에서 a, b는 서로 다른 부호이다.
이때 $a-b>0$에서 $a>b$이므로 $a>0$, $b<0$ ⋯ (i)
따라서 $-2a<0$, $2b-a<0$, $3b<0$이므로 ⋯ (ii)
$\sqrt{(-2a)^2}-\sqrt{(2b-a)^2}+\sqrt{9b^2}$
$=\sqrt{(-2a)^2}-\sqrt{(2b-a)^2}+\sqrt{(3b)^2}$
$=-(-2a)-\{-(2b-a)\}+(-3b)$
$=2a+2b-a-3b$
$=a-b$ ⋯ (iii)

채점 기준	비율
(i) a, b의 부호 판단하기	20 %
(ii) $-2a$, $2b-a$, $3b$의 부호 판단하기	20 %
(iii) 주어진 식을 간단히 하기	60 %

14 $\sqrt{225-a}-\sqrt{81+b}$를 계산한 결과가 가장 큰 정수가 되려면 $\sqrt{225-a}$는 가장 큰 정수, $\sqrt{81+b}$는 가장 작은 정수이어야 한다.
$\sqrt{225-a}$가 가장 큰 정수가 될 때,
$225-a=196$ $\quad\therefore a=29$
$\sqrt{81+b}$가 가장 작은 정수가 될 때,
$81+b=100$ $\quad\therefore b=19$
$\therefore a+b=29+19=48$
주의 a, b가 자연수이므로 $225-a=225$, $81+b=81$로 식을 세우지 않고, $225-a=196$, $81+b=100$으로 식을 세운다.

유형편 파워

15 $3=\sqrt{9}$이고 $\sqrt{5}<\sqrt{9}<\sqrt{11}$이므로

$-\sqrt{11}<-3<-\sqrt{5}$ $\quad\therefore a=-\sqrt{11}$

$\sqrt{(-4)^2}=\sqrt{16}$이므로

$\sqrt{\frac{7}{2}}<\sqrt{(-4)^2}<\sqrt{19}$ $\quad\therefore b=\sqrt{19}$

$\therefore a^2+b^2=(-\sqrt{11})^2+(\sqrt{19})^2=11+19=30$

16 (i) $5<\sqrt{3x}\leq 6$에서 $\sqrt{25}<\sqrt{3x}\leq\sqrt{36}$이므로

$25<3x\leq 36$ $\quad\therefore \frac{25}{3}<x\leq 12$

$\therefore x=9,\ 10,\ 11,\ 12$

(ii) $\sqrt{45}\leq x<\sqrt{90}$에서 $\sqrt{45}\leq\sqrt{x^2}<\sqrt{90}$이므로

$45\leq x^2<90$

이때 x는 자연수이므로 $x^2=49,\ 64,\ 81$

$\therefore x=7,\ 8,\ 9$

따라서 (i), (ii)에 의해 두 부등식을 동시에 만족시키는 자연수 x의 값은 9이다.

17 $\sqrt{36}<\sqrt{40}<\sqrt{49}$, 즉 $6<\sqrt{40}<7$이므로 $\sqrt{40}$ 이하의 자연수 중에서 가장 큰 수는 6이다.

$\therefore M(40)=6$

$\sqrt{49}<\sqrt{60}<\sqrt{64}$, 즉 $7<\sqrt{60}<8$이므로 $\sqrt{60}$ 이하의 자연수 중에서 가장 큰 수는 7이다.

$\therefore M(60)=7$

$\therefore M(40)+M(60)=6+7=13$

18 $\sqrt{9}<\sqrt{11}<\sqrt{16}$에서 $3<\sqrt{11}<4$

$\sqrt{1}<\sqrt{3}<\sqrt{4}$에서 $1<\sqrt{3}<2$이므로

$0<-1+\sqrt{3}<1$

$\sqrt{1}<\sqrt{2}<\sqrt{4}$에서 $1<\sqrt{2}<2$이므로

$-2<-\sqrt{2}<-1$

$\therefore -1<1-\sqrt{2}<0$

$\sqrt{9}<\sqrt{10}<\sqrt{16}$에서 $3<\sqrt{10}<4$이므로

$-4<-\sqrt{10}<-3$

$\sqrt{4}<\sqrt{5}<\sqrt{9}$에서 $2<\sqrt{5}<3$이므로

$-3<-\sqrt{5}<-2$

$\therefore -2<1-\sqrt{5}<-1$

$\therefore -\sqrt{10}<1-\sqrt{5}<1-\sqrt{2}<-1+\sqrt{3}<\sqrt{11}$

따라서 수직선 위의 점에 각각 대응시킬 때, 왼쪽에서 두 번째에 오는 수는 $1-\sqrt{5}$이다.

19 $2<\sqrt{5}<3$이므로 $-3<-\sqrt{5}<-2$

$\therefore -2<1-\sqrt{5}<-1$

$1<\sqrt{3}<2$이므로 $-2<-\sqrt{3}<-1$

$\therefore 1<3-\sqrt{3}<2$

따라서 $1-\sqrt{5}$와 $3-\sqrt{3}$ 사이에 있는 정수는 $-1,\ 0,\ 1$의 3개이다.

20 $\sqrt{\underbrace{1+3}_{2개}}=\sqrt{4}=\sqrt{2^2}=\underline{2}$

$\sqrt{\underbrace{1+3+5}_{3개}}=\sqrt{9}=\sqrt{3^2}=\underline{3}$

$\sqrt{\underbrace{1+3+5+7}_{4개}}=\sqrt{16}=\sqrt{4^2}=\underline{4}$

⋮

$\therefore \sqrt{\underbrace{1+3+5+7+\cdots+17+19}_{10개}}=\sqrt{10^2}=\underline{10}$

다른 풀이

$\sqrt{1+3+5+7+\cdots+17+19}$

$=\sqrt{(1+19)+(3+17)+\cdots+(9+11)}$

$=\sqrt{20\times 5}$

$=\sqrt{100}$

$=10$

21 정사각형 A의 한 변의 길이는 $\sqrt{20x}$

정사각형 B의 한 변의 길이는 $\sqrt{109-x}$

$\sqrt{20x}=\sqrt{2^2\times 5\times x}$가 자연수가 되려면 $x=5\times$(자연수)^2 꼴이어야 한다.

$\therefore x=5,\ 20,\ 45,\ 80,\ 125,\ \cdots$ $\quad\cdots$ ㉠

또 $\sqrt{109-x}$가 자연수가 되려면 $109-x$는 109보다 작은 (자연수)^2 꼴인 수이어야 한다.

즉, $109-x=1,\ 4,\ 9,\ 16,\ 25,\ 36,\ 49,\ 64,\ 81,\ 100$

$\therefore x=108,\ 105,\ 100,\ 93,\ 84,\ 73,\ 60,\ 45,\ 28,\ 9$ $\quad\cdots$ ㉡

㉠, ㉡에 의해 $x=45$이므로

정사각형 A의 한 변의 길이는

$\sqrt{20x}=\sqrt{20\times 45}=30$

정사각형 B의 한 변의 길이는

$\sqrt{109-x}=\sqrt{109-45}=8$

따라서 직사각형 C의 넓이는

$8\times(30-8)=176$

22 무리수에 대응하는 점의 개수는

1과 2 사이에는 2개 → (2×1)개

2와 3 사이에는 4개 → (2×2)개

3과 4 사이에는 6개 → (2×3)개

⋮

이므로 n과 $n+1$ 사이에는 $2n$개이다.

따라서 101과 102 사이에 있는 자연수의 양의 제곱근 중 무리수에 대응하는 점의 개수는 $2\times 101=202$(개)

다른 풀이

$101=\sqrt{101^2}=\sqrt{10201}$

$102=\sqrt{102^2}=\sqrt{10404}$

$\therefore 10404-10201-1=202$(개)

유형 1~10 P. 26~32

1 답 ⑤

⑤ $5\sqrt{3}\times2\sqrt{7}=10\sqrt{3\times7}=10\sqrt{21}$

2 답 $-20\sqrt{6}$

$5\sqrt{2}\times4\sqrt{5}\times\left(-\sqrt{\frac{3}{5}}\right)=-20\sqrt{2\times5\times\frac{3}{5}}=-20\sqrt{6}$

3 답 ②

$2\sqrt{3}\times3\sqrt{2}\times\sqrt{a}=6\sqrt{3\times2\times a}=6\sqrt{6a}$

따라서 $6a=42$이므로 $a=7$

4 답 4

$\sqrt{2}\times\sqrt{3}\times\sqrt{a}\times\sqrt{12}\times\sqrt{2a}=\sqrt{2\times3\times a\times12\times2a}$

$=\sqrt{(12a)^2}=12a\ (\because a>0)$

따라서 $12a=48$이므로 $a=4$

5 답 ④

④ $(-\sqrt{45})\div\sqrt{5}=-\frac{\sqrt{45}}{\sqrt{5}}=-\sqrt{\frac{45}{5}}=-\sqrt{9}=-3$

6 답 16

$\frac{\sqrt{70}}{\sqrt{5}}=\sqrt{\frac{70}{5}}=\sqrt{14}$ $\quad\therefore a=14$

$\frac{\sqrt{35}}{\sqrt{20}}\div\frac{\sqrt{7}}{\sqrt{8}}=\frac{\sqrt{35}}{\sqrt{20}}\times\frac{\sqrt{8}}{\sqrt{7}}=\sqrt{\frac{35}{20}\times\frac{8}{7}}=\sqrt{2}$ $\quad\therefore b=2$

$\therefore a+b=14+2=16$

7 답 $\sqrt{3}$

$\frac{\sqrt{15}}{\sqrt{2}}\div\frac{\sqrt{20}}{\sqrt{6}}\div\sqrt{\frac{18}{24}}=\frac{\sqrt{15}}{\sqrt{2}}\div\frac{\sqrt{20}}{\sqrt{6}}\div\frac{\sqrt{18}}{\sqrt{24}}$

$=\frac{\sqrt{15}}{\sqrt{2}}\times\frac{\sqrt{6}}{\sqrt{20}}\times\frac{\sqrt{24}}{\sqrt{18}}$

$=\sqrt{\frac{15}{2}\times\frac{6}{20}\times\frac{24}{18}}=\sqrt{3}$

8 답 ⑤

⑤ $-3\sqrt{2}=-\sqrt{3^2\times2}=-\sqrt{18}$

9 답 91

$4\sqrt{6}=\sqrt{4^2\times6}=\sqrt{96}$ $\quad\therefore a=96$

$\sqrt{75}=\sqrt{5^2\times3}=5\sqrt{3}$ $\quad\therefore b=5$

$\therefore a-b=96-5=91$

10 답 12

$\sqrt{2}\times\sqrt{3}\times\sqrt{4}\times\sqrt{5}\times\sqrt{6}\times\sqrt{7}=\sqrt{2\times3\times2^2\times5\times2\times3\times7}$

$=\sqrt{3^2\times4^2\times5\times7}$

$=\sqrt{(3\times4)^2\times5\times7}=12\sqrt{35}$

$\therefore a=12$

11 답 ⑤

$\sqrt{\frac{h}{4.9}}$에 $h=245$를 대입하면

$\sqrt{\frac{245}{4.9}}=\sqrt{\frac{2450}{49}}=\sqrt{50}=\sqrt{5^2\times2}=5\sqrt{2}$

따라서 먹이가 지면에 닿을 때까지 걸리는 시간을 $a\sqrt{b}$초 꼴로 나타내면 $5\sqrt{2}$초이다.

12 답 $10\sqrt{5}$

(색칠한 정사각형의 넓이)$=1000\times\frac{1}{2}=500$

따라서 색칠한 정사각형의 한 변의 길이는

$\sqrt{500}=\sqrt{10^2\times5}=10\sqrt{5}$

13 답 ㄱ, ㄴ, ㄹ

ㄷ. $\sqrt{\frac{28}{18}}=\sqrt{\frac{14}{9}}=\frac{\sqrt{14}}{3}$

ㄹ. $\sqrt{0.24}=\sqrt{\frac{24}{100}}=\sqrt{\frac{6}{25}}=\frac{\sqrt{6}}{5}$

따라서 옳은 것은 ㄱ, ㄴ, ㄹ이다.

14 답 ③

$\sqrt{0.005}=\sqrt{\frac{50}{10000}}=\frac{\sqrt{50}}{100}=\frac{5\sqrt{2}}{100}=\frac{\sqrt{2}}{20}$

$\therefore k=\frac{1}{20}$

15 답 2

$\frac{\sqrt{3}}{3\sqrt{2}}=\frac{\sqrt{3}}{\sqrt{18}}=\sqrt{\frac{3}{18}}=\sqrt{\frac{1}{6}}$

$\therefore a=\frac{1}{6}$

$\frac{\sqrt{2}}{2\sqrt{5}}=\frac{\sqrt{2}}{\sqrt{20}}=\sqrt{\frac{2}{20}}=\sqrt{\frac{1}{10}}$

$\therefore b=\frac{1}{10}$

$\therefore 6a+10b=6\times\frac{1}{6}+10\times\frac{1}{10}=2$

16 답 ④

① $\sqrt{20000}=\sqrt{2\times10000}=100\sqrt{2}=100\times1.414=141.4$

② $\sqrt{2000}=\sqrt{20\times100}=10\sqrt{20}=10\times4.472=44.72$

③ $\sqrt{0.2}=\sqrt{\frac{20}{100}}=\frac{\sqrt{20}}{10}=\frac{4.472}{10}=0.4472$

④ $\sqrt{0.002}=\sqrt{\frac{20}{10000}}=\frac{\sqrt{20}}{100}=\frac{4.472}{100}=0.04472$

⑤ $\sqrt{0.0002}=\sqrt{\frac{2}{10000}}=\frac{\sqrt{2}}{100}=\frac{1.414}{100}=0.01414$

따라서 옳지 않은 것은 ④이다.

유형편 파워

17 답 ㄴ, ㄹ

ㄱ. $\sqrt{0.034}=\sqrt{\frac{3.4}{100}}=\frac{\sqrt{3.4}}{10}=\frac{1.844}{10}=0.1844$

ㄴ. $\sqrt{0.34}=\sqrt{\frac{34}{100}}=\frac{\sqrt{34}}{10}$

ㄷ. $\sqrt{340}=\sqrt{3.4\times100}=10\sqrt{3.4}=10\times1.844=18.44$

ㄹ. $\sqrt{3400}=\sqrt{34\times100}=10\sqrt{34}$

따라서 $\sqrt{3.4}$의 값을 이용하여 그 값을 구할 수 없는 것은 ㄴ, ㄹ이다.

18 답 18.2504

$\sqrt{0.314}=\sqrt{\frac{31.4}{100}}=\frac{\sqrt{31.4}}{10}=\frac{5.604}{10}=0.5604$

$\sqrt{313}=\sqrt{3.13\times100}=10\sqrt{3.13}=10\times1.769=17.69$

$\therefore \sqrt{0.314}+\sqrt{313}=0.5604+17.69=18.2504$

19 답 ④

$\sqrt{580}=\sqrt{1.45\times400}=20\sqrt{1.45}=20\times1.204=24.08$

20 답 ②

$29.27=2.927\times10$이므로

$\sqrt{a}=\sqrt{8.57}\times10=\sqrt{8.57\times100}=\sqrt{857}$

$\therefore a=857$

21 답 ②

$\sqrt{108}=\sqrt{2^2\times3^3}=\sqrt{2^2}\times\sqrt{3^3}=(\sqrt{2})^2\times(\sqrt{3})^3=a^2b^3$

22 답 $\frac{1}{5}$

$\sqrt{0.84}=\sqrt{\frac{84}{100}}=\sqrt{\frac{2^2\times3\times7}{10^2}}=\frac{2\sqrt{3}\sqrt{7}}{10}=\frac{1}{5}\sqrt{3}\sqrt{7}=\frac{1}{5}ab$

따라서 □ 안에 알맞은 수는 $\frac{1}{5}$이다.

23 답 ④

$\sqrt{80}=\sqrt{4^2\times5}=4\sqrt{5}=4y$

$\sqrt{0.6}=\sqrt{\frac{6}{10}}=\sqrt{\frac{3}{5}}=\frac{\sqrt{3}}{\sqrt{5}}=\frac{x}{y}$

$\therefore \sqrt{80}-\sqrt{0.6}=4y-\frac{x}{y}$

24 답 ④

① $\sqrt{2400}=\sqrt{24\times100}=10\sqrt{24}=10b$

② $\sqrt{3840}=\sqrt{1600\times2.4}=40\sqrt{2.4}=40a$

③ $\sqrt{0.024}=\sqrt{\frac{2.4}{100}}=\frac{\sqrt{2.4}}{10}=\frac{1}{10}a$

④ $\sqrt{0.096}=\sqrt{\frac{9.6}{100}}=\sqrt{\frac{4\times2.4}{100}}=\frac{2}{10}\sqrt{2.4}=\frac{1}{5}a$

⑤ $\sqrt{0.0024}=\sqrt{\frac{24}{10000}}=\frac{\sqrt{24}}{100}=\frac{1}{100}b$

따라서 옳지 않은 것은 ④이다.

25 답 ②

① $\frac{3}{\sqrt{7}}=\frac{3\times\sqrt{7}}{\sqrt{7}\times\sqrt{7}}=\frac{3\sqrt{7}}{7}$

② $\frac{\sqrt{5}}{\sqrt{2}}=\frac{\sqrt{5}\times\sqrt{2}}{\sqrt{2}\times\sqrt{2}}=\frac{\sqrt{10}}{2}$

③ $\frac{\sqrt{3}}{2\sqrt{5}}=\frac{\sqrt{3}\times\sqrt{5}}{2\sqrt{5}\times\sqrt{5}}=\frac{\sqrt{15}}{10}$

④ $\frac{4}{5\sqrt{2}}=\frac{4\times\sqrt{2}}{5\sqrt{2}\times\sqrt{2}}=\frac{4\sqrt{2}}{10}=\frac{2\sqrt{2}}{5}$

⑤ $\frac{\sqrt{6}}{\sqrt{3}\sqrt{5}}=\sqrt{\frac{6}{15}}=\sqrt{\frac{2}{5}}=\frac{\sqrt{2}}{\sqrt{5}}=\frac{\sqrt{2}\times\sqrt{5}}{\sqrt{5}\times\sqrt{5}}=\frac{\sqrt{10}}{5}$

따라서 옳은 것은 ②이다.

26 답 2

$\frac{2\sqrt{5}}{\sqrt{3}}=\frac{2\sqrt{5}\times\sqrt{3}}{\sqrt{3}\times\sqrt{3}}=\frac{2\sqrt{15}}{3}$ $\quad\therefore a=\frac{2}{3}$ … (i)

$\frac{3}{\sqrt{75}}=\frac{3}{5\sqrt{3}}=\frac{3\times\sqrt{3}}{5\sqrt{3}\times\sqrt{3}}=\frac{3\sqrt{3}}{15}=\frac{\sqrt{3}}{5}$

$\therefore b=3$ … (ii)

$\therefore ab=\frac{2}{3}\times3=2$ … (iii)

채점 기준	비율
(i) a의 값 구하기	40 %
(ii) b의 값 구하기	40 %
(iii) ab의 값 구하기	20 %

27 답 $\frac{\sqrt{2}}{\sqrt{3}}$

$\frac{\sqrt{2}}{3}$, $\frac{\sqrt{2}}{\sqrt{3}}=\frac{\sqrt{2}\times\sqrt{3}}{\sqrt{3}\times\sqrt{3}}=\frac{\sqrt{6}}{3}$, $\frac{2}{3}=\frac{\sqrt{4}}{3}$,

$\frac{2}{\sqrt{3}}=\frac{2\times\sqrt{3}}{\sqrt{3}\times\sqrt{3}}=\frac{2\sqrt{3}}{3}=\frac{\sqrt{12}}{3}$, $\sqrt{3}=\frac{3\sqrt{3}}{3}=\frac{\sqrt{27}}{3}$이므로

$\frac{\sqrt{2}}{3}<\frac{2}{3}<\frac{\sqrt{2}}{\sqrt{3}}<\frac{2}{\sqrt{3}}<\sqrt{3}$

따라서 크기가 작은 것부터 차례로 나열할 때, 세 번째에 오는 수는 $\frac{\sqrt{2}}{\sqrt{3}}$이다.

28 답 $\sqrt{6}$

$\frac{3\sqrt{3}}{\sqrt{2}}\div\frac{\sqrt{6}}{\sqrt{5}}\times\frac{\sqrt{8}}{\sqrt{15}}=\frac{3\sqrt{3}}{\sqrt{2}}\times\frac{\sqrt{5}}{\sqrt{6}}\times\frac{2\sqrt{2}}{\sqrt{15}}$

$=\frac{6}{\sqrt{6}}=\frac{6\sqrt{6}}{6}=\sqrt{6}$

29 답 ④, ⑤

① $\frac{5}{\sqrt{2}}\times\frac{4\sqrt{3}}{7}=\frac{20\sqrt{3}}{7\sqrt{2}}=\frac{20\sqrt{6}}{14}=\frac{10\sqrt{6}}{7}$

② $4\sqrt{12}\div(-2\sqrt{3})=8\sqrt{3}\times\left(-\frac{1}{2\sqrt{3}}\right)=-4$

③ $5\sqrt{2}\times\sqrt{27}\div\sqrt{3}=5\sqrt{2}\times3\sqrt{3}\times\frac{1}{\sqrt{3}}=15\sqrt{2}$

④ $3\sqrt{12}\div\sqrt{6}\times\sqrt{2}=6\sqrt{3}\times\frac{1}{\sqrt{6}}\times\sqrt{2}=6$

⑤ $3\sqrt{2}\div\sqrt{\frac{5}{8}}\times\sqrt{40}=3\sqrt{2}\div\frac{\sqrt{5}}{\sqrt{8}}\times\sqrt{40}$

$=3\sqrt{2}\times\frac{2\sqrt{2}}{\sqrt{5}}\times2\sqrt{10}=24\sqrt{2}$

따라서 옳지 않은 것은 ④, ⑤이다.

30 답 $-\frac{1}{15}$

$\frac{4}{3\sqrt{5}}\times\frac{\sqrt{200}}{8}\div(-\sqrt{50})=\frac{4}{3\sqrt{5}}\times\frac{10\sqrt{2}}{8}\times\left(-\frac{1}{5\sqrt{2}}\right)$

$=-\frac{1}{3\sqrt{5}}=-\frac{\sqrt{5}}{15}$

$\therefore a=-\frac{1}{15}$

31 답 $\sqrt{5}$

$\sqrt{6}$		$\sqrt{30}$
$\frac{\sqrt{5}}{5}$		㉠
A	$\sqrt{3}$	B

위의 사각형에서 가로 또는 세로에 있는 세 수의 곱이 각각 $2\sqrt{15}$이므로

$\sqrt{6}\times\frac{\sqrt{5}}{5}\times A=2\sqrt{15}$에서

$A=2\sqrt{15}\div\sqrt{6}\div\frac{\sqrt{5}}{5}=2\sqrt{15}\times\frac{1}{\sqrt{6}}\times\frac{5}{\sqrt{5}}=\frac{10}{\sqrt{2}}=5\sqrt{2}$

$5\sqrt{2}\times\sqrt{3}\times B=2\sqrt{15}$에서

$B=2\sqrt{15}\div5\sqrt{2}\div\sqrt{3}=2\sqrt{15}\times\frac{1}{5\sqrt{2}}\times\frac{1}{\sqrt{3}}=\frac{2\sqrt{5}}{5\sqrt{2}}=\frac{\sqrt{10}}{5}$

$\sqrt{30}\times$㉠$\times\frac{\sqrt{10}}{5}=2\sqrt{15}$에서

㉠$=2\sqrt{15}\div\sqrt{30}\div\frac{\sqrt{10}}{5}=2\sqrt{15}\times\frac{1}{\sqrt{30}}\times\frac{5}{\sqrt{10}}$

$=\frac{10}{\sqrt{20}}=\frac{5}{\sqrt{5}}=\sqrt{5}$

32 답 $27\sqrt{2}$ m²

화단의 가로의 길이는 $\sqrt{54}=3\sqrt{6}$(m), 세로의 길이는 $\sqrt{27}=3\sqrt{3}$(m)이므로

화단의 넓이는 $3\sqrt{6}\times3\sqrt{3}=9\sqrt{18}=27\sqrt{2}$(m²)

33 답 ④

(삼각형의 넓이)$=\frac{1}{2}\times\sqrt{50}\times\sqrt{48}=\frac{1}{2}\times5\sqrt{2}\times4\sqrt{3}=10\sqrt{6}$

직사각형의 가로의 길이를 x라고 하면

(직사각형의 넓이)$=x\times\sqrt{18}=3\sqrt{2}x$

삼각형의 넓이와 직사각형의 넓이가 서로 같으므로

$10\sqrt{6}=3\sqrt{2}x$ $\quad\therefore x=\frac{10\sqrt{6}}{3\sqrt{2}}=\frac{10\sqrt{3}}{3}$

따라서 직사각형의 가로의 길이는 $\frac{10\sqrt{3}}{3}$이다.

34 답 $16\sqrt{3}\pi$ cm

주어진 두 원의 넓이의 합과 넓이가 같은 원의 반지름의 길이를 r cm라고 하면

$\pi r^2=\pi\times(4\sqrt{5})^2+\pi\times(4\sqrt{7})^2$

$\pi r^2=192\pi$, $r^2=192$

이때 $r>0$이므로 $r=\sqrt{192}=8\sqrt{3}$

$\therefore$ (원의 둘레의 길이)$=2\pi\times8\sqrt{3}=16\sqrt{3}\pi$(cm)

35 답 $\frac{7\sqrt{2}}{2}$ cm

직육면체의 높이를 h cm라고 하면

(직육면체의 부피)$=4\sqrt{3}\times2\sqrt{5}\times h=28\sqrt{30}$ ⋯ (i)

$8\sqrt{15}h=28\sqrt{30}$

$\therefore h=\frac{28\sqrt{30}}{8\sqrt{15}}=\frac{7\sqrt{2}}{2}$

따라서 구하는 직육면체의 높이는 $\frac{7\sqrt{2}}{2}$ cm이다. ⋯ (ii)

채점 기준	비율
(i) 직육면체의 부피를 이용하여 식 세우기	40 %
(ii) 직육면체의 높이 구하기	60 %

36 답 $12\sqrt{15}$ cm²

(사각뿔의 부피)$=\frac{1}{3}\times$(밑면의 넓이)$\times\sqrt{6}=12\sqrt{10}$이므로

(밑면의 넓이)$=\frac{12\sqrt{10}\times3}{\sqrt{6}}=\frac{36\sqrt{10}}{\sqrt{6}}=\frac{36\sqrt{5}}{\sqrt{3}}$

$=\frac{36\sqrt{15}}{3}=12\sqrt{15}$(cm²)

37 답 $150\sqrt{10}\pi$ cm³

밑면인 원의 반지름의 길이를 r cm라고 하면

$2\pi r=10\sqrt{2}\pi$ $\quad\therefore r=\frac{10\sqrt{2}\pi}{2\pi}=5\sqrt{2}$

$\therefore$ (원기둥의 부피)$=\pi\times(5\sqrt{2})^2\times3\sqrt{10}$

$=150\sqrt{10}\pi$(cm³)

38 답 $3\sqrt{11}$ cm²

$\overline{BC}=\sqrt{(2\sqrt{5})^2-(\sqrt{11})^2}=3$(cm)

$\therefore$ □ABCD$=\sqrt{11}\times3=3\sqrt{11}$(cm²)

39 답 ③

정육면체의 한 모서리의 길이를 x cm라고 하면

△FGH에서 $\overline{FH}=\sqrt{x^2+x^2}=\sqrt{2}x$(cm)

△DFH에서 $\overline{DF}=\sqrt{(\sqrt{2}x)^2+x^2}=\sqrt{3}x$(cm)

따라서 $\sqrt{3}x=6\sqrt{2}$이므로

$x=\frac{6\sqrt{2}}{\sqrt{3}}=\frac{6\sqrt{6}}{3}=2\sqrt{6}$

따라서 정육면체의 한 모서리의 길이는 $2\sqrt{6}$ cm이다.

40 답 $3\sqrt{5}\pi\,\mathrm{cm}^3$

밑면의 반지름의 길이를 $x$cm라고 하면

$x=\sqrt{(4\sqrt{3})^2-(3\sqrt{5})^2}=\sqrt{3}$

$\therefore$ (원뿔의 부피)$=\frac{1}{3}\times\pi\times(\sqrt{3})^2\times3\sqrt{5}$

$=3\sqrt{5}\pi(\mathrm{cm}^3)$

41 답 ①

새로운 정사각형의 넓이는

$(20\sqrt{3})^2+(30\sqrt{3})^2=1200+2700=3900$

새로운 정사각형의 한 변의 길이를 x라고 하면

$x^2=3900$

이때 $x>0$이므로 $x=10\sqrt{39}$

따라서 새로 만들어진 정사각형의 한 변의 길이는 $10\sqrt{39}$이다.

42 답 ③

오른쪽 그림과 같이 점 A에서 $\overline{\mathrm{BC}}$에 내린 수선의 발을 H라고 하면

$\overline{\mathrm{CH}}=\frac{1}{2}\overline{\mathrm{BC}}=\frac{1}{2}\times4\sqrt{2}=2\sqrt{2}(\mathrm{cm})$

$\triangle$AHC에서

$\overline{\mathrm{AH}}=\sqrt{(4\sqrt{2})^2-(2\sqrt{2})^2}=2\sqrt{6}(\mathrm{cm})$

$\therefore\ \triangle\mathrm{ABC}=\frac{1}{2}\times4\sqrt{2}\times2\sqrt{6}=4\sqrt{12}=8\sqrt{3}(\mathrm{cm}^2)$

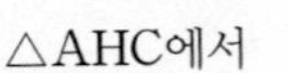

참고 한 변의 길이가 a인 정삼각형의 높이를 h, 넓이를 S라고 하면

$h=\frac{\sqrt{3}}{2}a\ \rightarrow h=\sqrt{a^2-\left(\frac{a}{2}\right)^2}=\sqrt{\frac{3}{4}a^2}=\frac{\sqrt{3}}{2}a$

$S=\frac{\sqrt{3}}{4}a^2\rightarrow S=\frac{1}{2}ah=\frac{1}{2}\times a\times\frac{\sqrt{3}}{2}a=\frac{\sqrt{3}}{4}a^2$

43 답 $6\sqrt{5}\,\mathrm{cm}^2$

$\triangle$EFG에서 $\overline{\mathrm{EG}}=\sqrt{9^2+3^2}=3\sqrt{10}(\mathrm{cm})$

$\triangle$AEG는 $\angle\mathrm{AEG}=90^\circ$인 직각삼각형이므로

$\overline{\mathrm{AE}}=\sqrt{(7\sqrt{2})^2-(3\sqrt{10})^2}=2\sqrt{2}(\mathrm{cm})$

$\therefore\ \triangle\mathrm{AEG}=\frac{1}{2}\times3\sqrt{10}\times2\sqrt{2}=3\sqrt{20}=6\sqrt{5}(\mathrm{cm}^2)$

유형 11~20 P. 32~38

44 답 ⑤

① $\sqrt{5}+\sqrt{2}\neq\sqrt{7}$

② $5\sqrt{3}-2\sqrt{3}=(5-2)\sqrt{3}=3\sqrt{3}\neq3$

③ $4\sqrt{3}+2\sqrt{2}\neq6\sqrt{5}$

④ $\sqrt{10}-1\neq3$

⑤ $3\sqrt{6}-5\sqrt{6}=(3-5)\sqrt{6}=-2\sqrt{6}$

따라서 옳은 것은 ⑤이다.

45 답 ⑤

$A=5\sqrt{3}+2\sqrt{3}-\sqrt{3}=(5+2-1)\sqrt{3}=6\sqrt{3}$

$B=2\sqrt{7}-4\sqrt{7}+5\sqrt{7}=(2-4+5)\sqrt{7}=3\sqrt{7}$

$\therefore\ AB=6\sqrt{3}\times3\sqrt{7}=18\sqrt{21}$

46 답 $\frac{1}{5}$

$\frac{3\sqrt{2}}{2}+\frac{\sqrt{6}}{5}-\frac{4\sqrt{2}}{3}+\sqrt{6}=\left(\frac{3}{2}-\frac{4}{3}\right)\sqrt{2}+\left(\frac{1}{5}+1\right)\sqrt{6}$

$=\frac{\sqrt{2}}{6}+\frac{6\sqrt{6}}{5}$

따라서 $a=\frac{1}{6}$, $b=\frac{6}{5}$이므로

$ab=\frac{1}{6}\times\frac{6}{5}=\frac{1}{5}$

47 답 (1) $3\sqrt{7}$ (2) $-2\sqrt{2}+2\sqrt{3}$

(1) $\sqrt{28}-3\sqrt{7}+\sqrt{112}=2\sqrt{7}-3\sqrt{7}+4\sqrt{7}=3\sqrt{7}$

(2) $\sqrt{50}+\sqrt{48}-\sqrt{98}-\sqrt{12}=5\sqrt{2}+4\sqrt{3}-7\sqrt{2}-2\sqrt{3}$

$=-2\sqrt{2}+2\sqrt{3}$

48 답 (1) 5 (2) 7

(1) $\sqrt{80}-3\sqrt{20}+a\sqrt{5}=4\sqrt{5}-6\sqrt{5}+a\sqrt{5}$

$=(4-6+a)\sqrt{5}$

$=(-2+a)\sqrt{5}$

따라서 $-2+a=3$이므로 $a=5$

(2) $\sqrt{54}+2\sqrt{24}-a\sqrt{6}=3\sqrt{6}+4\sqrt{6}-a\sqrt{6}$

$=(3+4-a)\sqrt{6}$

$=(7-a)\sqrt{6}$

따라서 $7-a=0$이므로 $a=7$

49 답 2

$7\sqrt{5}+\sqrt{72}-\sqrt{45}-\sqrt{32}=7\sqrt{5}+6\sqrt{2}-3\sqrt{5}-4\sqrt{2}$

$=2\sqrt{2}+4\sqrt{5}$

따라서 $a=2$, $b=4$이므로

$3a-b=3\times2-4=2$

50 답 ④

$a\sqrt{\frac{6b}{a}}+b\sqrt{\frac{24a}{b}}=\sqrt{a^2\times\frac{6b}{a}}+\sqrt{b^2\times\frac{24a}{b}}$

$=\sqrt{6ab}+\sqrt{24ab}$

$=\sqrt{6\times2}+\sqrt{24\times2}$

$=2\sqrt{3}+4\sqrt{3}=6\sqrt{3}$

51 답 $\sqrt{15}$

$x+y=\frac{\sqrt{5}+\sqrt{3}}{2}+\frac{\sqrt{5}-\sqrt{3}}{2}=\frac{2\sqrt{5}}{2}=\sqrt{5}$

$x-y=\frac{\sqrt{5}+\sqrt{3}}{2}-\frac{\sqrt{5}-\sqrt{3}}{2}=\frac{2\sqrt{3}}{2}=\sqrt{3}$

$\therefore\ (x+y)(x-y)=\sqrt{5}\times\sqrt{3}=\sqrt{15}$

52 답 ④

$2=\sqrt{4}$이고 $\sqrt{4}>\sqrt{3}$이므로 $2-\sqrt{3}>0$

$3=\sqrt{9}$, $2\sqrt{3}=\sqrt{12}$이고 $\sqrt{9}<\sqrt{12}$이므로

$3-2\sqrt{3}<0$

$$\therefore \sqrt{(2-\sqrt{3})^2}+\sqrt{(3-2\sqrt{3})^2}=2-\sqrt{3}+\{-(3-2\sqrt{3})\}$$
$$=2-\sqrt{3}-3+2\sqrt{3}$$
$$=-1+\sqrt{3}$$

53 답 ⑤

$\sqrt{27}=\sqrt{x}-\sqrt{3}$이므로 $3\sqrt{3}=\sqrt{x}-\sqrt{3}$

$\sqrt{x}=3\sqrt{3}+\sqrt{3}=4\sqrt{3}=\sqrt{48}$

$\therefore x=48$

54 답 (1) $\frac{12\sqrt{5}}{5}$ (2) $-\frac{\sqrt{2}}{2}$ (3) $10\sqrt{2}-3$ (4) $\sqrt{3}-3\sqrt{2}$

(1) $2\sqrt{5}+\frac{2}{\sqrt{5}}=2\sqrt{5}+\frac{2\sqrt{5}}{5}=\frac{12\sqrt{5}}{5}$

(2) $\frac{2}{\sqrt{2}}-\frac{6}{\sqrt{8}}=\frac{2}{\sqrt{2}}-\frac{6}{2\sqrt{2}}=\sqrt{2}-\frac{3\sqrt{2}}{2}=-\frac{\sqrt{2}}{2}$

(3) $\sqrt{50}-(-\sqrt{3})^2+\frac{10}{\sqrt{2}}=5\sqrt{2}-3+5\sqrt{2}=10\sqrt{2}-3$

(4) $\sqrt{48}-6\sqrt{2}-\sqrt{27}+\frac{6}{\sqrt{2}}=4\sqrt{3}-6\sqrt{2}-3\sqrt{3}+3\sqrt{2}$
$$=\sqrt{3}-3\sqrt{2}$$

55 답 (1) 4 (2) $-\frac{11}{4}$

(1) $\sqrt{75}+\frac{3}{\sqrt{3}}-\sqrt{12}=5\sqrt{3}+\sqrt{3}-2\sqrt{3}=4\sqrt{3}$

$\therefore a=4$

(2) $\frac{1}{\sqrt{8}}-\sqrt{32}+\frac{6}{\sqrt{18}}=\frac{1}{2\sqrt{2}}-4\sqrt{2}+\frac{6}{3\sqrt{2}}$
$$=\frac{\sqrt{2}}{4}-4\sqrt{2}+\sqrt{2}=-\frac{11\sqrt{2}}{4}$$

$\therefore a=-\frac{11}{4}$

56 답 ④

$$2\sqrt{6}-\frac{35}{\sqrt{5}}-\sqrt{54}+\sqrt{80}=2\sqrt{6}-7\sqrt{5}-3\sqrt{6}+4\sqrt{5}$$
$$=-3\sqrt{5}-\sqrt{6}$$

따라서 $a=-3$, $b=-1$이므로

$ab=-3\times(-1)=3$

57 답 ②

$x=\sqrt{5}$이므로

$x-\frac{1}{x}=\sqrt{5}-\frac{1}{\sqrt{5}}=\sqrt{5}-\frac{\sqrt{5}}{5}=\frac{4\sqrt{5}}{5}$

58 답 (1) $8+\sqrt{6}$ (2) 2 (3) $6-2\sqrt{2}$ (4) -9

(1) $\sqrt{2}(\sqrt{8}+2\sqrt{2}+\sqrt{3})=\sqrt{2}(2\sqrt{2}+2\sqrt{2}+\sqrt{3})$
$$=\sqrt{2}(4\sqrt{2}+\sqrt{3})=8+\sqrt{6}$$

(2) $\frac{4}{\sqrt{2}}-\sqrt{2}(2-\sqrt{2})=2\sqrt{2}-2\sqrt{2}+2=2$

(3) $(2\sqrt{27}+3\sqrt{6})\div\sqrt{3}-5\sqrt{2}=(6\sqrt{3}+3\sqrt{6})\times\frac{1}{\sqrt{3}}-5\sqrt{2}$
$$=6+3\sqrt{2}-5\sqrt{2}$$
$$=6-2\sqrt{2}$$

(4) $\sqrt{(-6)^2}+(-2\sqrt{2})^2-\sqrt{3}\left(2\sqrt{48}-\sqrt{\frac{1}{3}}\right)$
$$=6+8-\sqrt{3}\left(8\sqrt{3}-\frac{1}{\sqrt{3}}\right)$$
$$=6+8-24+1=-9$$

59 답 ⑤

$$\sqrt{32}-2\sqrt{24}-\sqrt{2}(1+2\sqrt{3})=4\sqrt{2}-4\sqrt{6}-\sqrt{2}-2\sqrt{6}$$
$$=3\sqrt{2}-6\sqrt{6}$$

따라서 $a=3$, $b=-6$이므로

$a-b=3-(-6)=9$

60 답 -8

$$\sqrt{3}A-\sqrt{5}B=\sqrt{3}(\sqrt{5}-\sqrt{3})-\sqrt{5}(\sqrt{5}+\sqrt{3})$$
$$=\sqrt{15}-3-5-\sqrt{15}=-8$$

61 답 ④

$$\frac{12+3\sqrt{6}}{\sqrt{3}}=\frac{(12+3\sqrt{6})\times\sqrt{3}}{\sqrt{3}\times\sqrt{3}}=\frac{12\sqrt{3}+3\sqrt{18}}{3}$$
$$=\frac{12\sqrt{3}+9\sqrt{2}}{3}=4\sqrt{3}+3\sqrt{2}$$

따라서 $a=4$, $b=3$이므로

$a-b=4-3=1$

62 답 $\frac{2\sqrt{5}-5}{3}$

$$\frac{10-\sqrt{125}}{3\sqrt{5}}=\frac{10-5\sqrt{5}}{3\sqrt{5}}=\frac{(10-5\sqrt{5})\times\sqrt{5}}{3\sqrt{5}\times\sqrt{5}}$$
$$=\frac{10\sqrt{5}-25}{15}=\frac{2\sqrt{5}-5}{3}$$

63 답 $-\frac{11\sqrt{6}}{6}$

$$\frac{\sqrt{12}-\sqrt{2}}{\sqrt{3}}-\frac{\sqrt{27}+\sqrt{8}}{\sqrt{2}}$$
$$=\frac{2\sqrt{3}-\sqrt{2}}{\sqrt{3}}-\frac{3\sqrt{3}+2\sqrt{2}}{\sqrt{2}}$$
$$=\frac{(2\sqrt{3}-\sqrt{2})\times\sqrt{3}}{\sqrt{3}\times\sqrt{3}}-\frac{(3\sqrt{3}+2\sqrt{2})\times\sqrt{2}}{\sqrt{2}\times\sqrt{2}}$$
$$=\frac{6-\sqrt{6}}{3}-\frac{3\sqrt{6}+4}{2}$$
$$=2-\frac{\sqrt{6}}{3}-\frac{3\sqrt{6}}{2}-2$$
$$=-\frac{2\sqrt{6}}{6}-\frac{9\sqrt{6}}{6}$$
$$=-\frac{11\sqrt{6}}{6}$$

64 답 $\frac{5\sqrt{2}+2}{8}$

$5<\sqrt{32}<6$이고 $\sqrt{32}=4\sqrt{2}$이므로

$4\sqrt{2}$의 정수 부분은 5, 소수 부분은 $4\sqrt{2}-5$

따라서 $a=5$, $b=4\sqrt{2}-5$이므로

$$\frac{a+\sqrt{2}}{b+5}=\frac{5+\sqrt{2}}{(4\sqrt{2}-5)+5}=\frac{5+\sqrt{2}}{4\sqrt{2}}$$
$$=\frac{(5+\sqrt{2})\times\sqrt{2}}{4\sqrt{2}\times\sqrt{2}}=\frac{5\sqrt{2}+2}{8}$$

65 답 ②

$$\sqrt{3}\left(\frac{1}{\sqrt{3}}+\frac{1}{\sqrt{5}}\right)-\sqrt{5}\left(\frac{1}{\sqrt{5}}-\frac{3\sqrt{3}}{5}\right)=1+\frac{\sqrt{3}}{\sqrt{5}}-1+\frac{3\sqrt{15}}{5}$$
$$=\frac{\sqrt{15}}{5}+\frac{3\sqrt{15}}{5}$$
$$=\frac{4\sqrt{15}}{5}$$

66 답 -3

$$4\sqrt{2}(\sqrt{3}-1)-2\sqrt{3}\left(\sqrt{2}+\frac{1}{\sqrt{6}}\right)=4\sqrt{6}-4\sqrt{2}-2\sqrt{6}-\frac{2}{\sqrt{2}}$$
$$=4\sqrt{6}-4\sqrt{2}-2\sqrt{6}-\sqrt{2}$$
$$=-5\sqrt{2}+2\sqrt{6}$$

따라서 $a=-5$, $b=2$이므로

$a+b=-5+2=-3$

67 답 $\sqrt{6}-\sqrt{3}$

$A=\sqrt{18}+2=3\sqrt{2}+2$ … (i)

$B=\sqrt{3}A-2\sqrt{6}=\sqrt{3}(3\sqrt{2}+2)-2\sqrt{6}$

$=3\sqrt{6}+2\sqrt{3}-2\sqrt{6}=\sqrt{6}+2\sqrt{3}$ … (ii)

$\therefore C=2\sqrt{6}-\frac{B}{\sqrt{2}}$

$=2\sqrt{6}-\frac{\sqrt{6}+2\sqrt{3}}{\sqrt{2}}$

$=2\sqrt{6}-\frac{(\sqrt{6}+2\sqrt{3})\times\sqrt{2}}{\sqrt{2}\times\sqrt{2}}$

$=2\sqrt{6}-\frac{2\sqrt{3}+2\sqrt{6}}{2}$

$=2\sqrt{6}-\sqrt{3}-\sqrt{6}$

$=\sqrt{6}-\sqrt{3}$ … (iii)

채점 기준	비율
(i) A의 값 구하기	20 %
(ii) B의 값 구하기	30 %
(iii) C의 값 구하기	50 %

68 답 ①

$$\sqrt{8}-a\sqrt{2}+\sqrt{16}-\sqrt{32}=2\sqrt{2}-a\sqrt{2}+4-4\sqrt{2}$$
$$=4+(-a-2)\sqrt{2}$$

이 식이 유리수가 되려면 $-a-2=0$이어야 하므로

$a=-2$

69 답 ②

$$\sqrt{2}(a+4\sqrt{2})-\sqrt{3}(\sqrt{3}+\sqrt{6})=a\sqrt{2}+8-3-3\sqrt{2}$$
$$=5+(a-3)\sqrt{2}$$

이 식이 유리수가 되려면 $a-3=0$이어야 하므로

$a=3$

70 답 ①

$\frac{3-\sqrt{48}}{\sqrt{3}}+\sqrt{3}a(\sqrt{12}-2)$

$=\frac{(3-4\sqrt{3})\times\sqrt{3}}{\sqrt{3}\times\sqrt{3}}+\sqrt{3}a(2\sqrt{3}-2)$

$=\frac{3\sqrt{3}-12}{3}+6a-2a\sqrt{3}$

$=\sqrt{3}-4+6a-2a\sqrt{3}$

$=6a-4+(1-2a)\sqrt{3}$

이 식이 유리수가 되려면 $1-2a=0$이어야 하므로

$a=\frac{1}{2}$

71 답 $\frac{5\sqrt{6}}{2}\text{cm}^2$

$$(\text{사다리꼴의 넓이})=\frac{1}{2}\times\{\sqrt{8}+(\sqrt{8}+\sqrt{2})\}\times\sqrt{3}$$
$$=\frac{1}{2}\times(2\sqrt{2}+2\sqrt{2}+\sqrt{2})\times\sqrt{3}$$
$$=\frac{1}{2}\times5\sqrt{2}\times\sqrt{3}=\frac{5\sqrt{6}}{2}(\text{cm}^2)$$

72 답 $(24+6\sqrt{35})\text{cm}^2$

(직육면체의 겉넓이)

$=2\{(\sqrt{5}+\sqrt{7})\times\sqrt{7}+(\sqrt{5}+\sqrt{7})\times\sqrt{5}+\sqrt{7}\times\sqrt{5}\}$

$=2(\sqrt{35}+7+5+\sqrt{35}+\sqrt{35})$

$=2(12+3\sqrt{35})=24+6\sqrt{35}(\text{cm}^2)$

73 답 ②

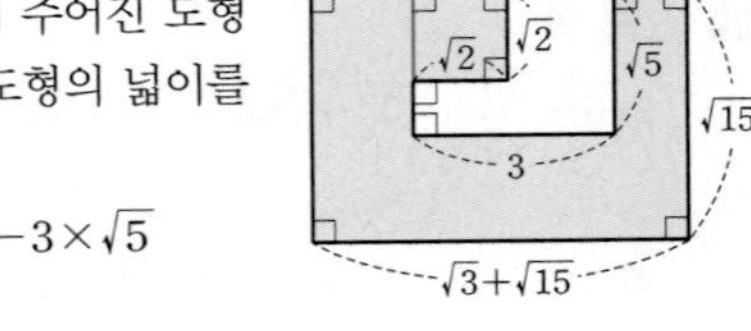

오른쪽 그림과 같이 주어진 도형에 보조선을 그어 도형의 넓이를 구하면

$(\sqrt{3}+\sqrt{15})\times\sqrt{15}-3\times\sqrt{5}$

$+\sqrt{2}\times\sqrt{2}$

$=3\sqrt{5}+15-3\sqrt{5}+2=17$

따라서 주어진 도형과 넓이가 같은 정사각형의 한 변의 길이는 $\sqrt{17}$이다.

74 답 ③

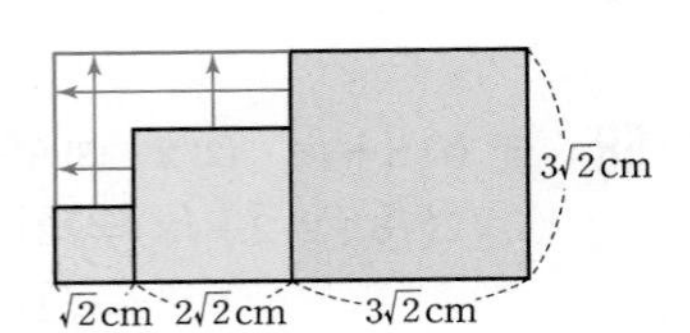

세 정사각형의 넓이가 각각 2cm^2, 8cm^2, 18cm^2이므로 한 변의 길이는 각각

$\sqrt{2}$cm, $\sqrt{8}=2\sqrt{2}$(cm), $\sqrt{18}=3\sqrt{2}$(cm)

$\therefore$ (둘레의 길이)$=2(\sqrt{2}+2\sqrt{2}+3\sqrt{2})+2\times3\sqrt{2}$

$=12\sqrt{2}+6\sqrt{2}=18\sqrt{2}$(cm)

75 답 ③

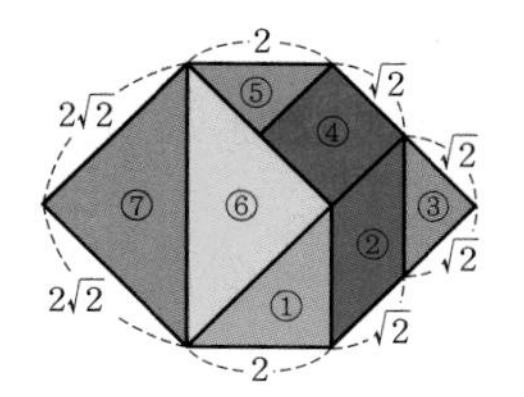

(둘레의 길이)

$=2\sqrt{2}+2\sqrt{2}+2+\sqrt{2}+\sqrt{2}+\sqrt{2}+\sqrt{2}+2$

$=4+8\sqrt{2}$

76 답 $\frac{2\sqrt{15}}{3}$

전체 넓이가 240이므로 큰 정사각형의 한 변의 길이는

$\sqrt{240}=4\sqrt{15}$

땅 A와 E는 넓이가 같으므로 땅 A의 가로의 길이는

$4\sqrt{15}\times\frac{1}{2}=2\sqrt{15}$

이때 땅 A의 넓이가 40이므로 땅 A의 세로의 길이는

$40\div2\sqrt{15}=40\times\frac{1}{2\sqrt{15}}=\frac{20}{\sqrt{15}}=\frac{20\sqrt{15}}{15}=\frac{4\sqrt{15}}{3}$

땅 C의 넓이가 60이므로 땅 C의 한 변의 길이는

$\sqrt{60}=2\sqrt{15}$

따라서 땅 B의 세로의 길이는

$4\sqrt{15}-\left(\frac{4\sqrt{15}}{3}+2\sqrt{15}\right)=4\sqrt{15}-\frac{10\sqrt{15}}{3}=\frac{2\sqrt{15}}{3}$

77 답 ①

$\overline{PA}=\overline{PQ}=\sqrt{1^2+1^2}=\sqrt{2}$이므로 $a=-2-\sqrt{2}$

$\overline{RB}=\overline{RS}=\sqrt{1^2+1^2}=\sqrt{2}$이므로 $b=1+\sqrt{2}$

$\therefore a-b=(-2-\sqrt{2})-(1+\sqrt{2})=-3-2\sqrt{2}$

78 답 $6\sqrt{5}$

$\overline{AP}=\overline{AB}=\sqrt{2^2+1^2}=\sqrt{5}$이므로 $a=1-\sqrt{5}$

$\overline{AQ}=\overline{AC}=\sqrt{1^2+2^2}=\sqrt{5}$이므로 $b=1+\sqrt{5}$

$\therefore \sqrt{5}a+5b=\sqrt{5}(1-\sqrt{5})+5(1+\sqrt{5})$

$=\sqrt{5}-5+5+5\sqrt{5}=6\sqrt{5}$

79 답 $-1+2\sqrt{2}$

$\overline{BP}=\overline{BD}=\sqrt{1^2+1^2}=\sqrt{2}$이므로

점 P에 대응하는 수는 $-1-\sqrt{2}$

$\overline{AQ}=\overline{AC}=\sqrt{1^2+1^2}=\sqrt{2}$이므로

점 Q에 대응하는 수는 $-2+\sqrt{2}$

$\therefore \overline{PQ}=(-2+\sqrt{2})-(-1-\sqrt{2})=-1+2\sqrt{2}$

80 답 ④

① $2\sqrt{3}-(\sqrt{2}+\sqrt{3})=2\sqrt{3}-\sqrt{2}-\sqrt{3}=\sqrt{3}-\sqrt{2}>0$

$\therefore 2\sqrt{3}>\sqrt{2}+\sqrt{3}$

② $4\sqrt{2}-(1+2\sqrt{2})=4\sqrt{2}-1-2\sqrt{2}$

$=2\sqrt{2}-1=\sqrt{8}-1>0$

$\therefore 4\sqrt{2}>1+2\sqrt{2}$

③ $3\sqrt{2}-(5-\sqrt{2})=3\sqrt{2}-5+\sqrt{2}$

$=4\sqrt{2}-5=\sqrt{32}-\sqrt{25}>0$

$\therefore 3\sqrt{2}>5-\sqrt{2}$

④ $(2\sqrt{3}-1)-(3\sqrt{2}-1)=2\sqrt{3}-1-3\sqrt{2}+1$

$=2\sqrt{3}-3\sqrt{2}$

$=\sqrt{12}-\sqrt{18}<0$

$\therefore 2\sqrt{3}-1<3\sqrt{2}-1$

⑤ $(4\sqrt{6}-3\sqrt{5})-(\sqrt{5}+2\sqrt{6})=4\sqrt{6}-3\sqrt{5}-\sqrt{5}-2\sqrt{6}$

$=2\sqrt{6}-4\sqrt{5}$

$=\sqrt{24}-\sqrt{80}<0$

$\therefore 4\sqrt{6}-3\sqrt{5}<\sqrt{5}+2\sqrt{6}$

따라서 옳은 것은 ④이다.

81 답 ③

$a-b=(3\sqrt{2}-2)-1=3\sqrt{2}-3=\sqrt{18}-\sqrt{9}>0$

$\therefore a>b$

$a-c=(3\sqrt{2}-2)-(2\sqrt{5}-2)=3\sqrt{2}-2-2\sqrt{5}+2$

$=3\sqrt{2}-2\sqrt{5}=\sqrt{18}-\sqrt{20}<0$

$\therefore a<c$

$\therefore b<a<c$

82 답 $3+\sqrt{12}$, $5+\sqrt{3}$, $\sqrt{48}$

$(5+\sqrt{3})-(3+\sqrt{12})=5+\sqrt{3}-3-2\sqrt{3}=2-\sqrt{3}$

$=\sqrt{4}-\sqrt{3}>0$

$\therefore 5+\sqrt{3}>3+\sqrt{12}$ … (i)

$(5+\sqrt{3})-\sqrt{48}=5+\sqrt{3}-4\sqrt{3}=5-3\sqrt{3}$

$=\sqrt{25}-\sqrt{27}<0$

$\therefore 5+\sqrt{3}<\sqrt{48}$ … (ii)

따라서 $3+\sqrt{12}<5+\sqrt{3}<\sqrt{48}$이므로

작은 것부터 차례로 나열하면

$3+\sqrt{12}$, $5+\sqrt{3}$, $\sqrt{48}$ … (iii)

채점 기준	비율
(i) $5+\sqrt{3}$과 $3+\sqrt{12}$의 대소 비교하기	40 %
(ii) $5+\sqrt{3}$과 $\sqrt{48}$의 대소 비교하기	40 %
(iii) 주어진 세 수를 작은 것부터 차례로 나열하기	20 %

83 답 ②

$\triangle ABC \backsim \triangle PQR$이고 닮음비는 $\sqrt{10}:2\sqrt{5}=\sqrt{2}:2$이므로

$(\sqrt{2}+\sqrt{5}):x=\sqrt{2}:2$, $\sqrt{2}x=2(\sqrt{2}+\sqrt{5})$

$\therefore x=\frac{2\sqrt{2}+2\sqrt{5}}{\sqrt{2}}=\frac{(2\sqrt{2}+2\sqrt{5})\times\sqrt{2}}{\sqrt{2}\times\sqrt{2}}=2+\sqrt{10}$

84 답 $(80+30\sqrt{2})\text{cm}$

끈이 지나는 상자의 한가운데를 수직으로 자른 단면을 생각해 보면 오른쪽 그림과 같은 도형을 생각할 수 있다.

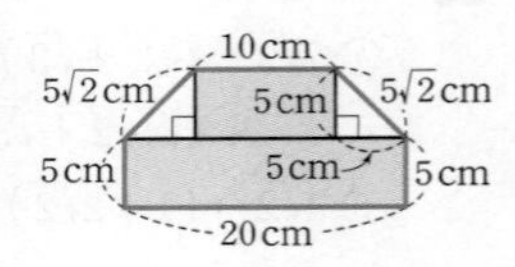

이 도형의 둘레의 길이는

$10+5\sqrt{2}+5+20+5+5\sqrt{2}=40+10\sqrt{2}(\text{cm})$

따라서 필요한 끈의 전체 길이는

$2\times(40+10\sqrt{2})+10\sqrt{2}=80+20\sqrt{2}+10\sqrt{2}$
$=80+30\sqrt{2}(\text{cm})$

단원 마무리 P. 39~41

1 ④	2 ③	3 ③	4 ⑤	5 ④
6 $-3\sqrt{2}$	7 ④	8 ①	9 1	10 $12\sqrt{3}$
11 ④	12 ②	13 ⑤	14 $4\sqrt{10}\text{cm}$	
15 $2\sqrt{2}-3$		16 ③	17 $-\frac{2}{3}$	18 ④
19 $\frac{\sqrt{3}}{9}\text{cm}^2$			20 $\frac{32\sqrt{7}}{3}\text{cm}^3$	
21 $6\sqrt{3}+10\sqrt{5}$				

1 ④ $\sqrt{5}\div\sqrt{\frac{1}{2}}=\sqrt{5}\div\frac{1}{\sqrt{2}}=\sqrt{5}\times\sqrt{2}=\sqrt{10}$

2 $3\sqrt{5}=\sqrt{3^2\times5}=\sqrt{45}\quad\therefore a=45$

$\sqrt{52}=\sqrt{2^2\times13}=2\sqrt{13}\quad\therefore b=2,\ c=13$

$\therefore a+b+c=45+2+13=60$

3 ① $\sqrt{0.03}=\sqrt{\frac{3}{100}}=\frac{\sqrt{3}}{10}=\frac{1.732}{10}=0.1732$

② $\sqrt{0.27}=\sqrt{\frac{27}{100}}=\frac{3\sqrt{3}}{10}=\frac{3\times1.732}{10}=0.5196$

③ $\sqrt{0.3}=\sqrt{\frac{30}{100}}=\frac{\sqrt{30}}{10}$

④ $\sqrt{12}=2\sqrt{3}=2\times1.732=3.464$

⑤ $\sqrt{300}=10\sqrt{3}=10\times1.732=17.32$

따라서 $\sqrt{3}$의 값을 이용하여 제곱근의 값을 구할 수 없는 것은 ③이다.

4 $\sqrt{140}=\sqrt{2^2\times5\times7}=2\sqrt{5}\sqrt{7}=2ab$

5 $\frac{5}{\sqrt{18}}=\frac{5}{3\sqrt{2}}=\frac{5\sqrt{2}}{6}\quad\therefore a=\frac{5}{6}$

$\frac{1}{2\sqrt{3}}=\frac{\sqrt{3}}{6}\quad\therefore b=\frac{1}{6}$

$\therefore a-b=\frac{5}{6}-\frac{1}{6}=\frac{4}{6}=\frac{2}{3}$

6 $8\sqrt{3}\times\left(-\frac{3}{\sqrt{2}}\right)\div2\sqrt{12}=8\sqrt{3}\times\left(-\frac{3}{\sqrt{2}}\right)\times\frac{1}{2\sqrt{12}}$

$=8\sqrt{3}\times\left(-\frac{3}{\sqrt{2}}\right)\times\frac{1}{4\sqrt{3}}$

$=-\frac{6}{\sqrt{2}}=-3\sqrt{2}$

7 □ABCD의 한 변의 길이를 $x$cm라고 하면

$\sqrt{x^2+x^2}=6,\ \sqrt{2}x=6$

$\therefore x=\frac{6}{\sqrt{2}}=3\sqrt{2}$

∴ (□ABCD의 둘레의 길이)$=4\times3\sqrt{2}=12\sqrt{2}(\text{cm})$

8 $8\sqrt{3}-\sqrt{24}-\sqrt{12}+\frac{\sqrt{54}}{3}=8\sqrt{3}-2\sqrt{6}-2\sqrt{3}+\sqrt{6}$

$=6\sqrt{3}-\sqrt{6}$

9 $\frac{2-\sqrt{3}}{\sqrt{2}}-\sqrt{2}(3-2\sqrt{3})=\frac{(2-\sqrt{3})\times\sqrt{2}}{\sqrt{2}\times\sqrt{2}}-3\sqrt{2}+2\sqrt{6}$

$=\frac{2\sqrt{2}-\sqrt{6}}{2}-3\sqrt{2}+2\sqrt{6}$

$=\sqrt{2}-\frac{\sqrt{6}}{2}-3\sqrt{2}+2\sqrt{6}$

$=-2\sqrt{2}+\frac{3\sqrt{6}}{2}$

따라서 $a=-2,\ b=\frac{3}{2}$이므로

$a+2b=-2+2\times\frac{3}{2}=1$

10 $\overline{AB}=\sqrt{12}=2\sqrt{3},\ \overline{AD}=\sqrt{48}=4\sqrt{3}$이므로

(□ABCD의 둘레의 길이)$=2\times(2\sqrt{3}+4\sqrt{3})$

$=2\times6\sqrt{3}=12\sqrt{3}$

11 ① $(\sqrt{5}+\sqrt{10})-(3+\sqrt{5})=\sqrt{5}+\sqrt{10}-3-\sqrt{5}$

$=\sqrt{10}-3=\sqrt{10}-\sqrt{9}>0$

$\therefore \sqrt{5}+\sqrt{10}>3+\sqrt{5}$

② $(2\sqrt{3}+1)-(\sqrt{3}+3)=2\sqrt{3}+1-\sqrt{3}-3$

$=\sqrt{3}-2=\sqrt{3}-\sqrt{4}<0$

$\therefore 2\sqrt{3}+1<\sqrt{3}+3$

③ $(5-\sqrt{3})-(2+\sqrt{3})=5-\sqrt{3}-2-\sqrt{3}$

$=3-2\sqrt{3}=\sqrt{9}-\sqrt{12}<0$

$\therefore 5-\sqrt{3}<2+\sqrt{3}$

④ $(\sqrt{7}+2)-(2\sqrt{7}-1)=\sqrt{7}+2-2\sqrt{7}+1$

$=3-\sqrt{7}=\sqrt{9}-\sqrt{7}>0$

$\therefore \sqrt{7}+2>2\sqrt{7}-1$

⑤ $(\sqrt{2}+1)-(2\sqrt{2}-1)=\sqrt{2}+1-2\sqrt{2}+1$

$=2-\sqrt{2}=\sqrt{4}-\sqrt{2}>0$

$\therefore \sqrt{2}+1>2\sqrt{2}-1$

따라서 옳은 것은 ④이다.

12 $\sqrt{2}\times\sqrt{5}\times\sqrt{a}\times\sqrt{5a}\times\sqrt{50}=\sqrt{2\times5\times a\times5a\times50}$
$=\sqrt{2500a^2}=\sqrt{(50a)^2}$
이때 $a>0$에서 $50a>0$이므로
$\sqrt{(50a)^2}=50a$
따라서 $50a=250$이므로 $a=5$

13 $\sqrt{22000}=\sqrt{55\times400}=20\sqrt{55}=20\times7.416=148.32$

14 원뿔의 높이를 h cm라고 하면
$\frac{1}{3}\times\pi\times(3\sqrt{6})^2\times h=72\sqrt{10}\pi$
$18h=72\sqrt{10}$
$\therefore h=\frac{72\sqrt{10}}{18}=4\sqrt{10}$
따라서 원뿔의 높이는 $4\sqrt{10}$ cm이다.

15 $7<\sqrt{50}<8$이므로
$f(50)=\sqrt{50}-7=5\sqrt{2}-7$ … (i)
$4<\sqrt{18}<5$이므로
$f(18)=\sqrt{18}-4=3\sqrt{2}-4$ … (ii)
$\therefore f(50)-f(18)=(5\sqrt{2}-7)-(3\sqrt{2}-4)$
$=5\sqrt{2}-7-3\sqrt{2}+4$
$=2\sqrt{2}-3$ … (iii)

채점 기준	비율
(i) $f(50)$의 값 구하기	30 %
(ii) $f(18)$의 값 구하기	30 %
(iii) $f(50)-f(18)$의 값 구하기	40 %

16 $\frac{5a\sqrt{b}}{\sqrt{a}}-\frac{2b\sqrt{a}}{\sqrt{b}}=\frac{5a\sqrt{ab}}{a}-\frac{2b\sqrt{ab}}{b}=5\sqrt{ab}-2\sqrt{ab}$
$=3\sqrt{ab}=3\sqrt{25}=3\times5=15$

다른 풀이

$\frac{5a\sqrt{b}}{\sqrt{a}}-\frac{2b\sqrt{a}}{\sqrt{b}}=5a\sqrt{\frac{b}{a}}-2b\sqrt{\frac{a}{b}}$
$=\sqrt{25a^2\times\frac{b}{a}}-\sqrt{4b^2\times\frac{a}{b}}$
$=\sqrt{25ab}-\sqrt{4ab}=5\sqrt{ab}-2\sqrt{ab}$
$=3\sqrt{ab}=3\sqrt{25}=3\times5=15$

17 $\sqrt{12}\left(\frac{1}{\sqrt{6}}+\sqrt{3}\right)-\frac{a}{\sqrt{2}}(\sqrt{8}-3)=\sqrt{2}+\sqrt{36}-\sqrt{4}a+\frac{3a}{\sqrt{2}}$
$=\sqrt{2}+6-2a+\frac{3a\sqrt{2}}{2}$
$=(6-2a)+\left(1+\frac{3a}{2}\right)\sqrt{2}$
이 식이 유리수가 되려면 $1+\frac{3a}{2}=0$이어야 하므로
$\frac{3a}{2}=-1$ $\therefore a=-\frac{2}{3}$

18 $\overline{BP}=\overline{BD}=\sqrt{1^2+1^2}=\sqrt{2}$, $\overline{AQ}=\overline{AC}=\sqrt{1^2+1^2}=\sqrt{2}$ (③)이므로
① $P(4-\sqrt{2})$
② $Q(3+\sqrt{2})$
④ $\overline{PA}=\overline{PB}-\overline{AB}=\sqrt{2}-1$
⑤ $\overline{PQ}=(3+\sqrt{2})-(4-\sqrt{2})=2\sqrt{2}-1$
따라서 옳은 것은 ④이다.

19 직각이등변삼각형 D의 넓이를 x cm²라고 하면
$\sqrt{3}\times\sqrt{3}\times\sqrt{3}\times x=1$, $3\sqrt{3}x=1$
$\therefore x=\frac{1}{3\sqrt{3}}=\frac{\sqrt{3}}{9}$
따라서 직각이등변삼각형 D의 넓이는 $\frac{\sqrt{3}}{9}$ cm²이다.

다른 풀이

$x=1\times\frac{1}{\sqrt{3}}\times\frac{1}{\sqrt{3}}\times\frac{1}{\sqrt{3}}=\frac{1}{3\sqrt{3}}=\frac{\sqrt{3}}{9}$

20 △ABC는 직각이등변삼각형이므로
$\overline{AC}=\sqrt{4^2+4^2}=4\sqrt{2}$(cm)
△OAC는 이등변삼각형이므로
$\overline{CH}=\frac{1}{2}\overline{AC}=\frac{1}{2}\times4\sqrt{2}=2\sqrt{2}$(cm)
△OHC에서
$\overline{OH}=\sqrt{6^2-(2\sqrt{2})^2}=2\sqrt{7}$(cm)
∴ (정사각뿔의 부피)$=\frac{1}{3}\times4\times4\times2\sqrt{7}$
$=\frac{32\sqrt{7}}{3}$(cm³)

21 오른쪽 그림과 같이 넓이가 각각 3, 5, 12, 20인 정사각형의 한 변의 길이는 차례로 $\sqrt{3}$, $\sqrt{5}$, $\sqrt{12}(=2\sqrt{3})$, $\sqrt{20}(=2\sqrt{5})$이고, 겹치는 부분인 정사각형의 한 변의 길이는 차례로

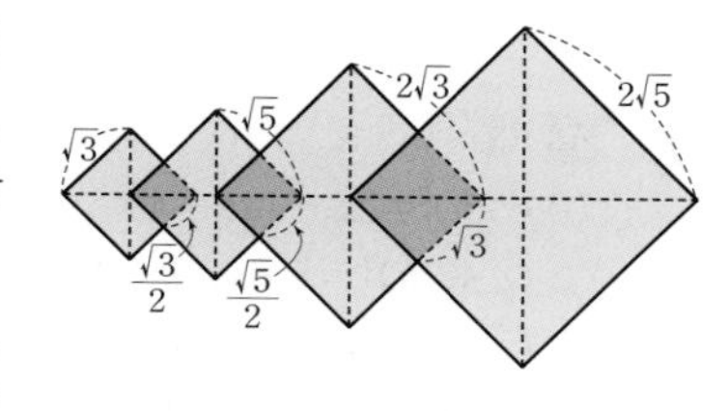

$\frac{1}{2}\times\sqrt{3}=\frac{\sqrt{3}}{2}$, $\frac{1}{2}\times\sqrt{5}=\frac{\sqrt{5}}{2}$, $\frac{1}{2}\times2\sqrt{3}=\sqrt{3}$
즉, $\frac{\sqrt{3}}{2}$, $\frac{\sqrt{5}}{2}$, $\sqrt{3}$이므로
(주어진 도형의 둘레의 길이)
=(처음 네 정사각형의 둘레의 길이)
−(겹치는 부분인 세 정사각형의 둘레의 길이)
$=4\times(\sqrt{3}+\sqrt{5}+2\sqrt{3}+2\sqrt{5})-4\times\left(\frac{\sqrt{3}}{2}+\frac{\sqrt{5}}{2}+\sqrt{3}\right)$
$=4\times(3\sqrt{3}+3\sqrt{5})-4\times\left(\frac{3\sqrt{3}}{2}+\frac{\sqrt{5}}{2}\right)$
$=12\sqrt{3}+12\sqrt{5}-6\sqrt{3}-2\sqrt{5}$
$=6\sqrt{3}+10\sqrt{5}$

유형 1~9 P. 44~49

1 답 (1) $12a^2-2ab-2b^2$ (2) $3x^2-8xy+4y^2$
(3) $10x^2-xy-8x-2y^2+4y$

(1) $(3a+b)(4a-2b)=12a^2-6ab+4ab-2b^2$
$=12a^2-2ab-2b^2$

(2) $(x-2y)(3x-2y)=3x^2-2xy-6xy+4y^2$
$=3x^2-8xy+4y^2$

(3) $(2x-y)(5x+2y-4)$
$=10x^2+4xy-8x-5xy-2y^2+4y$
$=10x^2-xy-8x-2y^2+4y$

2 답 ④

$(x+3y-5)(3x-2y+1)$에서
x^2항이 나오는 부분만 전개하면 $3x^2$
xy항이 나오는 부분만 전개하면 $-2xy+9xy=7xy$
따라서 x^2의 계수는 3, xy의 계수는 7이므로
$3+7=10$

3 답 ①

$(ax-y)(2x-6y-1)$에서 xy항이 나오는 부분만 전개하면
$-6axy-2xy=16xy$, $(-6a-2)xy=16xy$
$-6a-2=16$ $\quad\therefore a=-3$

4 답 ③

③ $(2x-3)^2=4x^2-12x+9$

5 답 ③

$(a-2b)^2=a^2-4ab+4b^2$
① $(a+2b)^2=a^2+4ab+4b^2$
② $(-a-2b)^2=a^2+4ab+4b^2$
③ $(-a+2b)^2=a^2-4ab+4b^2$
④ $-(a-2b)^2=-(a^2-4ab+4b^2)=-a^2+4ab-4b^2$
⑤ $-(-a+2b)^2=-(a^2-4ab+4b^2)=-a^2+4ab-4b^2$
따라서 $(a-2b)^2$과 전개식이 같은 것은 ③이다.

6 답 $\frac{3}{4}$

$(x-a)^2=x^2-2ax+a^2=x^2-bx+\frac{1}{16}$

$a^2=\frac{1}{16}$에서 a는 양수이므로 $a=\frac{1}{4}$ … (i)

$-2a=-b$에서 $b=2a=2\times\frac{1}{4}=\frac{1}{2}$ … (ii)

$\therefore a+b=\frac{1}{4}+\frac{1}{2}=\frac{3}{4}$ … (iii)

채점 기준	비율
(i) a의 값 구하기	40 %
(ii) b의 값 구하기	40 %
(iii) $a+b$의 값 구하기	20 %

7 답 ②

② $(-3+x)(-3-x)=(-3)^2-x^2=9-x^2$

8 답 ②

$(ax+2y)(2y-ax)=(2y+ax)(2y-ax)$
$=4y^2-a^2x^2=-a^2x^2+4y^2$
$=-\frac{1}{25}x^2+4y^2$

이므로 $a^2=\frac{1}{25}$

이때 $a>0$이므로 $a=\frac{1}{5}$

9 답 ②

① $(x+y)(x-y)=x^2-y^2$
② $(x+y)(-x-y)=-(x+y)(x+y)$
$=-(x^2+2xy+y^2)$
$=-x^2-2xy-y^2$
③ $(-x+y)(-x-y)=(-x)^2-y^2=x^2-y^2$
④ $-(x+y)(-x+y)=(x+y)(x-y)=x^2-y^2$
⑤ $-(x-y)(-x-y)=(x-y)(x+y)=x^2-y^2$
따라서 전개식이 나머지 넷과 다른 하나는 ②이다.

10 답 ③

$\left(\frac{1}{2}a+\frac{4}{3}b\right)\left(\frac{1}{2}a-\frac{4}{3}b\right)$
$=\left(\frac{1}{2}a\right)^2-\left(\frac{4}{3}b\right)^2=\frac{1}{4}a^2-\frac{16}{9}b^2$
$=\frac{1}{4}\times12-\frac{16}{9}\times9=3-16=-13$

11 답 ⑤

$(a-3)(a+3)(a^2+9)=(a^2-9)(a^2+9)=a^4-81$

12 답 ③

$(1-x)(1+x)(1+x^2)(1+x^4)$
$=(1-x^2)(1+x^2)(1+x^4)$
$=(1-x^4)(1+x^4)=1-x^8$
$\therefore \square=8$

13 답 264

$(x-2)(x+2)(x^2+4)(x^4+16)$
$=(x^2-4)(x^2+4)(x^4+16)$
$=(x^4-16)(x^4+16)=x^8-256$ … (i)

따라서 $a=8$, $b=256$이므로 … (ii)
$a+b=8+256=264$ … (iii)

채점 기준	비율
(i) 주어진 식을 전개하기	60 %
(ii) a, b의 값 구하기	20 %
(iii) $a+b$의 값 구하기	20 %

14 답 $-\frac{2}{5}$

$\left(x-\frac{1}{2}y\right)\left(x+\frac{1}{5}y\right)=x^2+\left(-\frac{1}{2}+\frac{1}{5}\right)xy-\frac{1}{10}y^2$

$=x^2-\frac{3}{10}xy-\frac{1}{10}y^2$

따라서 $a=-\frac{3}{10}$, $b=-\frac{1}{10}$이므로

$a+b=-\frac{3}{10}+\left(-\frac{1}{10}\right)=-\frac{4}{10}=-\frac{2}{5}$

15 답 ⑤

① $(x+6)(x-2)=x^2+\boxed{4}x-12$

② $(x-8)(x+4)=x^2-\boxed{4}x-32$

③ $(x+1)(x+4)=x^2+5x+\boxed{4}$

④ $(x+y)(x-5y)=x^2-\boxed{4}xy-5y^2$

⑤ $(x-y)(x-4y)=x^2-\boxed{5}xy+4y^2$

따라서 □ 안의 수가 나머지 넷과 다른 하나는 ⑤이다.

16 답 0

$(x-6)(x+a)=x^2+(-6+a)x-6a$

$=x^2+bx-18$

이므로 $-6+a=b$, $-6a=-18$

따라서 $a=3$, $b=-3$이므로

$a+b=3+(-3)=0$

17 답 ③

$(x+A)(x+B)=x^2+(A+B)x+AB$

$=x^2+Cx-12$

이므로 $A+B=C$, $AB=-12$

이때 $AB=-12$를 만족시키는 정수 A, B의 순서쌍 (A, B)는

$(1, -12)$, $(-12, 1)$, $(2, -6)$, $(-6, 2)$,
$(3, -4)$, $(-4, 3)$, $(4, -3)$, $(-3, 4)$,
$(6, -2)$, $(-2, 6)$, $(12, -1)$, $(-1, 12)$

$\therefore C=-11, -4, -1, 1, 4, 11$

18 답 6

$\left(3x+\frac{3}{5}y\right)\left(2x-\frac{1}{3}y\right)=6x^2+\left(-1+\frac{6}{5}\right)xy-\frac{1}{5}y^2$

$=6x^2+\frac{1}{5}xy-\frac{1}{5}y^2$

따라서 $a=6$, $b=\frac{1}{5}$, $c=-\frac{1}{5}$이므로

$a+b+c=6+\frac{1}{5}+\left(-\frac{1}{5}\right)=6$

19 답 ④

$(2x+a)(bx-5)=2bx^2+(-10+ab)x-5a$

$=-14x^2+cx+15$

이므로 $2b=-14$, $-10+ab=c$, $-5a=15$

따라서 $a=-3$, $b=-7$, $c=-10+(-3)\times(-7)=11$

이므로

$a+b+c=-3+(-7)+11=1$

20 답 6

$(5x+3)(4x-a)=20x^2+(-5a+12)x-3a$이므로

$-5a+12=-3a$ $\therefore a=6$

21 답 $15x^2+17x-4$

$(3x+a)(x-5)=3x^2+(-15+a)x-5a$

$=3x^2-11x-20$

이므로 $-15+a=-11$, $-5a=-20$ $\therefore a=4$

따라서 바르게 계산한 식은

$(3x+4)(5x-1)=15x^2+17x-4$

22 답 ④

① $(-x+y)^2=x^2-2xy+y^2$

② $(2x-3y)^2=4x^2-12xy+9y^2$

③ $\left(-x+\frac{1}{3}\right)\left(-x-\frac{1}{3}\right)=x^2-\frac{1}{9}$

⑤ $(2x+1)(3x-1)=6x^2+x-1$

따라서 옳은 것은 ④이다.

23 답 ①

① $(x-2)^2=x^2-\boxed{4}x+4$

② $(-a+3b)^2=a^2-6ab+\boxed{9}b^2$

③ $(x-8)(x+3)=x^2-\boxed{5}x-24$

④ $(2x-3)(4x+1)=8x^2-\boxed{10}x-3$

⑤ $(2a+b)(3a-5b)=\boxed{6}a^2-7ab-5b^2$

따라서 □ 안에 알맞은 수가 가장 작은 것은 ①이다.

24 답 ㄷ

보기의 식을 전개하여 xy의 계수를 구하면

ㄱ. $(5x+3y)^2=25x^2+30xy+9y^2$에서 30

ㄴ. $(2x-8y)(2x+8y)=4x^2-64y^2$에서 0

ㄷ. $(x-6y)^2=x^2-12xy+36y^2$에서 -12

ㄹ. $(2x-3y)(5x+3y)=10x^2-9xy-9y^2$에서 -9

따라서 xy의 계수가 가장 작은 것은 ㄷ이다.

25 답 $8x^2+4xy-8y^2$

$(3x+2y)(3x-2y)-(x-2y)^2$
$=9x^2-4y^2-(x^2-4xy+4y^2)$
$=9x^2-4y^2-x^2+4xy-4y^2$
$=8x^2+4xy-8y^2$

26 답 39

$(3x+5)(x+4)-2(x-1)(x+5)$
$=3x^2+17x+20-2(x^2+4x-5)$
$=3x^2+17x+20-2x^2-8x+10$
$=x^2+9x+30$
따라서 x의 계수는 9, 상수항은 30이므로 x의 계수와 상수항의 합은 $9+30=39$

27 답 36

$(4x-y)(5x+6y)-(x-4y)(2x+3y)$
$=20x^2+19xy-6y^2-(2x^2-5xy-12y^2)$
$=20x^2+19xy-6y^2-2x^2+5xy+12y^2$
$=18x^2+24xy+6y^2$ … (i)
따라서 $A=18$, $B=24$, $C=6$이므로 … (ii)
$A+B-C=18+24-6=36$ … (iii)

채점 기준	비율
(i) 주어진 식 간단히 하기	60 %
(ii) A, B, C의 값 구하기	30 %
(iii) $A+B-C$의 값 구하기	10 %

28 답 -2

$2(x+a)^2+(3x-1)(4-x)$
$=2(x^2+2ax+a^2)+(-3x^2+13x-4)$
$=2x^2+4ax+2a^2-3x^2+13x-4$
$=-x^2+(4a+13)x+2a^2-4$
이므로 $4a+13=17$ $\therefore a=1$
따라서 상수항은 $2a^2-4=2\times1^2-4=-2$

29 답 $x^2+3x-10$

(직사각형의 넓이)$=(x+5)(x-2)=x^2+3x-10$

30 답 ④

(색칠한 직사각형의 넓이)$=(4x+3)(3x-2)$
$=12x^2+x-6$

31 답 ④

(직사각형의 넓이)$=(a-b)(a+b)=a^2-b^2$
이므로 처음 정사각형의 넓이 a^2에서 b^2만큼 줄어든다.

32 답 $24x^2-20x+4$

오른쪽 그림에서 길을 제외한 정원의 넓이는
$(6x-2)(4x-2)=24x^2-20x+4$

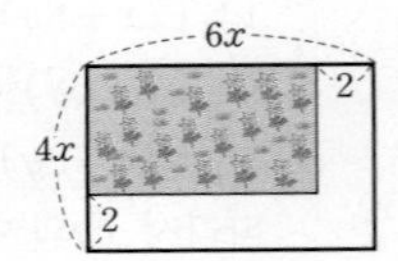

33 답 $-a^2+3ab-2b^2$

큰 정사각형의 가로의 길이가 b이므로
색칠한 직사각형의 가로의 길이는 $a-b$
작은 정사각형의 가로, 세로의 길이가 모두 $a-b$이므로
색칠한 직사각형의 세로의 길이는 $b-(a-b)=-a+2b$
따라서 색칠한 직사각형의 넓이는
$(a-b)(-a+2b)=-a^2+3ab-2b^2$

34 답 x^2

$A=(x+3y)^2-4\times x\times 3y=x^2-6xy+9y^2$
$B=3y(2x+3y)-4\times x\times 3y=9y^2-6xy$
$\therefore A-B=(x^2-6xy+9y^2)-(9y^2-6xy)=x^2$

다른 풀이

$A=(3y-x)^2=9y^2-6xy+x^2$
$B=(3y-2x)\times 3y=9y^2-6xy$
$\therefore A-B=(9y^2-6xy+x^2)-(9y^2-6xy)=x^2$

35 답 (1) $a^2+4ab+4b^2+a+2b-12$ (2) $4x^2-y^2-2y-1$

(1) $a+2b=A$로 놓으면
$(a+2b-3)(a+2b+4)=(A-3)(A+4)$
$=A^2+A-12$
$=(a+2b)^2+(a+2b)-12$
$=a^2+4ab+4b^2+a+2b-12$

(2) $y+1=A$로 놓으면
$(-2x+y+1)(-2x-y-1)$
$=(-2x+A)(-2x-A)$
$=4x^2-A^2=4x^2-(y+1)^2$
$=4x^2-(y^2+2y+1)=4x^2-y^2-2y-1$

36 답 $2A$, $2(x-2y)$, $x^2-4xy+4y^2+2x-4y+1$

$x-2y=A$로 놓으면
$(x-2y+1)^2=(A+1)^2$
$=A^2+\boxed{2A}+1$
$=(x-2y)^2+\boxed{2(x-2y)}+1$
$=\boxed{x^2-4xy+4y^2+2x-4y+1}$

37 답 ③

$4x+3y=A$로 놓으면
$(4x+3y-z)^2=(A-z)^2$
$=A^2-2Az+z^2$
$=(4x+3y)^2-2(4x+3y)z+z^2$
$=16x^2+24xy+9y^2-8xz-6yz+z^2$
xy의 계수가 24이므로 $a=24$
yz의 계수가 -6이므로 $b=-6$
$\therefore a-b=24-(-6)=30$

38 답 ③

$43\times37=(40+3)(40-3)$이므로

$(a+b)(a-b)=a^2-b^2$을 이용하는 것이 가장 편리하다.

39 답 ④

$1003^2=(1000+3)^2=1000^2+2\times1000\times3+3^2$

이므로 $a=2\times1000\times3=6000$

$5.7\times6.3=(6-0.3)(6+0.3)=6^2-0.3^2$

이므로 $b=6$, $c=2$

$\therefore a+b+c=6000+6+2=6008$

40 답 175

$89\times87-88\times86$

$=(90-1)(90-3)-(90-2)(90-4)$

$=90^2-4\times90+3-(90^2-6\times90+8)$

$=2\times90-5=180-5=175$

41 답 1010

$\dfrac{1009\times1011+1}{1010}=\dfrac{(1010-1)(1010+1)+1}{1010}$

$=\dfrac{1010^2-1+1}{1010}=\dfrac{1010^2}{1010}=1010$

42 답 6

$999\times1001+1=(1000-1)(1000+1)+1$

$=1000^2-1^2+1$

$=1000^2=(10^3)^2=10^6$

$\therefore a=6$

43 답 9

$\dfrac{2021^2-2015\times2027}{2020^2-2018\times2022}$

$=\dfrac{2021^2-(2021-6)(2021+6)}{2020^2-(2020-2)(2020+2)}$ … (i)

$=\dfrac{2021^2-(2021^2-6^2)}{2020^2-(2020^2-2^2)}=\dfrac{36}{4}=9$ … (ii)

채점 기준	비율
(i) 주어진 식을 곱셈 공식을 이용할 수 있도록 변형하기	50 %
(ii) 답 구하기	50 %

44 답 $2^{32}-1$

$(2+1)(2^2+1)(2^4+1)(2^8+1)(2^{16}+1)$

$=(2-1)(2+1)(2^2+1)(2^4+1)(2^8+1)(2^{16}+1)$

$=(2^2-1)(2^2+1)(2^4+1)(2^8+1)(2^{16}+1)$

$=(2^4-1)(2^4+1)(2^8+1)(2^{16}+1)$

$=(2^8-1)(2^8+1)(2^{16}+1)$

$=(2^{16}-1)(2^{16}+1)=2^{32}-1$

45 답 ②

① $(2\sqrt{3}+3)^2=12+12\sqrt{3}+9=21+12\sqrt{3}$

② $(5\sqrt{3}+\sqrt{2})(4\sqrt{3}-\sqrt{2})=60+(-5+4)\sqrt{6}-2$

$=58-\sqrt{6}$

③ $(\sqrt{7}+3)(\sqrt{7}-3)=7-9=-2$

④ $(\sqrt{5}+2)(\sqrt{5}-7)=5+(2-7)\sqrt{5}-14$

$=-9-5\sqrt{5}$

⑤ $(\sqrt{8}-\sqrt{12})^2=8-2\sqrt{96}+12=20-8\sqrt{6}$

따라서 옳은 것은 ②이다.

46 답 $30+7\sqrt{2}$

$(3\sqrt{2}+1)^2-(\sqrt{2}-3)(2\sqrt{2}+5)$

$=(18+6\sqrt{2}+1)-\{4+(5-6)\sqrt{2}-15\}$

$=(19+6\sqrt{2})-(-11-\sqrt{2})$

$=30+7\sqrt{2}$

47 답 ③

$(a-3\sqrt{3})(3-2\sqrt{3})=3a+(-2a-9)\sqrt{3}+18$

$=(3a+18)-(2a+9)\sqrt{3}$

즉, $3a+18=15$, $2a+9=b$이므로

$a=-1$, $b=7$

$\therefore a+b=-1+7=6$

48 답 $6-4\sqrt{2}$

$1<\sqrt{2}<2$에서 $-2<-\sqrt{2}<-1$이므로

$3<5-\sqrt{2}<4$

$\therefore 5-\sqrt{2}$의 정수 부분은 3,

소수 부분은 $a=(5-\sqrt{2})-3=2-\sqrt{2}$

$\therefore a^2=(2-\sqrt{2})^2=6-4\sqrt{2}$

49 답 3

$(2+2\sqrt{3})(a-3\sqrt{3})=2a+(-6+2a)\sqrt{3}-18$

$=(2a-18)+(-6+2a)\sqrt{3}$ … (i)

이 식이 유리수가 되려면

$-6+2a=0$이어야 하므로 … (ii)

$2a=6$ $\quad\therefore a=3$ … (iii)

채점 기준	비율
(i) 주어진 식을 간단히 하기	40 %
(ii) 주어진 식이 유리수가 되도록 하는 a의 조건 구하기	40 %
(iii) a의 값 구하기	20 %

50 답 2

$(2-\sqrt{5})^{10}(2+\sqrt{5})^{11}=\{(2-\sqrt{5})(2+\sqrt{5})\}^{10}(2+\sqrt{5})$

$=(4-5)^{10}(2+\sqrt{5})$

$=2+\sqrt{5}$

따라서 $a=2$, $b=1$이므로

$ab=2\times1=2$

51 답 $20+2\sqrt{10}$

오른쪽 그림과 같이 주어진 도형에 보조선을 그으면

(정사각형 A의 넓이)

$=(\sqrt{2}+\sqrt{5})^2=7+2\sqrt{10}$

(직사각형 B의 넓이)

$=(\sqrt{2}+\sqrt{5}+2\sqrt{2})(\sqrt{18}-\sqrt{5})$

$=(3\sqrt{2}+\sqrt{5})(3\sqrt{2}-\sqrt{5})=18-5=13$

$\therefore$ (구하는 넓이)$=(7+2\sqrt{10})+13=20+2\sqrt{10}$

52 답 ④

① $\frac{3}{\sqrt{2}}=\frac{3\times\sqrt{2}}{\sqrt{2}\times\sqrt{2}}=\frac{3\sqrt{2}}{2}$

② $\frac{1}{\sqrt{5}-2}=\frac{\sqrt{5}+2}{(\sqrt{5}-2)(\sqrt{5}+2)}=\sqrt{5}+2$

③ $\frac{1}{\sqrt{7}+\sqrt{5}}=\frac{\sqrt{7}-\sqrt{5}}{(\sqrt{7}+\sqrt{5})(\sqrt{7}-\sqrt{5})}=\frac{\sqrt{7}-\sqrt{5}}{2}$

④ $\frac{2}{2-\sqrt{2}}=\frac{2(2+\sqrt{2})}{(2-\sqrt{2})(2+\sqrt{2})}=\frac{2(2+\sqrt{2})}{2}=2+\sqrt{2}$

⑤ $\frac{5}{\sqrt{7}+2\sqrt{3}}=\frac{5(\sqrt{7}-2\sqrt{3})}{(\sqrt{7}+2\sqrt{3})(\sqrt{7}-2\sqrt{3})}=\frac{5(\sqrt{7}-2\sqrt{3})}{-5}$

$=-(\sqrt{7}-2\sqrt{3})=2\sqrt{3}-\sqrt{7}$

따라서 옳은 것은 ④이다.

53 답 ④

$y=\frac{1}{x}=\frac{1}{8+3\sqrt{7}}=\frac{8-3\sqrt{7}}{(8+3\sqrt{7})(8-3\sqrt{7})}=8-3\sqrt{7}$

$\therefore x+y=(8+3\sqrt{7})+(8-3\sqrt{7})=16$

54 답 10

$\frac{2\sqrt{3}+3\sqrt{2}}{2\sqrt{3}-3\sqrt{2}}=\frac{(2\sqrt{3}+3\sqrt{2})^2}{(2\sqrt{3}-3\sqrt{2})(2\sqrt{3}+3\sqrt{2})}$

$=\frac{30+12\sqrt{6}}{-6}=-5-2\sqrt{6}$

따라서 $a=-5$, $b=-2$이므로

$ab=-5\times(-2)=10$

55 답 5

$\frac{\sqrt{7}-\sqrt{3}}{\sqrt{7}+\sqrt{3}}+\frac{\sqrt{7}+\sqrt{3}}{\sqrt{7}-\sqrt{3}}$

$=\frac{(\sqrt{7}-\sqrt{3})^2}{(\sqrt{7}+\sqrt{3})(\sqrt{7}-\sqrt{3})}+\frac{(\sqrt{7}+\sqrt{3})^2}{(\sqrt{7}-\sqrt{3})(\sqrt{7}+\sqrt{3})}$

$=\frac{10-2\sqrt{21}}{4}+\frac{10+2\sqrt{21}}{4}=\frac{5-\sqrt{21}}{2}+\frac{5+\sqrt{21}}{2}=5$

56 답 $10+5\sqrt{3}$

$1<\sqrt{3}<2$에서 $-2<-\sqrt{3}<-1$이므로

$5<7-\sqrt{3}<6$

$\therefore$ $7-\sqrt{3}$의 정수 부분 $a=5$,

소수 부분 $b=(7-\sqrt{3})-5=2-\sqrt{3}$

$\therefore \frac{a}{b}=\frac{5}{2-\sqrt{3}}=\frac{5(2+\sqrt{3})}{(2-\sqrt{3})(2+\sqrt{3})}=10+5\sqrt{3}$

57 답 $-19-6\sqrt{10}$

$\overline{AP}=\overline{AB}=\sqrt{3^2+1^2}=\sqrt{10}$이므로 점 P에 대응하는 수는

$-3+\sqrt{10}$ $\quad\therefore a=-3+\sqrt{10}$ ⋯ (i)

$\overline{AQ}=\overline{AD}=\sqrt{1^2+3^2}=\sqrt{10}$이므로 점 Q에 대응하는 수는

$-3-\sqrt{10}$ $\quad\therefore b=-3-\sqrt{10}$ ⋯ (ii)

$\therefore \frac{b}{a}=\frac{-3-\sqrt{10}}{-3+\sqrt{10}}=\frac{(-3-\sqrt{10})^2}{(-3+\sqrt{10})(-3-\sqrt{10})}$

$=-19-6\sqrt{10}$ ⋯ (iii)

채점 기준	비율
(i) a의 값 구하기	30 %
(ii) b의 값 구하기	30 %
(iii) $\frac{b}{a}$의 값 구하기	40 %

58 답 ④

$\frac{1}{F(1)}+\frac{1}{F(2)}+\frac{1}{F(3)}+\cdots+\frac{1}{F(24)}$

$=\frac{1}{\sqrt{1}+\sqrt{2}}+\frac{1}{\sqrt{2}+\sqrt{3}}+\frac{1}{\sqrt{3}+\sqrt{4}}+\cdots+\frac{1}{\sqrt{24}+\sqrt{25}}$

$=\frac{\sqrt{1}-\sqrt{2}}{(\sqrt{1}+\sqrt{2})(\sqrt{1}-\sqrt{2})}+\frac{\sqrt{2}-\sqrt{3}}{(\sqrt{2}+\sqrt{3})(\sqrt{2}-\sqrt{3})}$

$+\frac{\sqrt{3}-\sqrt{4}}{(\sqrt{3}+\sqrt{4})(\sqrt{3}-\sqrt{4})}+\cdots+\frac{\sqrt{24}-\sqrt{25}}{(\sqrt{24}+\sqrt{25})(\sqrt{24}-\sqrt{25})}$

$=(\sqrt{2}-\sqrt{1})+(\sqrt{3}-\sqrt{2})+(\sqrt{4}-\sqrt{3})+\cdots+(\sqrt{25}-\sqrt{24})$

$=-\sqrt{1}+\sqrt{25}=-1+5=4$

59 답 ③

$x^2+y^2=(x+y)^2-2xy=7^2-2\times3=49-6=43$

60 답 -5

$a^2+b^2=(a-b)^2+2ab$에서

$6=(-4)^2+2ab$, $2ab=-10$ $\quad\therefore ab=-5$

61 답 ①

$x^2+y^2=(x+y)^2-2xy=3^2-2\times(-2)=13$

$\therefore \frac{y}{x}+\frac{x}{y}=\frac{x^2+y^2}{xy}=-\frac{13}{2}$

62 답 36

$(x+y)^2=(x-y)^2+4xy=(-2\sqrt{6})^2+4\times3$

$=24+12=36$

63 답 $\frac{4}{3}$

$a^2+b^2=(a+b)^2-2ab$에서

$10=4^2-2ab$, $2ab=6$ $\quad\therefore ab=3$

$\therefore \frac{1}{a}+\frac{1}{b}=\frac{b+a}{ab}=\frac{4}{3}$

64 답 ⑤

$x=\dfrac{1}{\sqrt{5}-2}=\dfrac{\sqrt{5}+2}{(\sqrt{5}-2)(\sqrt{5}+2)}=\sqrt{5}+2$,

$y=\dfrac{1}{\sqrt{5}+2}=\dfrac{\sqrt{5}-2}{(\sqrt{5}+2)(\sqrt{5}-2)}=\sqrt{5}-2$이므로

$x+y=(\sqrt{5}+2)+(\sqrt{5}-2)=2\sqrt{5}$,

$xy=(\sqrt{5}+2)(\sqrt{5}-2)=1$

$\therefore x^2+xy+y^2=(x+y)^2-2xy+xy$

$=(x+y)^2-xy=(2\sqrt{5})^2-1=19$

65 답 9

$(x+2)(y+2)=4$에서

$xy+2(x+y)+4=4$

이때 $xy=-2$이므로 $-2+2(x+y)=0$

$2(x+y)=2 \quad \therefore x+y=1$ … (i)

$\therefore (x-y)^2=(x+y)^2-4xy$

$=1^2-4\times(-2)=9$ … (ii)

채점 기준	비율
(i) $x+y$의 값 구하기	50 %
(ii) $(x-y)^2$의 값 구하기	50 %

66 답 10

$4x+4y=40$이므로 $x+y=10$

이때 $x^2+y^2=80$이고,

$x^2+y^2=(x+y)^2-2xy$이므로

$80=10^2-2xy$, $2xy=20 \quad \therefore xy=10$

67 답 (1) 6 (2) 8

(1) $x^2+\dfrac{1}{x^2}=\left(x-\dfrac{1}{x}\right)^2+2=2^2+2=6$

(2) $\left(x+\dfrac{1}{x}\right)^2=\left(x-\dfrac{1}{x}\right)^2+4=2^2+4=8$

68 답 ③

$a^2+\dfrac{1}{a^2}=\left(a+\dfrac{1}{a}\right)^2-2=(2\sqrt{7})^2-2=26$

69 답 (1) 14 (2) 12

$x\neq0$이므로 $x^2-4x+1=0$의 양변을 x로 나누면

$x-4+\dfrac{1}{x}=0 \quad \therefore x+\dfrac{1}{x}=4$

(1) $x^2+\dfrac{1}{x^2}=\left(x+\dfrac{1}{x}\right)^2-2=4^2-2=14$

(2) $\left(x-\dfrac{1}{x}\right)^2=\left(x+\dfrac{1}{x}\right)^2-4=4^2-4=12$

70 답 17

$x\neq0$이므로 $x^2=5x+1$의 양변을 x로 나누면

$x=5+\dfrac{1}{x} \quad \therefore x-\dfrac{1}{x}=5$

$\therefore x^2-10+\dfrac{1}{x^2}=x^2+\dfrac{1}{x^2}-10$

$=\left(x-\dfrac{1}{x}\right)^2+2-10$

$=5^2-8=17$

71 답 ④

$x=2+\sqrt{3}$에서 $x-2=\sqrt{3}$이므로

이 식의 양변을 제곱하면 $(x-2)^2=(\sqrt{3})^2$

$x^2-4x+4=3$, $x^2-4x=-1$

$\therefore x^2-4x+11=-1+11=10$

다른 풀이

$x=2+\sqrt{3}$이므로

$x^2-4x+11=(2+\sqrt{3})^2-4(2+\sqrt{3})+11$

$=4+4\sqrt{3}+3-8-4\sqrt{3}+11$

$=10$

72 답 ②

$x=\dfrac{2}{\sqrt{3}+1}=\dfrac{2(\sqrt{3}-1)}{(\sqrt{3}+1)(\sqrt{3}-1)}=\sqrt{3}-1$에서

$x+1=\sqrt{3}$이므로

이 식의 양변을 제곱하면 $(x+1)^2=(\sqrt{3})^2$

$x^2+2x+1=3$, $x^2+2x=2$

$\therefore x^2+2x-5=2-5=-3$

73 답 ③

$2<\sqrt{5}<3$에서 $-3<-\sqrt{5}<-2$이므로

$1<4-\sqrt{5}<2$

$\therefore 4-\sqrt{5}$의 정수 부분은 1,

소수 부분 $a=(4-\sqrt{5})-1=3-\sqrt{5}$

$a-3=-\sqrt{5}$의 양변을 제곱하면 $(a-3)^2=(-\sqrt{5})^2$

$a^2-6a+9=5$, $a^2-6a=-4$

$\therefore a^2-6a+5=-4+5=1$

74 답 세호

주어진 식을 전개하면 $(x-2)^2=x^2-4x+4$

$(-x+2)^2=x^2-4x+4$이므로 ➡

$-(-x+2)^2=-x^2+4x-4$이므로 ⬇

$(-x-2)^2=x^2+4x+4$이므로 ⬇

$\{-(-x+2)\}^2=(-x+2)^2=x^2-4x+4$이므로 ➡

따라서 보영이가 출구에서 만나는 친구는 세호이다.

75 답 (1) 33개 (2) $33x^2+33xy-66y^2$

앞, 오른쪽 옆, 위에서 본 것을 합하여 입체도형을 그리면 오른쪽 그림과 같다.

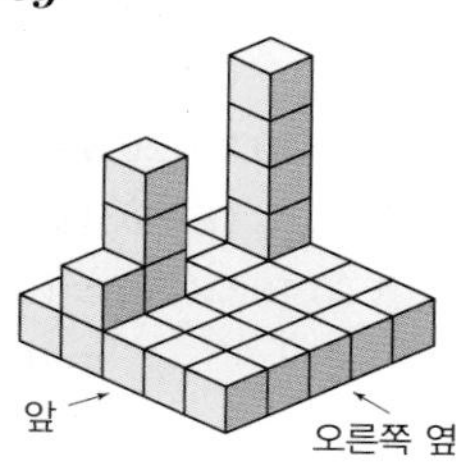

(1) 1층, 2층, 3층, 4층, 5층에 놓인 상자의 개수는 각각 25개, 3개, 2개, 2개, 1개

따라서 입체도형 전체를 이루는 상자의 개수는
$25+3+2+2+1=33$(개)

(2) (상자 한 개의 부피)$=(x-y)\times(x+2y)\times1$
$=x^2+xy-2y^2$

따라서 입체도형의 부피는
$33\times$(상자 한 개의 부피)$=33\times(x^2+xy-2y^2)$
$=33x^2+33xy-66y^2$

단원 마무리 P. 55~57

1 5 **2** 4 **3** ③, ⑤ **4** ① **5** ⑤
6 ② **7** ④ **8** ① **9** 34 **10** ④
11 ① **12** ④ **13** a^2-b^2 **14** 8
15 $12+4\sqrt{2}-2\sqrt{5}$ **16** $\dfrac{2+\sqrt{7}}{3}$
17 $-1+\sqrt{11}$ **18** 4 **19** 15
20 $-2x^2+7xy-6y^2$ **21** $x^4+8x^3-x^2-68x+60$

1 $(ax-4y)(2x+5y+3)$에서 xy항이 나오는 부분만 전개하면
$5axy-8xy=17xy$, $(5a-8)xy=17xy$
$5a-8=17$ $\therefore a=5$

2 $(5x+2y)(Ax-y)=5Ax^2+(-5+2A)xy-2y^2$
$=15x^2+Bxy-2y^2$
이므로 $5A=15$, $-5+2A=B$
따라서 $A=3$, $B=1$이므로 $A+B=3+1=4$

3 ① $(-x-3y)^2=x^2+6xy+9y^2$
② $\left(x-\frac{1}{2}\right)^2=x^2-x+\frac{1}{4}$
④ $(x+5)(x-8)=x^2-3x-40$
따라서 옳은 것은 ③, ⑤이다.

4 (색칠한 직사각형의 넓이)$=(a+b)(a-2b)$
$=a^2-ab-2b^2$

5 ① $104^2=(100+4)^2=100^2+2\times100\times4+4^2$
⇨ $(a+b)^2=a^2+2ab+b^2$
② $96^2=(100-4)^2=100^2-2\times100\times4+4^2$
⇨ $(a-b)^2=a^2-2ab+b^2$
③ $19.7\times20.3=(20-0.3)(20+0.3)=20^2-0.3^2$
⇨ $(a+b)(a-b)=a^2-b^2$
④ $102\times103=(100+2)(100+3)$
$=100^2+(2+3)\times100+2\times3$
⇨ $(x+a)(x+b)=x^2+(a+b)x+ab$
⑤ $98\times102=(100-2)(100+2)=100^2-2^2$
⇨ $(a+b)(a-b)=a^2-b^2$
따라서 적절하지 않은 것은 ⑤이다.

6 $(\sqrt{3}-1)^2+(\sqrt{5}+2)(\sqrt{5}-2)=(3-2\sqrt{3}+1)+(5-4)$
$=5-2\sqrt{3}$

7 $(a\sqrt{7}+3)(2\sqrt{7}-1)=14a+(-a+6)\sqrt{7}-3$
$=(14a-3)+(-a+6)\sqrt{7}$
이 식이 유리수가 되려면 $-a+6=0$이어야 하므로
$a=6$
따라서 $a=6$일 때, 주어진 식의 값은
$14a-3=14\times6-3=81$

8 $\dfrac{\sqrt{3}-5}{2+\sqrt{3}}=\dfrac{(\sqrt{3}-5)(2-\sqrt{3})}{(2+\sqrt{3})(2-\sqrt{3})}=-13+7\sqrt{3}$
따라서 $a=-13$, $b=7$이므로
$a+b=-13+7=-6$

9 $x=\dfrac{\sqrt{2}+1}{\sqrt{2}-1}=\dfrac{(\sqrt{2}+1)^2}{(\sqrt{2}-1)(\sqrt{2}+1)}=3+2\sqrt{2}$,
$y=\dfrac{\sqrt{2}-1}{\sqrt{2}+1}=\dfrac{(\sqrt{2}-1)^2}{(\sqrt{2}+1)(\sqrt{2}-1)}=3-2\sqrt{2}$이므로 … (i)
$x+y=(3+2\sqrt{2})+(3-2\sqrt{2})=6$
$xy=(3+2\sqrt{2})(3-2\sqrt{2})=1$ … (ii)
$\therefore \dfrac{x}{y}+\dfrac{y}{x}=\dfrac{x^2+y^2}{xy}=\dfrac{(x+y)^2-2xy}{xy}$
$=\dfrac{6^2-2\times1}{1}=34$ … (iii)

채점 기준	비율
(i) x, y의 분모를 각각 유리화하기	40 %
(ii) $x+y$, xy의 값 구하기	20 %
(iii) $\frac{x}{y}+\frac{y}{x}$의 값 구하기	40 %

10 $x^2+\dfrac{1}{x^2}=\left(x-\dfrac{1}{x}\right)^2+2=4^2+2=18$

11 $x=\dfrac{1}{2\sqrt{6}-5}=\dfrac{2\sqrt{6}+5}{(2\sqrt{6}-5)(2\sqrt{6}+5)}=-2\sqrt{6}-5$에서
$x+5=-2\sqrt{6}$이므로
이 식의 양변을 제곱하면 $(x+5)^2=(-2\sqrt{6})^2$
$x^2+10x+25=24$, $x^2+10x=-1$
$\therefore x^2+10x-3=-1-3=-4$

12 ㄱ, ㄴ, ㄹ, ㅁ. $x^2-2xy+y^2$
ㄷ. $-x^2+2xy-y^2$
ㅂ. $x^2+2xy+y^2$
따라서 전개식이 같은 것은 ㄱ, ㄴ, ㄹ, ㅁ이다.

13 새로 만든 직사각형은 오른쪽 그림과 같으므로

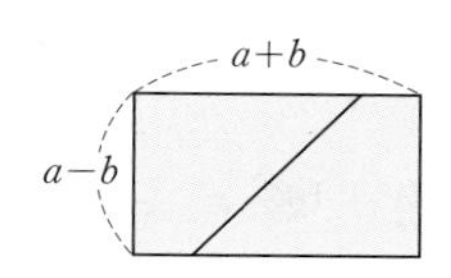

(구하는 넓이)$=(a+b)(a-b)$
$=a^2-b^2$

14 $(3+1)(3^2+1)(3^4+1)$
$=\frac{1}{2}(3-1)(3+1)(3^2+1)(3^4+1)$ … (i)
$=\frac{1}{2}(3^2-1)(3^2+1)(3^4+1)$
$=\frac{1}{2}(3^4-1)(3^4+1)$
$=\frac{1}{2}(3^8-1)$ … (ii)
$\therefore a=8$ … (iii)

채점 기준	비율
(i) 주어진 식의 좌변에 $\frac{1}{2}(3-1)$ 곱하기	30 %
(ii) 곱셈 공식을 이용하여 식 간단히 하기	50 %
(iii) a의 값 구하기	20 %

15 $\overline{AP}=\overline{AD}=\sqrt{2^2+1^2}=\sqrt{5}$이므로 점 P에 대응하는 수는
$1-\sqrt{5}$ $\quad\therefore a=1-\sqrt{5}$
$\overline{AQ}=\overline{AE}=\sqrt{1^2+1^2}=\sqrt{2}$이므로 점 Q에 대응하는 수는
$1+\sqrt{2}$ $\quad\therefore b=1+\sqrt{2}$
$\therefore a^2+2b^2=(1-\sqrt{5})^2+2(1+\sqrt{2})^2$
$=(1-2\sqrt{5}+5)+2(1+2\sqrt{2}+2)$
$=12+4\sqrt{2}-2\sqrt{5}$

16 $\frac{9}{4+\sqrt{7}}=\frac{9(4-\sqrt{7})}{(4+\sqrt{7})(4-\sqrt{7})}=4-\sqrt{7}$
$2<\sqrt{7}<3$이고 $-3<-\sqrt{7}<-2$이므로
$1<4-\sqrt{7}<2$
$\therefore 4-\sqrt{7}$의 정수 부분 $a=1$
소수 부분 $b=(4-\sqrt{7})-1=3-\sqrt{7}$
$\therefore \frac{1}{a-b}=\frac{1}{1-(3-\sqrt{7})}=\frac{1}{-2+\sqrt{7}}$
$=\frac{-2-\sqrt{7}}{(-2+\sqrt{7})(-2-\sqrt{7})}=\frac{2+\sqrt{7}}{3}$

17 $f(1)+f(2)+f(3)+\cdots+f(10)$
$=\frac{1}{\sqrt{2}+1}+\frac{1}{\sqrt{3}+\sqrt{2}}+\frac{1}{\sqrt{4}+\sqrt{3}}+\cdots+\frac{1}{\sqrt{11}+\sqrt{10}}$
$=\frac{\sqrt{2}-1}{(\sqrt{2}+1)(\sqrt{2}-1)}+\frac{\sqrt{3}-\sqrt{2}}{(\sqrt{3}+\sqrt{2})(\sqrt{3}-\sqrt{2})}$
$+\frac{\sqrt{4}-\sqrt{3}}{(\sqrt{4}+\sqrt{3})(\sqrt{4}-\sqrt{3})}+\cdots+\frac{\sqrt{11}-\sqrt{10}}{(\sqrt{11}+\sqrt{10})(\sqrt{11}-\sqrt{10})}$
$=(\sqrt{2}-1)+(\sqrt{3}-\sqrt{2})+(\sqrt{4}-\sqrt{3})+\cdots+(\sqrt{11}-\sqrt{10})$
$=-1+\sqrt{11}$

18 $x\neq0$이므로 $x^2-2x-1=0$의 양변을 x로 나누면
$x-2-\frac{1}{x}=0 \quad \therefore x-\frac{1}{x}=2$
$x^2+\frac{1}{x^2}=\left(x-\frac{1}{x}\right)^2+2=2^2+2=6$
$\therefore 2x^2-4x+\frac{4}{x}+\frac{2}{x^2}=2\left(x^2+\frac{1}{x^2}\right)-4\left(x-\frac{1}{x}\right)$
$=2\times6-4\times2=4$

19 민준: $(x+A)(x+2)=x^2+(A+2)x+2A$
$=x^2+8x+B$
이므로 $A+2=8$, $2A=B$
$\therefore A=6,\ B=2\times6=12$
송이: $(x-2)(Cx+1)=Cx^2+(1-2C)x-2$
$=Cx^2+7x-2$
이므로 $1-2C=7$
$\therefore C=-3$
$\therefore A+B+C=6+12+(-3)=15$

20 □ABFE는 정사각형이므로
$\overline{BF}=\overline{AB}=y$에서 $\overline{FC}=x-y$
□EHGD는 정사각형이므로
$\overline{DG}=\overline{ED}=\overline{FC}=x-y$에서
$\overline{GC}=y-(x-y)=2y-x$
□JICG는 정사각형이므로
$\overline{JI}=\overline{IC}=\overline{GC}=2y-x$에서
$\overline{FI}=x-y-(2y-x)=2x-3y$
따라서 □HFIJ의 넓이는
$(2x-3y)(2y-x)=-2x^2+7xy-6y^2$

21 $(x-1)(x-2)(x+5)(x+6)$
$=(x-1)(x+5)(x-2)(x+6)$
$=(x^2+4x-5)(x^2+4x-12)$
$=(A-5)(A-12)$ ← $x^2+4x=A$로 놓기
$=A^2-17A+60$
$=(x^2+4x)^2-17(x^2+4x)+60$
$=x^4+8x^3+16x^2-17x^2-68x+60$
$=x^4+8x^3-x^2-68x+60$

참고 네 개의 일차식의 곱은 공통부분이 생기도록 두 일차식의 상수항의 합이 같아지게 2개씩 짝을 지어 전개한다.

유형 1~2 P. 60

1 답 ③

③ x^3y와 $2xy^2$의 공통인 인수는 xy이다.

2 답 ③

$(3x^2+1)(y-2) \underset{\text{인수분해}}{\overset{\text{전개}}{\rightleftarrows}} 3x^2y-6x^2+y-2$

3 답 ④

$x(x+2)(x-2)=\underset{\text{ㄱ}}{\underline{x}}\times\underset{\text{ㅁ}}{\underline{(x+2)(x-2)}}$

$=\underset{\text{ㄴ}}{\underline{(x-2)}}\times x(x+2)$

따라서 $x(x+2)(x-2)$의 인수가 아닌 것은 ㄷ, ㄹ이다.

4 답 ④

① $2xy+y^2=y(2x+y)$

② $4a^2-2a=2a(2a-1)$

③ $m^2-3m=m(m-3)$

⑤ $x^2y-2xy^2=xy(x-2y)$

따라서 인수분해한 것이 옳은 것은 ④이다.

5 답 ④

$x^3-x^2y=x^2(x-y)$

따라서 x^3-x^2y의 인수가 아닌 것은 ④ $x(x+y)$이다.

6 답 ㄱ, ㄹ

ㄱ. $abc-2abc^2=\underline{ab}c(1-2c)$

ㄴ. $a^2bx-a^2y=a^2(bx-y)$

ㄷ. $a^2b^2+ac=a(ab^2+c)$

ㄹ. $abx^2-abx+abc=\underline{ab}(x^2-x+c)$

따라서 ab를 인수로 갖는 것은 ㄱ, ㄹ이다.

7 답 (1) $(a-3b)(x+2)$ (2) $(2a-b)(x+y)$

(1) $(x+1)(a-3b)+(a-3b)$

$=(a-3b)(x+1+1)$

$=(a-3b)(x+2)$

(2) $x(2a-b)-y(b-2a)$

$=x(2a-b)+y(2a-b)$

$=(2a-b)(x+y)$

유형 3~22 P. 61~73

8 답 ⑤

⑤ $16a^2+24ab+9b^2=(4a+3b)^2$

9 답 ㄹ, ㅂ

ㄱ. $x^2-8x+16=(x-4)^2$

ㄴ. $4x^2-12x+9=(2x-3)^2$

ㄷ. $2x^2+4xy+2y^2=2(x^2+2xy+y^2)$

$=2(x+y)^2$

ㅁ. $a^2+5a+\frac{25}{4}=\left(a+\frac{5}{2}\right)^2$

따라서 완전제곱식으로 인수분해되지 않는 것은 ㄹ, ㅂ이다.

10 답 ④

$25x^2-30x+9=(5x-3)^2$

따라서 $25x^2-30x+9$의 인수는 ④ $5x-3$이다.

11 답 ①

$ax^2+12x+b=(2x+c)^2=4x^2+4cx+c^2$

즉, $a=4$, $12=4c$, $b=c^2$이므로

$a=4$, $b=9$, $c=3$

$\therefore a+b+c=4+9+3=16$

12 답 ②

① $x^2-16x+\square=x^2-2\times x\times 8+\square$이므로

$\square=8^2=64$ ⇨ 절댓값은 64

② $x^2+20x+\square=x^2+2\times x\times 10+\square$이므로

$\square=10^2=100$ ⇨ 절댓값은 100

③ $4x^2+\square x+25=(2x\pm5)^2$이므로

$\square=\pm2\times2\times5=\pm20$ ⇨ 절댓값은 20

④ $x^2+\square x+196=(x\pm14)^2$이므로

$\square=\pm2\times1\times14=\pm28$ ⇨ 절댓값은 28

⑤ $36x^2+\square x+1=(6x\pm1)^2$이므로

$\square=\pm2\times6\times1=\pm12$ ⇨ 절댓값은 12

따라서 절댓값이 가장 큰 것은 ②이다.

13 답 1

$9x^2+12x+A=(3x)^2+2\times3x\times2+A$이므로

$A=2^2=4$

$x^2+Bx+\frac{9}{4}=\left(x\pm\frac{3}{2}\right)^2$이므로

$B=\pm2\times1\times\frac{3}{2}=\pm3$

이때 $B>0$이므로 $B=3$

$\therefore A-B=4-3=1$

14 답 ②

$9x^2+(m-1)xy+16y^2=(3x\pm4y)^2$이므로

$m-1=\pm2\times3\times4=\pm24$

즉, $m-1=24$에서 $m=25$이고,

$m-1=-24$에서 $m=-23$이다.

따라서 모든 m의 값의 합은 $25+(-23)=2$

15 답 4

$(2x-1)(2x+3)+k=4x^2+4x-3+k$

$=(2x)^2+2\times 2x\times 1+(-3+k)$

이 식이 완전제곱식이 되려면

$-3+k=1^2 \quad \therefore k=4$

16 답 ③

$3<x<5$에서 $x-5<0$, $x-3>0$이므로

$\sqrt{x^2-10x+25}-\sqrt{x^2-6x+9}=\sqrt{(x-5)^2}-\sqrt{(x-3)^2}$

$=-(x-5)-(x-3)$

$=-x+5-x+3$

$=-2x+8$

17 답 ④

$a<0$, $b>0$에서 $a-b<0$이므로

$\sqrt{a^2}-\sqrt{a^2-2ab+b^2}=\sqrt{a^2}-\sqrt{(a-b)^2}$

$=-a-\{-(a-b)\}$

$=-a+a-b=-b$

18 답 $-2a$

$0<a<\frac{1}{2}$에서 $a-\frac{1}{2}<0$, $a+\frac{1}{2}>0$이므로

$\sqrt{a^2-a+\frac{1}{4}}-\sqrt{a^2+a+\frac{1}{4}}=\sqrt{\left(a-\frac{1}{2}\right)^2}-\sqrt{\left(a+\frac{1}{2}\right)^2}$

$=-\left(a-\frac{1}{2}\right)-\left(a+\frac{1}{2}\right)$

$=-a+\frac{1}{2}-a-\frac{1}{2}$

$=-2a$

19 답 $-2a+1$

$\sqrt{x}=a-1$의 양변을 제곱하면

$x=(a-1)^2=a^2-2a+1$이므로

$\sqrt{x-4a+8}-\sqrt{x+6a+3}$

$=\sqrt{a^2-2a+1-4a+8}-\sqrt{a^2-2a+1+6a+3}$

$=\sqrt{a^2-6a+9}-\sqrt{a^2+4a+4}$

$=\sqrt{(a-3)^2}-\sqrt{(a+2)^2}$

이때 $1<a<3$에서 $a-3<0$, $a+2>0$이므로

$\sqrt{x-4a+8}-\sqrt{x+6a+3}=\sqrt{(a-3)^2}-\sqrt{(a+2)^2}$

$=-(a-3)-(a+2)$

$=-a+3-a-2$

$=-2a+1$

20 답 ①, ⑤

② $49x^2-9=(7x+3)(7x-3)$

③ $-4x^2+y^2=y^2-4x^2=(y+2x)(y-2x)$

④ $a^2-\frac{1}{9}b^2=\left(a+\frac{1}{3}b\right)\left(a-\frac{1}{3}b\right)$

따라서 인수분해한 것이 옳은 것은 ①, ⑤이다.

21 답 $14x$

$49x^2-16=(7x+4)(7x-4)$

따라서 두 일차식은 $7x+4$, $7x-4$이므로

두 일차식의 합은 $(7x+4)+(7x-4)=14x$

22 답 ①

$ax^2-25=(bx+5)(3x+c)$

$=3bx^2+(bc+15)x+5c$

즉, $a=3b$, $0=bc+15$, $-25=5c$이므로

$c=-5$, $b=3$, $a=9$

$\therefore a+b+c=9+3+(-5)=7$

23 답 ④

$x^8-1=(x^4+1)(x^4-1)$

$=(x^4+1)(x^2+1)(x^2-1)$

$=\underset{⑤}{\underline{(x^4+1)}}\underset{③}{\underline{(x^2+1)}}\underset{②}{\underline{(x+1)}}\underset{①}{\underline{(x-1)}}$

따라서 x^8-1의 인수가 아닌 것은 ④ x^3+1이다.

24 답 ②

$x^2+4xy-12y^2=(x-2y)(x+6y)$

25 답 ㄱ, ㄹ

ㄱ. $x^2+x-6=(x+3)\underline{(x-2)}$

ㄴ. $x^2+3x+2=(x+1)(x+2)$

ㄷ. $x^2-5x-14=(x+2)(x-7)$

ㄹ. $x^2-7x+10=(x-5)\underline{(x-2)}$

따라서 $x-2$를 인수로 갖는 다항식은 ㄱ, ㄹ이다.

26 답 $2x+2$

$x^2+2x-3=(x-1)(x+3)$ ⋯ (i)

따라서 두 일차식은 $x-1$, $x+3$이므로 ⋯ (ii)

두 일차식의 합은 $(x-1)+(x+3)=2x+2$ ⋯ (iii)

채점 기준	비율
(i) 주어진 식을 인수분해하기	60 %
(ii) 두 일차식 구하기	20 %
(iii) 두 일차식의 합 구하기	20 %

27 답 -2

$x^2+Ax-6=(x+B)(x+3)=x^2+(B+3)x+3B$

⋯ (i)

즉, $A=B+3$, $-6=3B$이므로

$A=1$, $B=-2$ ⋯ (ii)

$\therefore AB=1\times(-2)=-2$ ⋯ (iii)

채점 기준	비율
(i) 우변의 식을 전개하기	40 %
(ii) A, B의 값 구하기	40 %
(iii) AB의 값 구하기	20 %

28 답 ②

$$\begin{aligned}(x+4)(x-6)-8x&=x^2-2x-24-8x\\&=x^2-10x-24\\&=(x+2)(x-12)\end{aligned}$$

29 답 ③

$x^2+kx+6=(x+a)(x+b)=x^2+(a+b)x+ab$에서

$ab=6$이고 a, b는 정수이므로 이를 만족시키는 순서쌍

(a, b)는 $(-6, -1)$, $(-3, -2)$, $(-2, -3)$,

$(-1, -6)$, $(1, 6)$, $(2, 3)$, $(3, 2)$, $(6, 1)$

이때 $k=a+b$이므로 k의 값이 될 수 있는 수는 -7, -5, 5, 7이다.

30 답 ⑤

⑤ $4x^2+3xy-y^2=(x+y)(4x-y)$

31 답 ②, ⑤

$6x^2-5x-6=(2x-3)(3x+2)$

따라서 $6x^2-5x-6$의 인수는 ②, ⑤이다.

32 답 12

$12x^2-17xy-5y^2=(3x-5y)(4x+y)$이므로

$a=3$, $b=-5$, $c=4$

$\therefore a-b+c=3-(-5)+4=12$

33 답 $5x+1$

$6x^2+7x-20=(2x+5)(3x-4)$ ⋯ (i)

따라서 두 일차식은 $2x+5$, $3x-4$이므로 ⋯ (ii)

두 일차식의 합은

$(2x+5)+(3x-4)=5x+1$ ⋯ (iii)

채점 기준	비율
(i) 주어진 식을 인수분해하기	60 %
(ii) 두 일차식 구하기	20 %
(iii) 두 일차식의 합 구하기	20 %

34 답 $a=5$, $b=3$

$$\begin{aligned}8x^2+(3a-1)x-15&=(2x+5)(4x-b)\\&=8x^2+(-2b+20)x-5b\end{aligned}$$

즉, $3a-1=-2b+20$, $-15=-5b$이므로

$a=5$, $b=3$

35 답 ②

$$\begin{aligned}3x^2+ax-4&=(3x+b)(cx+2)\\&=3cx^2+(6+bc)x+2b\end{aligned}$$

즉, $3=3c$, $a=6+bc$, $-4=2b$이므로

$a=4$, $b=-2$, $c=1$

$\therefore abc=4\times(-2)\times1=-8$

36 답 10

$3=1\times3=(-1)\times(-3)$이고,

$-2=1\times(-2)=(-1)\times2$이므로 정수 k의 값을 모두 구하면

$$\begin{array}{ccrcr} 1 & \times & 1 & \to & 3 \\ 3 & & -2 & \to & +)\ -2 \\ \hline &&&& 1 \end{array} \qquad \begin{array}{ccrcr} 1 & \times & -2 & \to & -6 \\ 3 & & 1 & \to & +)\ 1 \\ \hline &&&& -5 \end{array}$$

$$\begin{array}{ccrcr} 1 & \times & -1 & \to & -3 \\ 3 & & 2 & \to & +)\ 2 \\ \hline &&&& -1 \end{array} \qquad \begin{array}{ccrcr} 1 & \times & 2 & \to & 6 \\ 3 & & -1 & \to & +)\ -1 \\ \hline &&&& 5 \end{array}$$

$$\begin{array}{ccrcr} -1 & \times & 1 & \to & -3 \\ -3 & & -2 & \to & +)\ 2 \\ \hline &&&& -1 \end{array} \qquad \begin{array}{ccrcr} -1 & \times & -2 & \to & 6 \\ -3 & & 1 & \to & +)\ -1 \\ \hline &&&& 5 \end{array}$$

$$\begin{array}{ccrcr} -1 & \times & -1 & \to & 3 \\ -3 & & 2 & \to & +)\ -2 \\ \hline &&&& 1 \end{array} \qquad \begin{array}{ccrcr} -1 & \times & 2 & \to & -6 \\ -3 & & -1 & \to & +)\ 1 \\ \hline &&&& -5 \end{array}$$

따라서 정수 k의 값 중 가장 큰 수는 5이고, 가장 작은 수는 -5이므로 그 차는

$5-(-5)=10$

37 답 ①, ④

② $x^2y-2xy^2=xy(x-2y)$

③ $\dfrac{x^2}{4}-y^2=\left(\dfrac{x}{2}+y\right)\left(\dfrac{x}{2}-y\right)$

⑤ $a(x+y)-4(x+y)=(x+y)(a-4)$

따라서 인수분해한 것이 옳은 것은 ①, ④이다.

38 답 ②

① $3x^2-75=3(x^2-25)$
$\qquad=3(x+5)(x-\boxed{5})$

② $4a^2-49=(2a+\boxed{7})(2a-7)$

③ $8x^2-2x-\boxed{3}=(2x+1)(4x-3)$

④ $3x^2-18x+27=3(x^2-6x+9)$
$\qquad=\boxed{3}(x-3)^2$

⑤ $4ab^2-\boxed{4}ab+a=a(2b-1)^2$

따라서 □ 안에 알맞은 수가 가장 큰 것은 ②이다.

39 답 ㄴ, ㅁ, ㅂ

ㄱ. $x^2-x=x(x-1)$

ㄴ. $x^4-1=(x^2+1)(x^2-1)$
$\qquad=(x^2+1)(\underline{x+1})(x-1)$

ㄷ. $x^2-2x+1=(x-1)^2$

ㄹ. $x^2+4x-5=(x-1)(x+5)$

ㅁ. $2x^2+7x+5=(\underline{x+1})(2x+5)$

ㅂ. $3x^2+2x-1=(\underline{x+1})(3x-1)$

따라서 $x+1$을 인수로 갖는 것은 ㄴ, ㅁ, ㅂ이다.

40 답 ①

$x^2-x-12=(x+3)(x-4)$

$2x^2-5x-12=(x-4)(2x+3)$

따라서 두 다항식의 공통인 인수는 $x-4$이다.

41 답 ④

① $x^2-x-2=(x+1)(x-2)$

② $x^2-4x+4=(x-2)^2$

③ $x^2+x-6=(x-2)(x+3)$

④ $2x^2-3x+1=(x-1)(2x-1)$

⑤ $x^2-4=(x+2)(x-2)$

따라서 나머지 넷과 일차 이상의 공통인 인수를 갖지 않는 것은 ④이다.

42 답 6

$4x^2-100y^2=4(x^2-25y^2)=4(x+5y)(x-5y)$

$x^2-xy-20y^2=(x+4y)(x-5y)$ … (i)

따라서 두 다항식의 공통인 인수가 $x-5y$이므로 … (ii)

$a=1,\ b=-5$

$\therefore a-b=1-(-5)=6$ … (iii)

채점 기준	비율
(i) 두 다항식을 각각 인수분해하기	50 %
(ii) 공통인 인수 찾기	30 %
(iii) $a-b$의 값 구하기	20 %

43 답 $-10,\ x+5$

x^2+3x+a의 다른 한 인수를 $x+m$(m은 상수)으로 놓으면

$x^2+3x+a=(x-2)(x+m)$

$=x^2+(-2+m)x-2m$

즉, $3=-2+m,\ a=-2m$이므로 $m=5,\ a=-10$

따라서 상수 a의 값은 -10이고, 다른 한 인수는 $x+5$이다.

44 답 7

$2x^2+ax+6$의 다른 한 인수를 $x+m$(m은 상수)으로 놓으면

$2x^2+ax+6=(2x+3)(x+m)$

$=2x^2+(2m+3)x+3m$

즉, $a=2m+3,\ 6=3m$이므로 $m=2,\ a=7$

45 답 ③

x^2-4x+a의 다른 한 인수를 $x+m$(m은 상수)으로 놓으면

$x^2-4x+a=(x-3)(x+m)$

$=x^2+(-3+m)x-3m$

즉, $-4=-3+m,\ a=-3m$이므로 $m=-1,\ a=3$

$2x^2+bx-9$의 다른 한 인수를 $2x+n$(n은 상수)으로 놓으면

$2x^2+bx-9=(x-3)(2x+n)$

$=2x^2+(n-6)x-3n$

즉, $b=n-6,\ -9=-3n$이므로 $n=3,\ b=-3$

$\therefore a+b=3+(-3)=0$

46 답 -16

$x^2+2x-35=(x-5)(x+7)$

$2x^2-7x-15=(x-5)(2x+3)$

위의 두 다항식의 공통인 인수는 $x-5$이므로

$3x^2+ax+5$도 $x-5$를 인수로 갖는다.

$3x^2+ax+5$의 다른 한 인수를 $3x+m$(m은 상수)으로 놓으면

$3x^2+ax+5=(x-5)(3x+m)$

$=3x^2+(m-15)x-5m$

즉, $a=m-15,\ 5=-5m$이므로

$m=-1,\ a=-16$

47 답 (1) x^2-x-20 (2) $(x+4)(x-5)$

(1) $(x-2)(x+10)=x^2+8x-20$에서

정훈이는 상수항을 제대로 보았으므로

처음 이차식의 상수항은 -20이다.

$(x+3)(x-4)=x^2-x-12$에서

세린이는 x의 계수를 제대로 보았으므로

처음 이차식의 x의 계수는 -1이다.

따라서 처음 이차식은 x^2-x-20이다.

(2) $x^2-x-20=(x+4)(x-5)$

48 답 $(x+5)(2x-3)$

$(x+4)(2x-1)=2x^2+7x-4$에서

연주는 x의 계수를 제대로 보았으므로

처음 이차식의 x의 계수는 7이다.

$(x-3)(2x+5)=2x^2-x-15$에서

해준이는 상수항을 제대로 보았으므로

처음 이차식의 상수항은 -15이다.

따라서 처음 이차식은 $2x^2+7x-15$이므로

이 식을 바르게 인수분해하면

$2x^2+7x-15=(x+5)(2x-3)$

49 답 $(x-2)(x+4)$

$2(x-1)(3x+4)=6x^2+2x-8$에서

진아는 x의 계수와 상수항을 제대로 보았으므로

처음 이차식의 x의 계수는 2, 상수항은 -8이다.

$(x+1)^2=x^2+2x+1$에서

준희는 x^2의 계수와 x의 계수를 제대로 보았으므로

처음 이차식의 x^2의 계수는 1, x의 계수는 2이다.

따라서 처음 이차식은 x^2+2x-8이므로

이 식을 바르게 인수분해하면

$x^2+2x-8=(x-2)(x+4)$

50 답 ④

$6x^2+7x+2=(2x+1)(3x+2)$이고, 가로의 길이가 $2x+1$이므로 세로의 길이는 $3x+2$이다.

51 답 $6x+6$

새로 만든 직사각형의 넓이는 주어진 9개의 직사각형의 넓이의 합과 같으므로

$2x^2+5x+2=(x+2)(2x+1)$

따라서 새로 만든 직사각형의 이웃하는 두 변의 길이는 각각 $x+2$, $2x+1$이므로

(새로 만든 직사각형의 둘레의 길이)

$=2\times\{(x+2)+(2x+1)\}$

$=2(3x+3)=6x+6$

52 답 $3a-1$

사다리꼴의 넓이가 $3a^2+5a-2$이므로

$\frac{1}{2}\times\{(a-3)+(a+7)\}\times(\text{높이})=3a^2+5a-2$ … (i)

$(a+2)\times(\text{높이})=(a+2)(3a-1)$

따라서 사다리꼴의 높이는 $3a-1$이다. … (ii)

채점 기준	비율
(i) 사다리꼴의 넓이를 이용하여 식 세우기	40 %
(ii) 사다리꼴의 높이 구하기	60 %

53 답 $(6a-5)$ m

(확장된 거실의 넓이) $=(12a^2+4a-21)+(4a+6)$

$=12a^2+8a-15$

$=(2a+3)(6a-5)(\text{m}^2)$

이때 확장된 거실의 가로의 길이가 $(2a+3)$ m이므로 확장된 거실의 세로의 길이는 $(6a-5)$ m이다.

54 답 ⑤

(색칠한 부분의 넓이) $=\pi\left(\frac{17a}{2}\right)^2-\pi\left(\frac{5b}{2}\right)^2$

$=\pi\left\{\left(\frac{17a}{2}\right)^2-\left(\frac{5b}{2}\right)^2\right\}$

$=\pi\left(\frac{17a}{2}+\frac{5b}{2}\right)\left(\frac{17a}{2}-\frac{5b}{2}\right)$

$=\frac{1}{4}\pi(17a+5b)(17a-5b)$

55 답 5

두 정사각형의 둘레의 길이의 합이 80이므로

$4x+4y=80$, $4(x+y)=80$

$\therefore x+y=20$

두 정사각형의 넓이의 차가 100이므로

$x^2-y^2=100$ ($\because x>y$)

$(x+y)(x-y)=100$

$20(x-y)=100$

$\therefore x-y=5$

따라서 두 정사각형의 한 변의 길이의 차는 5이다.

56 답 ①

$x-2=A$로 놓으면

$(x-2)^2-2(2-x)-24=(x-2)^2+2(x-2)-24$

$=A^2+2A-24$

$=(A-4)(A+6)$

$=(x-2-4)(x-2+6)$

$=(x-6)(x+4)$

따라서 두 일차식의 합은

$(x-6)+(x+4)=2x-2$

57 답 ②

$x-y=A$로 놓으면

$(x-y)(x-y+2)-15=A(A+2)-15$

$=A^2+2A-15$

$=(A-3)(A+5)$

$=(x-y-3)(x-y+5)$

따라서 주어진 식의 인수인 것은 ②이다.

58 답 $a=4$, $b=-1$

$3x-2=A$, $x+1=B$로 놓으면

$(3x-2)^2-(x+1)^2$

$=A^2-B^2$

$=(A+B)(A-B)$

$=\{(3x-2)+(x+1)\}\{(3x-2)-(x+1)\}$

$=(4x-1)(2x-3)$

$\therefore a=4$, $b=-1$

59 답 21

$x+1=A$, $x-3=B$로 놓으면

$(x+1)^2-9(x+1)(x-3)+20(x-3)^2$

$=A^2-9AB+20B^2$

$=(A-5B)(A-4B)$

$=\{(x+1)-5(x-3)\}\{(x+1)-4(x-3)\}$

$=(-4x+16)(-3x+13)$

$=4(x-4)(3x-13)$

따라서 $a=4$, $b=-4$, $c=-13$이므로

$a-b-c=4-(-4)-(-13)=21$

60 답 ①

$(x+1)(x+2)(x+5)(x+6)-12$

$=\{(x+1)(x+6)\}\{(x+2)(x+5)\}-12$

$=(x^2+7x+6)(x^2+7x+10)-12$

$=(A+6)(A+10)-12$ ← $x^2+7x=A$로 놓기

$=A^2+16A+60-12$

$=A^2+16A+48$

$=(A+4)(A+12)$

$=(x^2+7x+4)(x^2+7x+12)$

$=(x^2+7x+4)(x+3)(x+4)$

61 답 $(x^2+3x-5)(x^2+3x+7)$

$x(x+1)(x+2)(x+3)-35$
$=\{x(x+3)\}\{(x+1)(x+2)\}-35$
$=(x^2+3x)(x^2+3x+2)-35$
$=A(A+2)-35$ ← $x^2+3x=A$로 놓기
$=A^2+2A-35$
$=(A-5)(A+7)$
$=(x^2+3x-5)(x^2+3x+7)$

62 답 ⑤

$(x-5)(x-3)(x+1)(x+3)+36$
$=\{(x-5)(x+3)\}\{(x-3)(x+1)\}+36$
$=(x^2-2x-15)(x^2-2x-3)+36$
$=(A-15)(A-3)+36$ ← $x^2-2x=A$로 놓기
$=A^2-18A+45+36$
$=A^2-18A+81=(A-9)^2$
$=(x^2-2x-9)^2$
따라서 $a=-2$, $b=-9$이므로
$ab=(-2)\times(-9)=18$

63 답 (1) $(a-1)(b+1)$
(2) $(a-b)(a+1)(a-1)$
(3) $(a+b)(a-b-c)$

(1) $ab+a-b-1=a(b+1)-(b+1)$
$=(b+1)(a-1)$
$=(a-1)(b+1)$
(2) $a^3-a^2b-a+b=a^2(a-b)-(a-b)$
$=(a-b)(a^2-1)$
$=(a-b)(a+1)(a-1)$
(3) $a^2-ac-b^2-bc=a^2-b^2-ac-bc$
$=(a+b)(a-b)-c(a+b)$
$=(a+b)(a-b-c)$

64 답 ①, ⑤

$x^2y-4+x^2-4y=x^2y+x^2-4y-4$
$=x^2(y+1)-4(y+1)$
$=(y+1)(x^2-4)$
$=(y+1)(x+2)(x-2)$
따라서 주어진 식의 인수가 아닌 것은 ①, ⑤이다.

65 답 $3x-3$

$x^3-3x^2-25x+75=x^2(x-3)-25(x-3)$
$=(x-3)(x^2-25)$
$=(x-3)(x+5)(x-5)$
따라서 세 일차식의 합은
$(x-3)+(x+5)+(x-5)=3x-3$

66 답 ②

$ab+3a-b-3=a(b+3)-(b+3)=(b+3)(\underline{a-1})$
$a^2-ab-a+b=a(a-b)-(a-b)=(a-b)(\underline{a-1})$
따라서 두 다항식의 공통인 인수는 ② $a-1$이다.

67 답 (1) $(x-2y+3)(x-2y-3)$
(2) $(x+y+z)(x-y-z)$
(3) $(1+x-y)(1-x+y)$

(1) $x^2-4xy+4y^2-9=(x^2-4xy+4y^2)-9$
$=(x-2y)^2-3^2$
$=(x-2y+3)(x-2y-3)$
(2) $x^2-y^2-z^2-2yz=x^2-(y^2+2yz+z^2)$
$=x^2-(y+z)^2$
$=(x+y+z)(x-y-z)$
(3) $2xy+1-x^2-y^2=1-(x^2-2xy+y^2)$
$=1^2-(x-y)^2$
$=(1+x-y)(1-x+y)$

68 답 ⑤

$4x^2-y^2-6y-9=4x^2-(y^2+6y+9)$
$=(2x)^2-(y+3)^2$
$=(2x+y+3)(2x-y-3)$
따라서 주어진 식의 인수인 것은 ⑤이다.

69 답 $2x$

$x^2-y^2+14y-49=x^2-(y^2-14y+49)$
$=x^2-(y-7)^2$
$=(x+y-7)(x-y+7)$
따라서 두 일차식은 $x+y-7$, $x-y+7$이므로 두 일차식의 합은
$(x+y-7)+(x-y+7)=2x$

70 답 2

$25x^2-10xy-4+y^2=(25x^2-10xy+y^2)-4$
$=(5x-y)^2-2^2$
$=(5x-y+2)(5x-y-2)$ … (i)
따라서 $a=5$, $b=-1$, $c=-2$이므로 … (ii)
$a+b+c=5+(-1)+(-2)=2$ … (iii)

채점 기준	비율
(i) 주어진 식을 인수분해하기	60 %
(ii) a, b, c의 값 구하기	30 %
(iii) $a+b+c$의 값 구하기	10 %

71 답 ⑤

$x^2+xy-5x-3y+6=(x-3)y+x^2-5x+6$
$=(x-3)y+(x-2)(x-3)$
$=(x-3)(x+y-2)$

72 답 $x+y+1$

$$x^2-y^2+5x+3y+4=x^2+5x-(y^2-3y-4)$$
$$=x^2+5x-(y+1)(y-4)$$
$$=\{x+(y+1)\}\{x-(y-4)\}$$
$$=(x+y+1)(x-y+4)$$

$\therefore A=x+y+1$

73 답 ③

$$x^2-2x+xy+y-3=(x+1)y+x^2-2x-3$$
$$=(x+1)y+(x+1)(x-3)$$
$$=(x+1)(x+y-3)$$

따라서 두 일차식은 $x+1$, $x+y-3$이므로 두 일차식의 합은 $(x+1)+(x+y-3)=2x+y-2$

74 답 $(x+3y-2)(2x-y+3)$

$$2x^2+5xy-3y^2+11y-x-6$$
$$=2x^2+(5y-1)x-(3y^2-11y+6)$$
$$=2x^2+(5y-1)x-(y-3)(3y-2)$$
$$=\{x+(3y-2)\}\{2x-(y-3)\}$$
$$=(x+3y-2)(2x-y+3)$$

75 답 ③

$$163^2-162^2=(163+162)(163-162) \leftarrow a^2-b^2=(a+b)(a-b)$$
$$=325$$

따라서 주어진 식을 계산하는 데 이용되는 가장 편리한 인수분해 공식은 ③이다.

76 답 ②

$$\frac{2021\times2022+2021}{2022^2-1}=\frac{2021\times(2022+1)}{(2022+1)(2022-1)}$$
$$=\frac{2021\times2023}{2023\times2021}=1$$

77 답 4916

$$A=72.5^2-5\times72.5+2.5^2$$
$$=72.5^2-2\times72.5\times2.5+2.5^2$$
$$=(72.5-2.5)^2$$
$$=70^2=4900$$
$$B=\sqrt{34^2-30^2}$$
$$=\sqrt{(34+30)(34-30)}$$
$$=\sqrt{64\times4}=\sqrt{256}=16$$

$\therefore A+B=4900+16=4916$

78 답 2022

$$2020\times2024+4=2020\times(2020+4)+4$$
$$=2020^2+4\times2020+4$$
$$=(2020+2)^2=2022^2$$

따라서 구하는 자연수는 2022이다.

79 답 ①

$$1^2-2^2+3^2-4^2+5^2-6^2+7^2-8^2+9^2-10^2$$
$$=(1^2-2^2)+(3^2-4^2)+(5^2-6^2)+(7^2-8^2)+(9^2-10^2)$$
$$=(1+2)(1-2)+(3+4)(3-4)+(5+6)(5-6)$$
$$+(7+8)(7-8)+(9+10)(9-10)$$
$$=-(1+2)-(3+4)-(5+6)-(7+8)-(9+10)$$
$$=-(1+2+3+4+5+6+7+8+9+10)$$
$$=-55$$

80 답 $\frac{6}{11}$

$$\left(1-\frac{1}{2^2}\right)\left(1-\frac{1}{3^2}\right)\left(1-\frac{1}{4^2}\right)\cdots\left(1-\frac{1}{10^2}\right)\left(1-\frac{1}{11^2}\right)$$
$$=\left(1-\frac{1}{2}\right)\left(1+\frac{1}{2}\right)\left(1-\frac{1}{3}\right)\left(1+\frac{1}{3}\right)\left(1-\frac{1}{4}\right)\left(1+\frac{1}{4}\right)$$
$$\times\cdots\times\left(1-\frac{1}{10}\right)\left(1+\frac{1}{10}\right)\left(1-\frac{1}{11}\right)\left(1+\frac{1}{11}\right) \quad \cdots \text{(i)}$$
$$=\frac{1}{2}\times\frac{3}{2}\times\frac{2}{3}\times\frac{4}{3}\times\frac{3}{4}\times\frac{5}{4}\times\cdots\times\frac{9}{10}\times\frac{11}{10}\times\frac{10}{11}\times\frac{12}{11}$$
$$=\frac{1}{2}\times\frac{12}{11}=\frac{6}{11} \quad \cdots \text{(ii)}$$

채점 기준	비율
(i) 주어진 식을 인수분해하기	60 %
(ii) 계산하기	40 %

81 답 ①, ④

$$2^{16}-1=(2^8+1)(2^8-1)$$
$$=(2^8+1)(2^4+1)(2^4-1)$$
$$=(2^8+1)(2^4+1)(2^2+1)(2^2-1)$$
$$=(2^8+1)(2^4+1)(2^2+1)(2+1)(2-1)$$
$$=257\times17\times5\times3\times1$$

③ $15=3\times5$　　④ $95=5\times19$

따라서 $2^{16}-1$의 약수가 아닌 것은 ①, ④이다.

82 답 $3+7\sqrt{3}$

$$x^2+3x-10=(x-2)(x+5)$$
$$=(\sqrt{3}+2-2)(\sqrt{3}+2+5)$$
$$=\sqrt{3}(\sqrt{3}+7)=3+7\sqrt{3}$$

83 답 $-8\sqrt{7}$

$x+y=(\sqrt{7}-2)+(\sqrt{7}+2)=2\sqrt{7}$,

$x-y=(\sqrt{7}-2)-(\sqrt{7}+2)=-4$이므로

$x^2-y^2=(x+y)(x-y)=2\sqrt{7}\times(-4)=-8\sqrt{7}$

84 답 ①

$$\frac{4x-12y}{x^2-6xy+9y^2}=\frac{4(x-3y)}{(x-3y)^2}=\frac{4}{x-3y}$$
$$=\frac{4}{(1+2\sqrt{2})-3(-1+2\sqrt{2})}$$
$$=\frac{1}{1-\sqrt{2}}=\frac{1+\sqrt{2}}{(1-\sqrt{2})(1+\sqrt{2})}$$
$$=-1-\sqrt{2}$$

85 답 $5-10\sqrt{5}$

$x=\frac{1}{\sqrt{5}+2}=\frac{\sqrt{5}-2}{(\sqrt{5}+2)(\sqrt{5}-2)}=\sqrt{5}-2$,

$y=\frac{1}{\sqrt{5}-2}=\frac{\sqrt{5}+2}{(\sqrt{5}-2)(\sqrt{5}+2)}=\sqrt{5}+2$이므로 … (i)

$x+y=(\sqrt{5}-2)+(\sqrt{5}+2)=2\sqrt{5}$

$x-y=(\sqrt{5}-2)-(\sqrt{5}+2)=-4$

$\therefore x^2-2x+1-y^2=(x-1)^2-y^2$

$=(x-1+y)(x-1-y)$ … (ii)

$=(2\sqrt{5}-1)(-4-1)$

$=5-10\sqrt{5}$ … (iii)

채점 기준	비율
(i) x, y의 분모를 유리화하기	30 %
(ii) 주어진 식을 인수분해하기	30 %
(iii) 주어진 식의 값 구하기	40 %

86 답 -40

$\overline{AP}=\overline{AB}=\sqrt{2^2+1^2}=\sqrt{5}$이므로 점 P에 대응하는 수는 $-1-\sqrt{5}$ $\therefore a=-1-\sqrt{5}$

$\overline{AQ}=\overline{AC}=\sqrt{1^2+2^2}=\sqrt{5}$이므로 점 Q에 대응하는 수는 $-1+\sqrt{5}$ $\therefore b=-1+\sqrt{5}$

$a+b=(-1-\sqrt{5})+(-1+\sqrt{5})=-2$,

$a-b=(-1-\sqrt{5})-(-1+\sqrt{5})=-2\sqrt{5}$이므로

$a^3-a^2b-ab^2+b^3=a^2(a-b)-b^2(a-b)$

$=(a-b)(a^2-b^2)$

$=(a-b)(a+b)(a-b)$

$=(a-b)^2(a+b)$

$=(-2\sqrt{5})^2\times(-2)=-40$

87 답 $\sqrt{2}$

$x=\frac{1}{\sqrt{2}-1}=\frac{\sqrt{2}+1}{(\sqrt{2}-1)(\sqrt{2}+1)}=\sqrt{2}+1$

$\therefore \frac{x^3-5x^2-x+5}{x^2-4x-5}=\frac{x^2(x-5)-(x-5)}{(x+1)(x-5)}$

$=\frac{(x-5)(x^2-1)}{(x+1)(x-5)}$

$=\frac{(x-5)(x+1)(x-1)}{(x+1)(x-5)}$

$=x-1$

$=\sqrt{2}+1-1=\sqrt{2}$

88 답 5

$2<\sqrt{5}<3$이므로 $\sqrt{5}$의 소수 부분 $x=\sqrt{5}-2$ … (i)

$x-3=A$로 놓으면

$(x-3)^2+10(x-3)+25=A^2+10A+25=(A+5)^2$

$=(x-3+5)^2=(x+2)^2$ … (ii)

$=(\sqrt{5}-2+2)^2$

$=(\sqrt{5})^2=5$ … (iii)

채점 기준	비율
(i) x의 값 구하기	40 %
(ii) 주어진 식을 인수분해하기	40 %
(iii) 주어진 식의 값 구하기	20 %

89 답 10

$x^2-25y^2=(x+5y)(x-5y)=14(x+5y)=56$

이므로 $x+5y=4$

$x-5y=14$, $x+5y=4$를 연립하여 풀면

$x=9$, $y=-1$

$\therefore x-y=9-(-1)=10$

90 답 ③

$x^2-y^2-5x-5y=(x^2-y^2)-5(x+y)$

$=(x+y)(x-y)-5(x+y)$

$=(x+y)(x-y-5)$

$=11\times(5-5)=0$

91 답 10

$a^2-b^2-6a+9=(a^2-6a+9)-b^2$

$=(a-3)^2-b^2$

$=(a-3+b)(a-3-b)$

$=(a+b-3)(a-b-3)$

$=(-2-3)\times(a-b-3)$

$=-35$

이므로 $a-b-3=7$ $\therefore a-b=10$

92 답 ④

$x^2+2xy-2x+y^2-2y-3$

$=x^2+(2y-2)x+y^2-2y-3$

$=x^2+(2y-2)x+(y+1)(y-3)$

$=(x+y+1)(x+y-3)$

$=(4+1)\times(4-3)=5$

93 답 $2x+6$

(도형 A의 넓이)$=(3x+7)^2-(x+1)^2$

$=(3x+7+x+1)(3x+7-x-1)$

$=(4x+8)(2x+6)$

(도형 B의 넓이)$=(4x+8)\times$(세로의 길이)

따라서 도형 B의 세로의 길이는 $2x+6$이다.

94 답 $500\pi\text{ cm}^3$

(화장지의 부피)$=\pi\times7.5^2\times10-\pi\times2.5^2\times10$

$=10\pi(7.5^2-2.5^2)$

$=10\pi(7.5+2.5)(7.5-2.5)$

$=10\pi\times10\times5=500\pi(\text{cm}^3)$

95 답 ab

$\overline{AC}=\overline{AB}+\overline{BC}=a+b$이고, 점 D는 $\overline{AC}$의 중점이므로

$\overline{AD}=\frac{a+b}{2}$

$\therefore \overline{BD}=\overline{AB}-\overline{AD}=a-\frac{a+b}{2}=\frac{a-b}{2}$

따라서 $\overline{AD}$와 $\overline{BD}$를 각각 한 변으로 하는 정사각형의 넓이의 차는

$\left(\frac{a+b}{2}\right)^2-\left(\frac{a-b}{2}\right)^2=\left(\frac{a+b}{2}+\frac{a-b}{2}\right)\left(\frac{a+b}{2}-\frac{a-b}{2}\right)$

$=\frac{2a}{2}\times\frac{2b}{2}=ab$

96 답 $(x-2)(2x-3)$

주어진 그래프가 두 점 $(0, -6)$, $(3, 0)$을 지나므로

(기울기)$=\frac{0-(-6)}{3-0}=2$

즉, 기울기가 2이고 y절편이 -6이므로 직선의 방정식은

$y=2x-6$

따라서 $a=2$, $b=-6$이므로

$ax^2-7x-b=2x^2-7x+6=(x-2)(2x-3)$

97 답 -210

로봇은 1단계에서 $+1^2$, 2단계에서 -2^2, 3단계에서 $+3^2$, 4단계에서 -4^2, …씩 수직선 위를 움직이므로 20단계에서 로봇의 위치에 대응하는 수는

$1^2-2^2+3^2-4^2+\cdots+19^2-20^2$

$=(1+2)(1-2)+(3+4)(3-4)+\cdots$

$\quad+(19+20)(19-20)$

$=-(1+2+3+4+\cdots+19+20)$

$=-210$

단원 마무리

P. 74~77

1 ③	**2** ③	**3** ③	**4** ①	**5** ②
6 ②	**7** $x+3$	**8** ⑤	**9** ②	**10** -2
11 ④	**12** ⑤	**13** ②	**14** ①	**15** ③
16 ④	**17** ④	**18** $(x-1)(x+6)$		**19** $x+5$
20 $3x+5$	**21** ③	**22** ③	**23** $-40\sqrt{6}$	
24 13	**25** 64	**26** 3		

1 $2x^2y-3x^2y^2=x^2y(2-3y)$

따라서 주어진 식의 인수가 아닌 것은 ③이다.

2 ① $x^2-16x+64=(x-8)^2$

② $9y^2+6y+1=(3y+1)^2$

④ $3x^2+30x+75=3(x^2+10x+25)=3(x+5)^2$

⑤ $49x^2-28xy+4y^2=(7x-2y)^2$

따라서 완전제곱식으로 인수분해할 수 없는 것은 ③이다.

3 $ax^2-16y^2=(bx+4y)(7x+cy)$

$=7bx^2+(bc+28)xy+4cy^2$

즉, $a=7b$, $0=bc+28$, $-16=4c$이므로

$c=-4$, $b=7$, $a=49$

$\therefore a+b+c=49+7+(-4)=52$

4 $(x-3)(x+5)-9=x^2+2x-15-9$

$=x^2+2x-24$

$=(x+6)(x-4)$

따라서 $a=6$, $b=4$이므로

$x^2+ax+2b=x^2+6x+8=(x+2)(x+4)$

5 $3x^2+Ax-20=(3x-4)(x+B)$

$=3x^2+(3B-4)x-4B$

즉, $A=3B-4$, $-20=-4B$이므로

$A=11$, $B=5$

$\therefore A-B=11-5=6$

6 ② $-9x^2+y^2=y^2-9x^2=(y+3x)(y-3x)$

$=(3x+y)(-3x+y)$

7 $x^2-2x-15=(x+3)(x-5)$ … (i)

$2x^2+7x+3=(x+3)(2x+1)$ … (ii)

따라서 두 다항식의 일차 이상의 공통인 인수는 $x+3$이다. … (iii)

채점 기준	비율
(i) $x^2-2x-15$를 인수분해하기	40 %
(ii) $2x^2+7x+3$을 인수분해하기	40 %
(iii) 공통인 인수 구하기	20 %

8 새로 만든 직사각형의 넓이는 주어진 6개의 직사각형의 넓이의 합과 같으므로

$x^2+3x+2=(x+1)(x+2)$

따라서 새로 만든 직사각형의 이웃하는 두 변의 길이는 각각 $x+1$, $x+2$이므로

(새로 만든 직사각형의 둘레의 길이)

$=2\times\{(x+1)+(x+2)\}$

$=2(2x+3)=4x+6$

9 $2x-3y=A$로 놓으면

$(2x-3y)(2x-3y+5)-24$

$=A(A+5)-24$

$=A^2+5A-24$

$=(A-3)(A+8)$

$=(2x-3y-3)(2x-3y+8)$

10 $4x^2-4xy+y^2-9=(4x^2-4xy+y^2)-9$

$=(2x-y)^2-3^2$

$=(2x-y+3)(2x-y-3)$ … (i)

따라서 $a=-1$, $b=3$, $c=-1$, $d=-3$

또는 $a=-1$, $b=-3$, $c=-1$, $d=3$이므로 … (ii)

$a+b+c+d=-2$ … (iii)

채점 기준	비율
(i) 주어진 식의 좌변을 인수분해하기	60 %
(ii) a, b, c, d의 값 구하기	30 %
(iii) $a+b+c+d$의 값 구하기	10 %

11 $\sqrt{9\times11^2-9\times22+9}=\sqrt{9(11^2-2\times11\times1+1^2)}$

$=\sqrt{9(11-1)^2}$

$=\sqrt{9\times10^2}$

$=\sqrt{900}=30$

12 $x=\dfrac{\sqrt{3}-\sqrt{2}}{\sqrt{3}+\sqrt{2}}=\dfrac{(\sqrt{3}-\sqrt{2})^2}{(\sqrt{3}+\sqrt{2})(\sqrt{3}-\sqrt{2})}=5-2\sqrt{6}$,

$y=\dfrac{\sqrt{3}+\sqrt{2}}{\sqrt{3}-\sqrt{2}}=\dfrac{(\sqrt{3}+\sqrt{2})^2}{(\sqrt{3}-\sqrt{2})(\sqrt{3}+\sqrt{2})}=5+2\sqrt{6}$이므로

$x+y=(5-2\sqrt{6})+(5+2\sqrt{6})=10$

$\therefore x^2+2xy+y^2=(x+y)^2=10^2=100$

13 $x^2-y^2+2y-1=x^2-(y^2-2y+1)$

$=x^2-(y-1)^2$

$=(x+y-1)(x-y+1)$

$=(x+y-1)(2+1)$

$=3(x+y-1)=12$

이므로 $x+y-1=4$ $\quad\therefore x+y=5$

14 $x^2+ax+36=(x\pm6)^2$에서

$a>0$이므로 $a=2\times1\times6=12$

$4x^2+\dfrac{4}{3}xy+by^2=(2x)^2+2\times2x\times\dfrac{1}{3}y+by^2$에서

$b=\left(\dfrac{1}{3}\right)^2=\dfrac{1}{9}$

$\therefore 3ab=3\times12\times\dfrac{1}{9}=4$

15 $0<a<1$에서 $-2a<0$, $a-\dfrac{1}{a}<0$, $a+\dfrac{1}{a}>0$이고,

$\left(a+\dfrac{1}{a}\right)^2-4=a^2+\dfrac{1}{a^2}-2=\left(a-\dfrac{1}{a}\right)^2$,

$\left(a-\dfrac{1}{a}\right)^2+4=a^2+\dfrac{1}{a^2}+2=\left(a+\dfrac{1}{a}\right)^2$이므로

$\sqrt{(-2a)^2}+\sqrt{\left(a+\dfrac{1}{a}\right)^2-4}-\sqrt{\left(a-\dfrac{1}{a}\right)^2+4}$

$=\sqrt{(-2a)^2}+\sqrt{\left(a-\dfrac{1}{a}\right)^2}-\sqrt{\left(a+\dfrac{1}{a}\right)^2}$

$=-(-2a)+\left\{-\left(a-\dfrac{1}{a}\right)\right\}-\left(a+\dfrac{1}{a}\right)$

$=2a-a+\dfrac{1}{a}-a-\dfrac{1}{a}=0$

16 $3x^2+(a+12)xy+8y^2=(3x+by)(cx+4y)$

$=3cx^2+(12+bc)xy+4by^2$

즉, $3=3c$, $a+12=12+bc$, $8=4b$이므로

$a=2$, $b=2$, $c=1$

$\therefore a+b+c=2+2+1=5$

17 x^2+ax-8의 다른 한 인수를 $x+m$(m은 상수)으로 놓으면

$x^2+ax-8=(x-2)(x+m)$

$=x^2+(-2+m)x-2m$

즉, $a=-2+m$, $-8=-2m$이므로

$m=4$, $a=2$

$2x^2-3x+b$의 다른 한 인수를 $2x+n$(n은 상수)으로 놓으면

$2x^2-3x+b=(x-2)(2x+n)$

$=2x^2+(n-4)x-2n$

즉, $-3=n-4$, $b=-2n$이므로

$n=1$, $b=-2$

$\therefore a-b=2-(-2)=4$

18 $(x-2)(x+3)=x^2+x-6$에서

혜리는 상수항을 제대로 보았으므로

처음 이차식의 상수항은 -6이다.

$(x+1)(x+4)=x^2+5x+4$에서

상우는 x의 계수를 제대로 보았으므로

처음 이차식의 x의 계수는 5이다. … (i)

따라서 처음 이차식은 x^2+5x-6이므로 … (ii)

이 식을 바르게 인수분해하면

$x^2+5x-6=(x-1)(x+6)$ … (iii)

채점 기준	비율
(i) 처음 이차식의 x의 계수, 상수항 구하기	60 %
(ii) 처음 이차식 구하기	20 %
(iii) 처음 이차식을 바르게 인수분해하기	20 %

19 $x^2+10x+21=(x+7)(x+3)$에서 (가)의 세로의 길이가 $x+7$이므로 가로의 길이는 $x+3$이다.

즉, (가)의 둘레의 길이는

$2\times\{(x+7)+(x+3)\}=2(2x+10)=4x+20$

이때 두 직사각형 (가), (나)의 둘레의 길이가 서로 같고 (나)는 네 변의 길이가 같으므로 (나)의 한 변의 길이는

$(4x+20)\div4=x+5$

20 $x^3+5x^2-4x-20=x^2(x+5)-4(x+5)$

$=(x+5)(x^2-4)$

$=(x+5)(x+2)(x-2)$ … (i)

따라서 세 일차식은 $x+5$, $x+2$, $x-2$이므로 … (ii)

세 일차식의 합은

$(x+5)+(x+2)+(x-2)=3x+5$ … (iii)

채점 기준	비율
(ⅰ) 주어진 식을 인수분해하기	60 %
(ⅱ) 세 일차식 구하기	20 %
(ⅲ) 세 일차식의 합 구하기	20 %

21 $2x^2+3xy+2x+y^2-4$
$=2x^2+(3y+2)x+y^2-4$
$=2x^2+(3y+2)x+(y+2)(y-2)$
$=(x+y+2)(2x+y-2)$
$\therefore A=2x+y-2$

22 $1^2-3^2+5^2-7^2+\cdots+17^2-19^2$
$=(1+3)(1-3)+(5+7)(5-7)+\cdots+(17+19)(17-19)$
$=(1+3+5+7+9+11+13+15+17+19)\times(-2)$
$=100\times(-2)$
$=-200$

23 $xy=(5+2\sqrt{6})(5-2\sqrt{6})=5^2-(2\sqrt{6})^2=1$,
$x+y=(5+2\sqrt{6})+(5-2\sqrt{6})=10$,
$x-y=(5+2\sqrt{6})-(5-2\sqrt{6})=4\sqrt{6}$이므로
$x^3y-xy^3-2x^2+2y^2=xy(x^2-y^2)-2(x^2-y^2)$
$=(x^2-y^2)(xy-2)$
$=(x+y)(x-y)(xy-2)$
$=10\times4\sqrt{6}\times(1-2)$
$=-40\sqrt{6}$

24 $n^2+2n-35=(n-5)(n+7)$이고, 자연수 n에 대하여 이 식의 값이 소수가 되려면 $n-5$, $n+7$의 값 중 하나는 1이어야 한다.
이때 $n-5<n+7$이므로
$n-5=1 \qquad \therefore n=6$
따라서 구하는 소수는
$n^2+2n-35=(n-5)(n+7)$
$=(6-5)(6+7)=13$

25 $2^{20}-1=(2^{10}+1)(2^{10}-1)$
$=(2^{10}+1)(2^5+1)(2^5-1)$
$=1025\times33\times31$
$=5^2\times41\times3\times11\times31$
$=3\times5^2\times11\times31\times41$
따라서 $2^{20}-1$은 30보다 크고 40보다 작은 두 자연수 31과 33으로 나누어떨어지므로 이 두 자연수의 합은
$31+33=64$

26 $\overline{AD}$를 지름으로 하는 원의 반지름의 길이를 r cm라고 하면
$2\pi r=12\pi$에서 $r=6 \qquad \therefore \overline{AD}=12$ cm
이때 색칠한 부분의 넓이가 36π cm^{2}이므로
$\left(\frac{12+a}{2}\right)^2\pi-\left(\frac{12-a}{2}\right)^2\pi=36\pi$
$\left(\frac{12+a}{2}+\frac{12-a}{2}\right)\left(\frac{12+a}{2}-\frac{12-a}{2}\right)=36$
$12a=36 \qquad \therefore a=3$

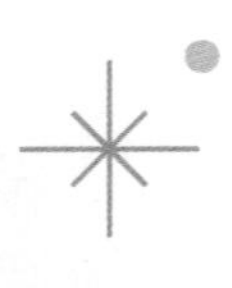

유형 1~4 P. 80~81

1 답 ④

① x^2+x+1 ⇨ 이차식

② $x^2+\frac{1}{2}x+4=x^2$에서 $\frac{1}{2}x+4=0$ ⇨ 일차방정식

③ $x+1=0$ ⇨ 일차방정식

④ $(x-1)(x-2)=0$에서 $x^2-3x+2=0$ ⇨ 이차방정식

⑤ $x^3-2x=0$ ⇨ 이차방정식이 아니다.

따라서 이차방정식인 것은 ④이다.

2 답 ④

ㄱ. $2x^2+5=0$ ⇨ 이차방정식

ㄴ. $x^2=x-2$에서 $x^2-x+2=0$ ⇨ 이차방정식

ㄷ. $x(x-1)=x^2$에서 $x^2-x=x^2$
$-x=0$ ⇨ 일차방정식

ㄹ. $x^3+2x^2+1=x^3-x$에서
$2x^2+x+1=0$ ⇨ 이차방정식

ㅁ. $\frac{6}{x^2}=4$ ⇨ 분모에 미지수가 있으므로 이차방정식이 아니다.

ㅂ. $(1+x)(1-x)=x^2$에서 $1-x^2=x^2$
$1-2x^2=0$ ⇨ 이차방정식

따라서 이차방정식이 아닌 것은 ㄷ, ㅁ이다.

3 답 ③

$(ax-1)(x+4)=3x^2$에서

$ax^2+(4a-1)x-4=3x^2$

$(a-3)x^2+(4a-1)x-4=0$

이때 x^2의 계수가 0이 아니어야 하므로

$a-3\neq0$ $\therefore a\neq3$

4 답 ④

① $(-1)^2-2\times(-1)+1\neq0$

② $(-7)^2-3\times(-7)-28\neq0$

③ $2\times(-5)^2-10\times(-5)\neq0$

④ $2\times\left(\frac{1}{2}\right)^2-5\times\frac{1}{2}+2=0$

⑤ $3\times(-2)^2+7\times(-2)-2\neq0$

따라서 [ ] 안의 수가 주어진 이차방정식의 해인 것은 ④이다.

5 답 ②

① 이차방정식이 아니다.

② $x^2-2x-3=0$에 $x=3$을 대입하면
$3^2-2\times3-3=0$

③ 이차방정식이 아니다.

④ $x^2-2x-10=0$에 $x=3$을 대입하면
$3^2-2\times3-10\neq0$

⑤ $x^2-2x-6=x+12$에서
$x^2-3x-18=0$
이 식에 $x=3$을 대입하면
$3^2-3\times3-18\neq0$

따라서 주어진 조건을 만족시키는 방정식은 ②이다.

6 답 $x=2$

$x=-2$일 때, $(-2)^2+(-2)-6\neq0$

$x=-1$일 때, $(-1)^2+(-1)-6\neq0$

$x=0$일 때, $0^2+0-6\neq0$

$x=1$일 때, $1^2+1-6\neq0$

$x=2$일 때, $2^2+2-6=0$

$x=3$일 때, $3^2+3-6\neq0$

따라서 주어진 이차방정식의 해는 $x=2$이다.

7 답 $x=1$ 또는 $x=4$

$3x-3\le x+5$에서 $2x\le8$ $\therefore x\le4$

$x=1$일 때, $1^2-5\times1+4=0$

$x=2$일 때, $2^2-5\times2+4\neq0$

$x=3$일 때, $3^2-5\times3+4\neq0$

$x=4$일 때, $4^2-5\times4+4=0$

따라서 주어진 이차방정식의 해는 $x=1$ 또는 $x=4$이다.

8 답 ④

$ax^2-(a-3)x+a-17=0$에 $x=-3$을 대입하면

$a\times(-3)^2-(a-3)\times(-3)+a-17=0$

$13a-26=0$ $\therefore a=2$

9 답 24

$x^2+ax-3=0$에 $x=-1$을 대입하면

$(-1)^2+a\times(-1)-3=0$, $-a-2=0$

$\therefore a=-2$

$x^2+x+b=0$에 $x=-4$를 대입하면

$(-4)^2+(-4)+b=0$, $12+b=0$

$\therefore b=-12$

$\therefore ab=-2\times(-12)=24$

10 답 1

$x^2+ax-2=0$에 $x=2$를 대입하면

$2^2+a\times2-2=0$ $\therefore a=-1$ … (i)

$2x^2-3x+b=0$에 $x=2$를 대입하면

$2\times2^2-3\times2+b=0$ $\therefore b=-2$ … (ii)

$\therefore a-b=-1-(-2)=1$ … (iii)

채점 기준	비율
(i) a의 값 구하기	40 %
(ii) b의 값 구하기	40 %
(iii) $a-b$의 값 구하기	20 %

11 답 5

$x^2+3x-1=0$에 $x=a$를 대입하면

$a^2+3a-1=0$ $\quad \therefore a^2+3a=1$

$\therefore a^2+3a+4=1+4=5$

12 답 ⑤

$x^2+2x-4=0$에 $x=a$를 대입하면

$a^2+2a-4=0$ $\quad \therefore a^2+2a=4$

$2x^2-3x-6=0$에 $x=b$를 대입하면

$2b^2-3b-6=0$ $\quad \therefore 2b^2-3b=6$

$\therefore 2a^2+4a-2b^2+3b+5=2(a^2+2a)-(2b^2-3b)+5$

$=2\times4-6+5=7$

13 답 -5

$x^2+5x-1=0$에 $x=a$를 대입하면

$a^2+5a-1=0$

$a\neq0$이므로 양변을 a로 나누면

$a+5-\frac{1}{a}=0$ $\quad \therefore a-\frac{1}{a}=-5$

14 답 ④

$x^2-4x+1=0$에 $x=a$를 대입하면

$a^2-4a+1=0$

$a\neq0$이므로 양변을 a로 나누면

$a-4+\frac{1}{a}=0$ $\quad \therefore a+\frac{1}{a}=4$

$\therefore a^2+a+\frac{1}{a}+\frac{1}{a^2}=\left(a+\frac{1}{a}\right)+\left(a^2+\frac{1}{a^2}\right)$

$=\left(a+\frac{1}{a}\right)+\left(a+\frac{1}{a}\right)^2-2$

$=4+4^2-2=18$

유형 5~15 P. 82~88

15 답 ⑤

$(x+5)(x+1)=0$에서

$x+5=0$ 또는 $x+1=0$

$\therefore x=-5$ 또는 $x=-1$

16 답 ③

① $x=0$ 또는 $x=\frac{1}{2}$

② $x=0$ 또는 $x=-\frac{1}{2}$

③ $x=-3$ 또는 $x=\frac{1}{2}$

④ $x=-3$ 또는 $x=-\frac{1}{2}$

⑤ $x=3$ 또는 $x=-\frac{1}{2}$

17 답 ①, ⑤

① $x=0$ 또는 $x=3$ ⇨ $0+3=3$

② $x=-2$ 또는 $x=-1$ ⇨ $-2+(-1)=-3$

③ $x=-4$ 또는 $x=1$ ⇨ $-4+1=-3$

④ $x=\frac{1}{3}$ 또는 $x=2$ ⇨ $\frac{1}{3}+2=\frac{7}{3}$

⑤ $x=\frac{1}{2}$ 또는 $x=\frac{5}{2}$ ⇨ $\frac{1}{2}+\frac{5}{2}=3$

따라서 두 근의 합이 3인 것은 ①, ⑤이다.

18 답 (1) $x=-1$ 또는 $x=10$ (2) $x=-2$ 또는 $x=\frac{1}{3}$

(1) $x^2-9x-10=0$에서 $(x+1)(x-10)=0$

$\therefore x=-1$ 또는 $x=10$

(2) $3x^2+5x-2=0$에서 $(x+2)(3x-1)=0$

$\therefore x=-2$ 또는 $x=\frac{1}{3}$

19 답 $x=-2$ 또는 $x=7$

$(x-3)(2x+1)-x^2=11$에서

$2x^2-5x-3-x^2=11$, $x^2-5x-14=0$

$(x+2)(x-7)=0$ $\quad \therefore x=-2$ 또는 $x=7$

20 답 ⑤

$6x^2-11x-30=0$에서 $(2x+3)(3x-10)=0$

$\therefore x=-\frac{3}{2}$ 또는 $x=\frac{10}{3}$

따라서 두 근 사이에 있는 정수는 -1, 0, 1, 2, 3의 5개이다.

21 답 $x=-4$ 또는 $x=-1$

$x^2=3x+10$에서 $x^2-3x-10=0$

$(x+2)(x-5)=0$

$\therefore x=-2$ 또는 $x=5$

이때 $a>b$이므로 $a=5$, $b=-2$

$x^2+ax-2b=0$에서 $x^2+5x+4=0$

$(x+4)(x+1)=0$

$\therefore x=-4$ 또는 $x=-1$

22 답 -5

$x^2-2x-35=0$, $(x+5)(x-7)=0$

$\therefore x=-5$ 또는 $x=7$ … (i)

두 근 중 작은 근인 $x=-5$가 $x^2+6x-k=0$의 한 근이므로

$(-5)^2+6\times(-5)-k=0$, $-5-k=0$

$\therefore k=-5$ … (ii)

채점 기준	비율
(i) $x^2-2x-35=0$의 해 구하기	40 %
(ii) k의 값 구하기	60 %

23 답 ②

$(k-2)x^2+(k^2+k)x+20-4k=0$에 $x=-2$를 대입하면

$(k-2)\times(-2)^2+(k^2+k)\times(-2)+20-4k=0$

$k^2+k-6=0$, $(k+3)(k-2)=0$

$\therefore k=-3$ 또는 $k=2$

이때 $k=2$이면 이차방정식이 되지 않으므로 $k=-3$

24 답 ②

$y=ax+1$에 $x=a-2$, $y=-a^2+5a+5$를 대입하면

$-a^2+5a+5=a(a-2)+1$

$2a^2-7a-4=0$, $(2a+1)(a-4)=0$

$\therefore a=-\frac{1}{2}$ 또는 $a=4$

이때 일차함수 $y=ax+1$의 그래프가 제3사분면을 지나지 않으므로 $a<0$이어야 한다.

$\therefore a=-\frac{1}{2}$

참고 일차함수 $y=ax+1$의 그래프는 y절편이 1이고 기울기가 a인 직선이므로 a의 부호에 따라 다음과 같이 두 가지로 그려질 수 있다.

$a>0$	$a<0$
y, 1, O, x, $y=ax+1$	y, 1, O, x, $y=ax+1$

따라서 제3사분면을 지나지 않으려면 $a<0$이어야 한다.

25 답 ③

$3x^2+ax-4=0$에 $x=-2$를 대입하면

$3\times(-2)^2+a\times(-2)-4=0$, $8-2a=0$

$\therefore a=4$

즉, $3x^2+4x-4=0$에서 $(x+2)(3x-2)=0$

$\therefore x=-2$ 또는 $x=\frac{2}{3}$

따라서 다른 한 근은 $x=\frac{2}{3}$이다.

26 답 $x=4$

$x^2-10x+a=0$에 $x=6$을 대입하면

$6^2-10\times6+a=0$, $-24+a=0$

$\therefore a=24$ … (i)

즉, $x^2-10x+24=0$에서 $(x-4)(x-6)=0$

$\therefore x=4$ 또는 $x=6$ … (ii)

따라서 다른 한 근은 $x=4$이다. … (iii)

채점 기준	비율
(i) a의 값 구하기	40 %
(ii) 이차방정식 풀기	40 %
(iii) 다른 한 근 구하기	20 %

27 답 ③

$3x^2-10x+2a=0$에 $x=3$을 대입하면

$3\times3^2-10\times3+2a=0$, $-3+2a=0$ $\quad\therefore a=\frac{3}{2}$

즉, $3x^2-10x+3=0$에서 $(3x-1)(x-3)=0$

$\therefore x=\frac{1}{3}$ 또는 $x=3$

따라서 $b=\frac{1}{3}$이므로 $ab=\frac{3}{2}\times\frac{1}{3}=\frac{1}{2}$

28 답 ②

$x^2+x-42=0$에서 $(x+7)(x-6)=0$

$\therefore x=-7$ 또는 $x=6$

즉, 큰 근은 $x=6$이므로

$x^2-ax-12=0$에 $x=6$을 대입하면

$6^2-a\times6-12=0$, $-6a=-24$ $\quad\therefore a=4$

이때 $x^2-4x-12=0$에서 $(x+2)(x-6)=0$

$\therefore x=-2$ 또는 $x=6$

따라서 다른 한 근은 $x=-2$이다.

29 답 4

$x^2+ax-6=0$에 $x=-3$을 대입하면

$(-3)^2+a\times(-3)-6=0$, $3-3a=0$ $\quad\therefore a=1$ … (i)

즉, $x^2+x-6=0$에서 $(x+3)(x-2)=0$

$\therefore x=-3$ 또는 $x=2$

이때 다른 한 근은 $x=2$이므로 … (ii)

$3x^2-8x+b=0$에 $x=2$를 대입하면

$3\times2^2-8\times2+b=0$, $-4+b=0$ $\quad\therefore b=4$ … (iii)

채점 기준	비율
(i) a의 값 구하기	30 %
(ii) 다른 한 근 구하기	40 %
(iii) b의 값 구하기	30 %

30 답 ③

$(a-2)x^2+a^2x+4=0$에 $x=-1$을 대입하면

$(a-2)\times(-1)^2+a^2\times(-1)+4=0$

$a^2-a-2=0$, $(a+1)(a-2)=0$

$\therefore a=-1$ 또는 $a=2$

이때 $a=2$이면 이차방정식이 되지 않으므로 $a=-1$

즉, $-3x^2+x+4=0$에서 $3x^2-x-4=0$

$(x+1)(3x-4)=0$ $\quad\therefore x=-1$ 또는 $x=\frac{4}{3}$

따라서 다른 한 근은 $x=\frac{4}{3}$이다.

31 답 -1

$x^2-x+\frac{1}{4}=0$에서 $\left(x-\frac{1}{2}\right)^2=0$ $\quad\therefore x=\frac{1}{2}$

$4x^2+12x+9=0$에서 $(2x+3)^2=0$ $\quad\therefore x=-\frac{3}{2}$

따라서 $a=\frac{1}{2}$, $b=-\frac{3}{2}$이므로 $a+b=\frac{1}{2}+\left(-\frac{3}{2}\right)=-1$

32 답 ①

① $x^2=1$에서 $x^2-1=0$

$(x+1)(x-1)=0$ $\quad\therefore x=-1$ 또는 $x=1$

② $x^2=14x-49$에서 $x^2-14x+49=0$

$(x-7)^2=0$ $\quad\therefore x=7$

③ $9x^2-12x+4=0$에서

$(3x-2)^2=0$ $\quad\therefore x=\frac{2}{3}$

④ $-8x+16=-x^2$에서 $x^2-8x+16=0$

$(x-4)^2=0$ $\quad\therefore x=4$

⑤ $x^2-16x=-64$에서 $x^2-16x+64=0$

$(x-8)^2=0$ $\quad\therefore x=8$

따라서 중근을 갖지 않는 것은 ①이다.

33 답 ②

ㄱ. $x^2-4=0$에서 $(x+2)(x-2)=0$

$\therefore x=-2$ 또는 $x=2$

ㄴ. $x(x-2)=-1$에서 $x^2-2x+1=0$

$(x-1)^2=0$ $\quad\therefore x=1$

ㄷ. $x^2=-12(x+3)$에서 $x^2+12x+36=0$

$(x+6)^2=0$ $\quad\therefore x=-6$

ㄹ. $2x^2+2x=(x-3)^2$에서 $2x^2+2x=x^2-6x+9$

$x^2+8x-9=0$, $(x+9)(x-1)=0$

$\therefore x=-9$ 또는 $x=1$

따라서 중근을 갖는 것은 ㄴ, ㄷ이다.

34 답 (1) -1 (2) $\frac{4}{9}$

(1) $x^2+8x+15=a$에서 $x^2+8x+15-a=0$

이 이차방정식이 중근을 가지므로

$15-a=\left(\frac{8}{2}\right)^2$, $15-a=16$ $\quad\therefore a=-1$

(2) $x^2+\frac{4}{3}x+a=0$이 중근을 가지려면

$a=\left(\frac{2}{3}\right)^2=\frac{4}{9}$

35 답 ①, ④

$x^2+2ax-7a+18=0$이 중근을 가지므로

$-7a+18=\left(\frac{2a}{2}\right)^2$, $a^2+7a-18=0$

$(a+9)(a-2)=0$

$\therefore a=-9$ 또는 $a=2$

36 답 10

$x^2-10x+a=0$이 중근을 가지므로

$a=\left(\frac{-10}{2}\right)^2=25$

즉, $x^2-10x+25=0$에서 $(x-5)^2=0$

$\therefore x=5$ $\quad\therefore b=5$

$\therefore a-3b=25-3\times5=10$

37 답 ②

모든 경우의 수는 $6\times6=36$

$x^2+ax+b=0$이 중근을 가지려면

$b=\left(\frac{a}{2}\right)^2=\frac{a^2}{4}$ $\quad\therefore a^2=4b$

따라서 $a^2=4b$를 만족시키는 a, b의 순서쌍 (a, b)는

$(2, 1)$, $(4, 4)$의 2가지이므로 구하는 확률은

$\frac{2}{36}=\frac{1}{18}$

38 답 $x=3$

$x^2+3x-18=0$에서 $(x+6)(x-3)=0$

$\therefore x=-6$ 또는 $\underline{x=3}$

$2x^2-9x+9=0$에서 $(2x-3)(x-3)=0$

$\therefore x=\frac{3}{2}$ 또는 $\underline{x=3}$

따라서 두 이차방정식을 동시에 만족시키는 해는 $x=3$이다.

39 답 ③

$2x^2-15x+a=0$에 $x=4$를 대입하면

$2\times4^2-15\times4+a=0$

$-28+a=0$ $\quad\therefore a=28$

$x^2-bx-24=0$에 $x=4$를 대입하면

$4^2-b\times4-24=0$

$-8-4b=0$ $\quad\therefore b=-2$

$\therefore a+b=28+(-2)=26$

40 답 $x=5$

$x^2+6x+k=0$이 중근을 가지므로 $k=\left(\frac{6}{2}\right)^2=9$ $\quad\cdots$ (i)

$x^2+(1-k)x+15=0$에서 $x^2-8x+15=0$

$(x-3)(x-5)=0$ $\quad\therefore x=3$ 또는 $\underline{x=5}$

$2x^2-(2k-9)x-5=0$에서 $2x^2-9x-5=0$

$(2x+1)(x-5)=0$ $\quad\therefore x=-\frac{1}{2}$ 또는 $\underline{x=5}$ $\quad\cdots$ (ii)

따라서 두 이차방정식의 공통인 근은 $x=5$이다. $\quad\cdots$ (iii)

채점 기준	비율
(i) k의 값 구하기	30 %
(ii) 두 이차방정식 풀기	60 %
(iii) 공통인 근 구하기	10 %

41 답 ④

$3x^2-24=0$에서 $3x^2=24$

$x^2=8$ $\quad\therefore x=\pm\sqrt{8}=\pm2\sqrt{2}$

42 답 ③

$2(x-1)^2=14$에서 $(x-1)^2=7$

$x-1=\pm\sqrt{7}$ $\quad\therefore x=1\pm\sqrt{7}$

따라서 $a=1$, $b=7$이므로

$b-a=7-1=6$

43 답 11

$(x-A)^2=B$에서

$x-A=\pm\sqrt{B}$ $\quad\therefore x=A\pm\sqrt{B}$

따라서 $A=-2$, $B=13$이므로

$A+B=-2+13=11$

44 답 3

$(x+5)^2=3k$에서 $x+5=\pm\sqrt{3k}$

$\therefore x=-5\pm\sqrt{3k}$

이때 해가 모두 정수가 되려면 $\sqrt{3k}$가 정수이어야 한다.

즉, $3k$는 0 또는 (자연수)^2 꼴인 수이어야 하므로

$3k=0, 1, 4, 9, \cdots$ $\quad\therefore k=0, \frac{1}{3}, \frac{4}{3}, 3, \cdots$

따라서 가장 작은 자연수 k의 값은 3이다.

45 답 $A=5$, $B=-\frac{3}{5}$, $C=\frac{9}{10}$, $D=21$, $E=-9$

$5x^2+9x+3=0$에서

양변을 $\boxed{^{A}5}$로 나누면 $x^2+\frac{9}{5}x+\frac{3}{5}=0$

상수항을 우변으로 이항하면 $x^2+\frac{9}{5}x=\boxed{^{B}-\frac{3}{5}}$

$x^2+\frac{9}{5}x+\left(\frac{9}{10}\right)^2=\boxed{^{B}-\frac{3}{5}}+\left(\frac{9}{10}\right)^2$

$\left(x+\boxed{^{C}\frac{9}{10}}\right)^2=-\frac{60}{100}+\frac{81}{100}=\frac{\boxed{^{D}21}}{100}$

$x+\boxed{^{C}\frac{9}{10}}=\pm\sqrt{\frac{21}{100}}=\pm\frac{\sqrt{\boxed{^{D}21}}}{10}$

$\therefore x=\frac{\boxed{^{E}-9}\pm\sqrt{\boxed{^{D}21}}}{10}$

46 답 9

$x^2+4x-3=0$에서

$x^2+4x=3$ ← 상수항을 우변으로 이항하기

$x^2+4x+4=3+4$ ← 양변에 $\left(\frac{x\text{의 계수}}{2}\right)^2$을 더하기

$(x+2)^2=7$ ← 좌변을 완전제곱식으로 고치기

따라서 $a=2$, $b=7$이므로

$a+b=2+7=9$

47 답 $x=2\pm\frac{\sqrt{14}}{2}$

$2x^2-8x+1=0$에서

$x^2-4x+\frac{1}{2}=0$, $x^2-4x=-\frac{1}{2}$

$x^2-4x+4=-\frac{1}{2}+4$, $(x-2)^2=\frac{7}{2}$

$x-2=\pm\sqrt{\frac{7}{2}}=\pm\frac{\sqrt{14}}{2}$ $\quad\therefore x=2\pm\frac{\sqrt{14}}{2}$

48 답 -4

$x^2-6x=k$에서 $x^2-6x+9=k+9$

$(x-3)^2=k+9$, $x-3=\pm\sqrt{k+9}$

$\therefore x=3\pm\sqrt{k+9}$

따라서 $k+9=5$이므로 $k=-4$

다른 풀이

$x-3=\pm\sqrt{5}$에서 $(x-3)^2=5$

$x^2-6x+9=5$ $\quad\therefore x^2-6x=-4$

$\therefore k=-4$

49 답 (가) $x^2+\frac{b}{a}x+\frac{c}{a}=0$ (나) $x^2+\frac{b}{a}x=-\frac{c}{a}$

(다) $x^2+\frac{b}{a}x+\left(\frac{b}{2a}\right)^2=-\frac{c}{a}+\left(\frac{b}{2a}\right)^2$

(라) $\left(x+\frac{b}{2a}\right)^2$ (마) $\frac{-b\pm\sqrt{b^2-4ac}}{2a}$

50 답 (1) $x=\frac{-1\pm\sqrt{21}}{2}$ (2) $x=\frac{1\pm\sqrt{2}}{3}$

(1) $x=\frac{-1\pm\sqrt{1^2-4\times1\times(-5)}}{2\times1}=\frac{-1\pm\sqrt{21}}{2}$

(2) $x=\frac{-(-3)\pm\sqrt{(-3)^2-9\times(-1)}}{9}$

$=\frac{3\pm\sqrt{18}}{9}=\frac{3\pm3\sqrt{2}}{9}=\frac{1\pm\sqrt{2}}{3}$

51 답 ①

$x=\frac{-3\pm\sqrt{3^2-4\times1\times1}}{2\times1}=\frac{-3\pm\sqrt{5}}{2}$

따라서 $A=-3$, $B=5$이므로

$A-B=-3-5=-8$

52 답 ②

$x=\frac{-(-2)\pm\sqrt{(-2)^2-3\times p}}{3}=\frac{2\pm\sqrt{4-3p}}{3}$

즉, $\frac{2\pm\sqrt{4-3p}}{3}=\frac{q\pm\sqrt{13}}{3}$이므로

$q=2$, $4-3p=13$ $\quad\therefore p=-3$, $q=2$

$\therefore p+q=-3+2=-1$

53 답 ④

$x^2+2x-k=0$이 중근을 가지므로

$-k=\left(\frac{2}{2}\right)^2$ $\quad\therefore k=-1$

$(1-k)x^2-4x+1=0$에 $k=-1$을 대입하면

$2x^2-4x+1=0$

$\therefore x=\frac{-(-2)\pm\sqrt{(-2)^2-2\times1}}{2}=\frac{2\pm\sqrt{2}}{2}$

54 답 5개

$x=-(-3)\pm\sqrt{(-3)^2-1\times4}=3\pm\sqrt{5}$

이때 $2<\sqrt{5}<3$이므로 $5<3+\sqrt{5}<6$

$-3<-\sqrt{5}<-2$에서 $0<3-\sqrt{5}<1$

따라서 $3-\sqrt{5}$와 $3+\sqrt{5}$ 사이에 있는 정수는 1, 2, 3, 4, 5의 5개이다.

55 답 ①, ②

$x=\frac{-(-3)\pm\sqrt{(-3)^2-4\times2\times(a-2)}}{2\times2}$

$=\frac{3\pm\sqrt{25-8a}}{4}$

이때 해가 모두 유리수가 되려면 $\sqrt{25-8a}$가 정수이어야 한다.

즉, $25-8a$가 0 또는 (자연수)^2 꼴이어야 하므로

$25-8a=0, 1, 4, 9, 16, 25, 36, \cdots$

$\therefore a=\frac{25}{8}, 3, \frac{21}{8}, 2, \frac{9}{8}, 0, -\frac{11}{8}, \cdots$

이때 a는 자연수이므로 $a=2, 3$

56 답 (1) $x=3\pm\sqrt{13}$ (2) $x=-\frac{1}{2}$ 또는 $x=\frac{1}{5}$ (3) $x=\frac{6\pm\sqrt{30}}{3}$

(1) $(x-2)^2=2(x+4)$에서

$x^2-4x+4=2x+8$, $x^2-6x-4=0$

$\therefore x=-(-3)\pm\sqrt{(-3)^2-1\times(-4)}=3\pm\sqrt{13}$

(2) 양변에 10을 곱하면 $10x^2+3x-1=0$

$(2x+1)(5x-1)=0$

$\therefore x=-\frac{1}{2}$ 또는 $x=\frac{1}{5}$

(3) 양변에 6을 곱하면 $3x^2-12x+2=0$

$\therefore x=\frac{-(-6)\pm\sqrt{(-6)^2-3\times2}}{3}=\frac{6\pm\sqrt{30}}{3}$

57 답 7

양변에 12를 곱하면 $3x(x-3)=2(x^2-4)$

$3x^2-9x=2x^2-8$, $x^2-9x+8=0$

$(x-1)(x-8)=0$ $\quad\therefore x=1$ 또는 $x=8$

따라서 두 근의 차는 $8-1=7$

58 답 3

양변에 15를 곱하면 $3x^2-6x-5=0$

$\therefore x=\frac{-(-3)\pm\sqrt{(-3)^2-3\times(-5)}}{3}$

$=\frac{3\pm\sqrt{24}}{3}=\frac{3\pm2\sqrt{6}}{3}$

따라서 $A=3$, $B=6$이므로

$B-A=6-3=3$

59 답 -10

양변에 6을 곱하면 $12x-2(x^2-1)=3(x-1)$

$12x-2x^2+2=3x-3$, $2x^2-9x-5=0$

$(2x+1)(x-5)=0$ $\quad\therefore x=-\frac{1}{2}$ 또는 $x=5$

따라서 정수인 근은 $x=5$이므로 $x^2-3x+k=0$에 $x=5$를 대입하면

$5^2-3\times5+k=0$, $10+k=0$ $\quad\therefore k=-10$

60 답 $x=-2$ 또는 $x=8$

$x-2=A$로 놓으면 $A^2-2A-24=0$

$(A+4)(A-6)=0$ $\quad\therefore A=-4$ 또는 $A=6$

즉, $x-2=-4$ 또는 $x-2=6$

$\therefore x=-2$ 또는 $x=8$

61 답 ③

$2x+1=A$로 놓으면 $0.5A^2-\frac{2}{5}A=0.1$

양변에 10을 곱하면 $5A^2-4A=1$

$5A^2-4A-1=0$, $(5A+1)(A-1)=0$

$\therefore A=-\frac{1}{5}$ 또는 $A=1$

즉, $2x+1=-\frac{1}{5}$ 또는 $2x+1=1$

$\therefore x=-\frac{3}{5}$ 또는 $x=0$

따라서 음수인 해는 $x=-\frac{3}{5}$이다.

62 답 ①

$2x-y=A$로 놓으면 $A(A+4)=5$

$A^2+4A-5=0$, $(A+5)(A-1)=0$

$\therefore A=-5$ 또는 $A=1$

$\therefore 2x-y=-5$ 또는 $2x-y=1$

이때 $2x<y$에서 $2x-y<0$이므로

$2x-y=-5$

유형 16~29 P. 89~97

63 답 ⑤

① $x^2=4$에서 $x^2-4=0$

$\therefore 0^2-4\times1\times(-4)=16>0$ ⇨ 서로 다른 두 근

② $(-5)^2-4\times1\times(-3)=37>0$ ⇨ 서로 다른 두 근

③ $x(x-6)=9$에서 $x^2-6x-9=0$

$\therefore (-3)^2-1\times(-9)=18>0$ ⇨ 서로 다른 두 근

④ $(-6)^2-1\times0=36>0$ ⇨ 서로 다른 두 근

⑤ $4^2-1\times17=-1<0$ ⇨ 근이 없다.

따라서 근의 개수가 나머지 넷과 다른 하나는 ⑤이다.

64 답 2개

ㄱ. $0^2-4\times9\times(-2)=72>0$ ⇨ 서로 다른 두 근

ㄴ. $3^2-4\times2\times(-1)=17>0$ ⇨ 서로 다른 두 근

ㄷ. $(-5)^2-1\times25=0$ ⇨ 중근

ㄹ. $(-5)^2-4\times1\times8=-7<0$ ⇨ 근이 없다.

따라서 서로 다른 두 근을 갖는 것은 ㄱ, ㄴ의 2개이다.

65 답 2

$3x^2+5x=1$에서 $3x^2+5x-1=0$

이때 $5^2-4\times3\times(-1)=37>0$이므로 $a=2$

$2x^2-x=3(x-7)$에서 $2x^2-x=3x-21$

$2x^2-4x+21=0$

이때 $(-2)^2-2\times21=-38<0$이므로 $b=0$

$\therefore a+b=2+0=2$

66 답 ④

$2x^2-4x+k=0$이 서로 다른 두 근을 가지므로

$(-2)^2-2\times k>0$, $4-2k>0$

$-2k>-4$ $\quad\therefore k<2$

67 답 10

$x^2+8x+2k-4=0$이 해를 가지려면

$4^2-1\times(2k-4)\geq0$ $\cdots$ (i)

$20-2k\geq0$, $-2k\geq-20$

$\therefore k\leq10$ $\cdots$ (ii)

따라서 가장 큰 정수 k의 값은 10이다. $\cdots$ (iii)

채점 기준	비율
(i) 해를 가질 조건을 부등식으로 나타내기	40 %
(ii) 부등식 풀기	30 %
(iii) 가장 큰 정수 k의 값 구하기	30 %

68 답 ⑤

$x^2+(2k-1)x+k^2+3=0$의 해가 없으므로

$(2k-1)^2-4\times1\times(k^2+3)<0$

$4k^2-4k+1-4k^2-12<0$

$-4k-11<0$, $-4k<11$

$\therefore k>-\frac{11}{4}$

따라서 k의 값이 될 수 있는 것은 ⑤ -2이다.

69 답 -2, 6

$x^2+kx+3+k=0$이 중근을 가지려면

$k^2-4\times1\times(3+k)=0$

$k^2-4k-12=0$, $(k+2)(k-6)=0$

$\therefore k=-2$ 또는 $k=6$

다른 풀이

좌변이 완전제곱식이어야 하므로

$3+k=\left(\frac{k}{2}\right)^2$, $k^2-4k-12=0$

$(k+2)(k-6)=0$ $\quad\therefore k=-2$ 또는 $k=6$

70 답 ①

$9x^2+12x+2k-5=0$이 중근을 가지므로

$6^2-9\times(2k-5)=0$, $18k=81$ $\quad\therefore k=\frac{9}{2}$

$9x^2+12x+2k-5=0$에 $k=\frac{9}{2}$를 대입하면

$9x^2+12x+4=0$, $(3x+2)^2=0$

$\therefore x=-\frac{2}{3}$

즉, $p=-\frac{2}{3}$이므로

$kp=\frac{9}{2}\times\left(-\frac{2}{3}\right)=-3$

71 답 ④

$4x^2-mx+16=0$이 중근을 가지려면

$(-m)^2-4\times4\times16=0$

$m^2=16^2$ $\quad\therefore m=\pm16$

(i) $m=16$일 때,

$4x^2-16x+16=0$, $x^2-4x+4=0$

$(x-2)^2=0$ $\quad\therefore x=2$

(ii) $m=-16$일 때,

$4x^2+16x+16=0$, $x^2+4x+4=0$

$(x+2)^2=0$ $\quad\therefore x=-2$

따라서 양수인 중근을 갖도록 하는 m의 값은 16이다.

72 답 $x=-1$ 또는 $x=\frac{5}{3}$

$x^2+2kx+2k-1=0$이 중근을 가지므로

$k^2-1\times(2k-1)=0$, $k^2-2k+1=0$

$(k-1)^2=0$ $\quad\therefore k=1$

$3x^2-2kx-5=0$에 $k=1$을 대입하면

$3x^2-2x-5=0$, $(x+1)(3x-5)=0$

$\therefore x=-1$ 또는 $x=\frac{5}{3}$

73 답 $-3x^2+9x+30=0$

$-3(x+2)(x-5)=0$, $-3(x^2-3x-10)=0$

$\therefore -3x^2+9x+30=0$

74 답 ④

$6\left(x+\frac{1}{2}\right)\left(x-\frac{1}{3}\right)=0$, $6\left(x^2+\frac{1}{6}x-\frac{1}{6}\right)=0$

$\therefore 6x^2+x-1=0$

75 답 6

두 근이 -2, 3이고 x^2의 계수가 1인 이차방정식은

$(x+2)(x-3)=0$ $\quad\therefore x^2-x-6=0$

따라서 $a=-1$, $b=-6$이므로 $\frac{b}{a}=\frac{-6}{-1}=6$

76 답 -2

두 근이 $\frac{1}{5}$, $-\frac{1}{2}$이고 x^2의 계수가 10인 이차방정식은

$10\left(x-\frac{1}{5}\right)\left(x+\frac{1}{2}\right)=0$, $10\left(x^2+\frac{3}{10}x-\frac{1}{10}\right)=0$

$\therefore 10x^2+3x-1=0$

따라서 $a=-3$, $b=1$이므로 $a+b=-3+1=-2$

77 답 -12

중근이 1이고 x^2의 계수가 4인 이차방정식은

$4(x-1)^2=0$ $\quad\therefore 4x^2-8x+4=0$

따라서 $p=-8$, $q=4$이므로

$p-q=-8-4=-12$

78 답 ②

두 근이 -1, 5이고 x^2의 계수가 1인 이차방정식은

$(x+1)(x-5)=0$ $\quad\therefore x^2-4x-5=0$

따라서 $a=-4$, $b=5$이므로

$x^2+bx-a=0$에서 $x^2+5x+4=0$

$(x+4)(x+1)=0$ $\quad\therefore x=-4$ 또는 $x=-1$

79 답 $2x^2-3x-5=0$

$2x^2+x-6=0$에서 $(x+2)(2x-3)=0$

$\therefore x=-2$ 또는 $x=\frac{3}{2}$

즉, $-2+1=-1$, $\frac{3}{2}+1=\frac{5}{2}$를 두 근으로 하고 x^2의 계수가 2인 이차방정식은

$2(x+1)\left(x-\frac{5}{2}\right)=0$, $2\left(x^2-\frac{3}{2}x-\frac{5}{2}\right)=0$

$\therefore 2x^2-3x-5=0$

80 답 ②

두 근을 α, $\alpha+5$라고 하면 x^2의 계수가 1이므로

$(x-\alpha)\{x-(\alpha+5)\}=0$

$x^2-(2\alpha+5)x+\alpha(\alpha+5)=0$

이때 $-(2\alpha+5)=-3$이므로 $2\alpha=-2$

$\therefore \alpha=-1$

$\therefore m=\alpha(\alpha+5)=-1\times(-1+5)=-4$

81 답 $x=-3$ 또는 $x=2$

은수는 -1, 6을 해로 얻었으므로 은수가 푼 이차방정식은

$(x+1)(x-6)=0$ $\quad\therefore x^2-5x-6=0$

은수는 상수항을 제대로 보았으므로 처음 이차방정식의 상수항은 -6이다.

선희는 -4, 3을 해로 얻었으므로 선희가 푼 이차방정식은

$(x+4)(x-3)=0$ $\quad\therefore x^2+x-12=0$

선희는 x의 계수를 제대로 보았으므로 처음 이차방정식의 x의 계수는 1이다.

따라서 처음 이차방정식은 $x^2+x-6=0$이므로

$(x+3)(x-2)=0$ $\quad\therefore x=-3$ 또는 $x=2$

82 답 $x=1$ 또는 $x=3$

$x^2+Bx+A=0$의 해가 $x=-4$ 또는 $x=1$이므로

$(x+4)(x-1)=0$, $x^2+3x-4=0$

$\therefore B=3$, $A=-4$ $\quad\cdots$ (i)

따라서 처음 이차방정식은 $x^2-4x+3=0$이므로 $\quad\cdots$ (ii)

$(x-1)(x-3)=0$

$\therefore x=1$ 또는 $x=3$ $\quad\cdots$ (iii)

채점 기준	비율
(i) A, B의 값 구하기	40 %
(ii) 처음 이차방정식 구하기	30 %
(iii) 처음 이차방정식의 해 구하기	30 %

83 답 6

지우는 -1, 2를 해로 얻었으므로 지우가 푼 이차방정식은

$(x+1)(x-2)=0$ $\quad\therefore x^2-x-2=0$

지우는 상수항을 제대로 보았으므로 처음 이차방정식의 상수항은 -2이다.

예나는 $-2\pm\sqrt{3}$을 해로 얻었으므로 예나가 푼 이차방정식은

$\{x-(-2+\sqrt{3})\}\{x-(-2-\sqrt{3})\}=0$

$\therefore x^2+4x+1=0$

예나는 x의 계수를 제대로 보았으므로 처음 이차방정식의 x의 계수는 4이다.

따라서 처음 이차방정식은 $x^2+4x-2=0$이므로

$a=4$, $b=-2$ $\quad\therefore a-b=4-(-2)=6$

84 답 ③

$\frac{n(n-3)}{2}=27$에서 $n^2-3n-54=0$

$(n+6)(n-9)=0$

$\therefore n=-6$ 또는 $n=9$

이때 n은 자연수이므로 $n=9$

따라서 구하는 다각형은 구각형이다.

85 답 14

$\frac{n(n+1)}{2}=105$에서 $n^2+n-210=0$

$(n+15)(n-14)=0$

$\therefore n=-15$ 또는 $n=14$

이때 n은 자연수이므로 $n=14$

따라서 1부터 14까지의 자연수를 더해야 한다.

86 답 (1) (n^2+2n)개 (2) 9단계

(1) 각 단계에서 사용된 바둑돌의 개수는

1단계: (1×3)개, 2단계: (2×4)개, 3단계: (3×5)개,

4단계: (4×6)개, $\cdots$

이므로 n단계는 $n(n+2)$개, 즉 (n^2+2n)개이다.

(2) $n(n+2)=99$에서 $n^2+2n-99=0$

$(n+11)(n-9)=0$ $\quad\therefore n=-11$ 또는 $n=9$

이때 n은 자연수 이므로 $n=9$

따라서 99개의 바둑돌로 만든 직사각형 모양은 9단계이다.

87 답 5

어떤 자연수를 x라고 하면

$3x=x^2-10$

$x^2-3x-10=0$, $(x+2)(x-5)=0$
$\therefore x=-2$ 또는 $x=5$
이때 x는 자연수이므로 $x=5$
따라서 어떤 자연수는 5이다.

88 답 8, 11
두 자연수 중 작은 수를 x라고 하면 큰 수는 $x+3$이므로
$x^2+(x+3)^2=185$
$2x^2+6x-176=0$, $x^2+3x-88=0$
$(x+11)(x-8)=0$ $\therefore x=-11$ 또는 $x=8$
이때 x는 자연수이므로 $x=8$
따라서 두 자연수는 8, 11이다.

89 답 67
십의 자리의 숫자를 x라고 하면 일의 자리의 숫자는 $13-x$이므로
$x(13-x)=\{10x+(13-x)\}-25$ … (i)
$x^2-4x-12=0$, $(x+2)(x-6)=0$
$\therefore x=-2$ 또는 $x=6$ … (ii)
이때 x는 자연수이므로 $x=6$
따라서 십의 자리의 숫자는 6, 일의 자리의 숫자는 $13-6=7$이므로 구하는 자연수는 67이다. … (iii)

채점 기준	비율
(i) 이차방정식 세우기	40 %
(ii) 이차방정식 풀기	40 %
(iii) 두 자리의 자연수 구하기	20 %

90 답 5, 6
연속하는 두 자연수를 x, $x+1$이라고 하면
$x^2+(x+1)^2=61$, $x^2+x-30=0$
$(x+6)(x-5)=0$ $\therefore x=-6$ 또는 $x=5$
이때 x는 자연수이므로 $x=5$
따라서 연속하는 두 자연수는 5, 6이다.

91 답 32
연속하는 두 홀수를 x, $x+2$라고 하면
$x(x+2)=255$, $x^2+2x-255=0$
$(x+17)(x-15)=0$ $\therefore x=-17$ 또는 $x=15$
이때 x는 자연수이므로 $x=15$
따라서 연속하는 두 홀수는 15, 17이므로 합을 구하면
$15+17=32$

다른 풀이
연속하는 두 홀수를 $2x-1$, $2x+1$이라고 하면
$(2x-1)(2x+1)=255$, $4x^2=256$
$x^2=64$ $\therefore x=\pm 8$
이때 x는 자연수이므로 $x=8$
따라서 연속하는 두 홀수는 15, 17이므로 합을 구하면
$15+17=32$

92 답 9
연속하는 세 자연수를 $x-1$, x, $x+1\,(x>1)$이라고 하면
$(x+1)^2=(x-1)^2+x^2-32$ … (i)
$x^2+2x+1=x^2-2x+1+x^2-32$
$x^2-4x-32=0$, $(x+4)(x-8)=0$
$\therefore x=-4$ 또는 $x=8$ … (ii)
이때 $x>1$이므로 $x=8$
따라서 세 자연수는 7, 8, 9이므로 가장 큰 수는 9이다. … (iii)

채점 기준	비율
(i) 이차방정식 세우기	40 %
(ii) 이차방정식 풀기	40 %
(iii) 가장 큰 수 구하기	20 %

93 답 25명
학생 수를 x명이라고 하면 한 학생이 받는 쿠키의 개수는 $(x-15)$개이므로
$x(x-15)=250$
$x^2-15x-250=0$, $(x+10)(x-25)=0$
$\therefore x=-10$ 또는 $x=25$
이때 x는 자연수이므로 $x=25$
따라서 학생 수는 25명이다.

94 답 11살
누나의 나이를 x살이라고 하면 동생의 나이는 $(x-3)$살이므로
$x^2=2(x-3)^2-7$
$x^2=2x^2-12x+18-7$
$x^2-12x+11=0$, $(x-1)(x-11)=0$
$\therefore x=1$ 또는 $x=11$
이때 $x>3$이므로 $x=11$
따라서 누나의 나이는 11살이다.

95 답 5월 8일
민재의 생일을 5월 x일이라 하면 은교의 생일은 5월 $(x+7)$일이므로
$x(x+7)=120$, $x^2+7x-120=0$
$(x+15)(x-8)=0$ $\therefore x=-15$ 또는 $x=8$
이때 x는 자연수이므로 $x=8$
따라서 민재의 생일은 5월 8일이다.

96 답 15명
국제회의에 참석한 대표의 수를 n명이라고 하면
n명의 대표 모두가 악수한 총횟수는 $\frac{n(n-1)}{2}$번이므로
$\frac{n(n-1)}{2}=105$, $n^2-n-210=0$
$(n+14)(n-15)=0$ $\therefore n=-14$ 또는 $n=15$
이때 n은 자연수이므로 $n=15$
따라서 국제회의에 참석한 대표의 수는 15명이다.

97 답 ①

$25t-5t^2=20$, $5t^2-25t+20=0$

$t^2-5t+4=0$, $(t-1)(t-4)=0$

$\therefore t=1$ 또는 $t=4$

따라서 물체의 높이가 20 m가 되는 것은 쏘아 올린 지 1초 후 또는 4초 후이다.

98 답 8초

지면에 떨어지는 것은 높이가 0 m일 때이므로

$30t-5t^2+80=0$, $t^2-6t-16=0$

$(t+2)(t-8)=0$

$\therefore t=-2$ 또는 $t=8$

이때 $t>0$이므로 $t=8$

따라서 공이 지면에 떨어질 때까지 걸리는 시간은 8초이다.

99 답 ②

$35t-5t^2=50$, $t^2-7t+10=0$

$(t-2)(t-5)=0$ $\quad\therefore t=2$ 또는 $t=5$

따라서 높이가 50 m 이상인 지점을 지나는 것은 2초부터 5초까지이므로 3초 동안이다.

100 답 7 cm

세로의 길이를 x cm라고 하면 가로의 길이는 $(x+3)$ cm이므로

$x(x+3)=70$, $x^2+3x-70=0$

$(x+10)(x-7)=0$ $\quad\therefore x=-10$ 또는 $x=7$

이때 $x>0$이므로 $x=7$

따라서 직사각형의 세로의 길이는 7 cm이다.

101 답 5 cm

사다리꼴의 높이를 x cm라고 하면 아랫변의 길이도 x cm이므로

$\frac{1}{2}\times(3+x)\times x=20$, $x^2+3x-40=0$

$(x+8)(x-5)=0$ $\quad\therefore x=-8$ 또는 $x=5$

이때 $x>0$이므로 $x=5$

따라서 사다리꼴의 높이는 5 cm이다.

102 답 12 m

작은 정사각형의 한 변의 길이를 x m라고 하면 큰 정사각형의 한 변의 길이는 $(x+6)$ m이므로

$x^2+(x+6)^2=468$

$2x^2+12x-432=0$, $x^2+6x-216=0$

$(x+18)(x-12)=0$

$\therefore x=-18$ 또는 $x=12$

이때 $x>0$이므로 $x=12$

따라서 작은 정사각형의 한 변의 길이는 12 m이다.

103 답 6 m

직사각형 모양의 밭의 넓이는

$(x+3)(x-1)=45$ $\quad\cdots$ (i)

$x^2+2x-48=0$, $(x+8)(x-6)=0$

$\therefore x=-8$ 또는 $x=6$ $\quad\cdots$ (ii)

이때 $x>1$이므로 $x=6$

따라서 처음 정사각형 모양의 밭의 한 변의 길이는 6 m이다. $\quad\cdots$ (iii)

채점 기준	비율
(i) 이차방정식 세우기	40 %
(ii) 이차방정식 풀기	40 %
(iii) 처음 정사각형 모양의 밭의 한 변의 길이 구하기	20 %

104 답 ⑤

늘인 반지름의 길이를 x cm라고 하면

$\pi\times(6+x)^2=4\times\pi\times6^2$, $x^2+12x-108=0$

$(x+18)(x-6)=0$ $\quad\therefore x=-18$ 또는 $x=6$

이때 $x>0$이므로 $x=6$

따라서 반지름의 길이를 6 cm만큼 늘였다.

105 답 10초 후

출발한 지 t초 후에 $\triangle PCQ$의 넓이가 300 cm²가 된다고 하면

$\overline{CP}=\overline{BC}-\overline{BP}=40-2t$(cm), $\overline{CQ}=3t$ cm이므로

$\frac{1}{2}\times(40-2t)\times3t=300$

$3t^2-60t+300=0$, $t^2-20t+100=0$

$(t-10)^2=0$ $\quad\therefore t=10$

따라서 $\triangle PCQ$의 넓이가 300 cm²가 되는 것은 출발한 지 10초 후이다.

106 답 $(-10+5\sqrt{6})$ cm

작은 정삼각형의 한 변의 길이를 x cm라고 하면

큰 정삼각형의 한 변의 길이는

$\frac{15-3x}{3}=5-x$(cm)

큰 정삼각형과 작은 정삼각형은 서로 닮은 도형이고

닮음비는 $(5-x):x$, 넓이의 비는 $3:2$이므로

$(5-x)^2:x^2=3:2$

$3x^2=2(5-x)^2$, $x^2+20x-50=0$

$\therefore x=-10\pm\sqrt{10^2-1\times(-50)}=-10\pm5\sqrt{6}$

이때 $0<x<5$이므로 $x=-10+5\sqrt{6}$

따라서 작은 정삼각형의 한 변의 길이는 $(-10+5\sqrt{6})$ cm이다.

다른 풀이

두 정삼각형의 한 변의 길이의 비가 $\sqrt{3}:\sqrt{2}$이므로

$(5-x):x=\sqrt{3}:\sqrt{2}$, $\sqrt{3}x=\sqrt{2}(5-x)$

$(\sqrt{2}+\sqrt{3})x=5\sqrt{2}$

$\therefore x=\frac{5\sqrt{2}}{\sqrt{2}+\sqrt{3}}=\frac{5\sqrt{2}(\sqrt{2}-\sqrt{3})}{(\sqrt{2}+\sqrt{3})(\sqrt{2}-\sqrt{3})}=-10+5\sqrt{6}$

107 답 $(5-\sqrt{7})$ cm

$\overline{AH}=x$ cm라고 하면 $\overline{DH}=(10-x)$ cm, $\overline{DG}=x$ cm이므로 직각삼각형 HGD에서 피타고라스 정리에 의해

$(10-x)^2+x^2=8^2$

$2x^2-20x+36=0$, $x^2-10x+18=0$

$\therefore x=-(-5)\pm\sqrt{(-5)^2-1\times18}=5\pm\sqrt{7}$

이때 $x>0$, $x<10-x$이므로 $x=5-\sqrt{7}$

따라서 $\overline{AH}$의 길이는 $(5-\sqrt{7})$ cm이다.

108 답 $(-5+5\sqrt{5})$ cm

$\overline{AB}=\overline{AC}$이므로 $\angle B=\angle C=72°$

$\angle A=180°-(72°+72°)=36°$

$\angle ABD=\angle CBD=\frac{1}{2}\times72°=36°$

$\therefore \overline{AD}=\overline{BD}$ ⋯ ㉠

$\triangle ABD$에서

$\angle BDC=\angle DAB+\angle DBA=36°+36°=72°$

$\therefore \overline{BC}=\overline{BD}$ ⋯ ㉡

$\overline{BC}=x$ cm라고 하면 ㉠, ㉡에서

$\overline{AD}=\overline{BD}=\overline{BC}=x$ cm, $\overline{CD}=(10-x)$ cm

$\triangle ABC \backsim \triangle BCD$ (AA 닮음)이므로

$\overline{AB}:\overline{BC}=\overline{BC}:\overline{CD}$에서 $10:x=x:(10-x)$

$x^2=10(10-x)$, $x^2+10x-100=0$

$\therefore x=-5\pm\sqrt{5^2-1\times(-100)}$

$=-5\pm\sqrt{125}=-5\pm5\sqrt{5}$

이때 $0<x<10$이므로 $x=-5+5\sqrt{5}$

따라서 $\overline{BC}$의 길이는 $(-5+5\sqrt{5})$ cm이다.

109 답 ①

큰 정사각형의 한 변의 길이를 x cm라고 하면 작은 정사각형의 한 변의 길이는 $(8-x)$ cm이므로

$x^2+(8-x)^2=34$, $2x^2-16x+30=0$

$x^2-8x+15=0$, $(x-3)(x-5)=0$

$\therefore x=3$ 또는 $x=5$

이때 $4<x<8$이므로 $x=5$

따라서 큰 정사각형의 한 변의 길이는 5 cm이다.

110 답 6 cm

$\overline{AC}=x$ cm라고 하면 $\overline{CB}=(20-x)$ cm이고

(색칠한 부분의 넓이)

$=(\overline{AB}$를 지름으로 하는 반원의 넓이)

$-(\overline{AC}$를 지름으로 하는 반원의 넓이)

$-(\overline{CB}$를 지름으로 하는 반원의 넓이)

이므로

$\frac{1}{2}\times\pi\times\left(\frac{20}{2}\right)^2-\frac{1}{2}\times\pi\times\left(\frac{x}{2}\right)^2-\frac{1}{2}\times\pi\times\left(\frac{20-x}{2}\right)^2=21\pi$

$50-\frac{x^2}{8}-\frac{(20-x)^2}{8}=21$, $\frac{x^2}{8}+\frac{(20-x)^2}{8}-29=0$

$x^2+(20-x)^2-232=0$, $2x^2-40x+168=0$

$x^2-20x+84=0$, $(x-6)(x-14)=0$

$\therefore x=6$ 또는 $x=14$

이때 $x>0$, $x<20-x$이므로 $x=6$

따라서 $\overline{AC}$의 길이는 6 cm이다.

111 답 $-1+\sqrt{5}$

$\overline{BC}=x$라고 하면

$\square AEFD$는 정사각형이므로 $\overline{DF}=\overline{EF}=\overline{BC}=x$

$\therefore \overline{CF}=\overline{CD}-\overline{DF}=2-x$

$\square ABCD \backsim \square BCFE$이므로

$\overline{AB}:\overline{BC}=\overline{BC}:\overline{CF}$에서

$2:x=x:(2-x)$

$x^2=2(2-x)$, $x^2+2x-4=0$

$\therefore x=-1\pm\sqrt{1^2-1\times(-4)}=-1\pm\sqrt{5}$

이때 $0<x<2$이므로 $x=-1+\sqrt{5}$

따라서 $\overline{BC}$의 길이는 $-1+\sqrt{5}$이다.

112 답 4 m

길의 폭을 x m라고 하면 길을 제외한 땅의 넓이는

$(30-x)(24-x)=520$ ⋯ (i)

$x^2-54x+200=0$, $(x-4)(x-50)=0$

$\therefore x=4$ 또는 $x=50$ ⋯ (ii)

이때 $0<x<24$이므로 $x=4$

따라서 길의 폭은 4 m이다. ⋯ (iii)

채점 기준	비율
(i) 이차방정식 세우기	40 %
(ii) 이차방정식 풀기	40 %
(iii) 길의 폭 구하기	20 %

113 답 4

길을 제외한 땅의 넓이는

$(20-x)(14-x)=160$, $x^2-34x+120=0$

$(x-4)(x-30)=0$ $\therefore x=4$ 또는 $x=30$

이때 $0<x<14$이므로 $x=4$

114 답 ③

처음 정사각형 모양의 종이의 한 변의 길이를 x cm라고 하면

$(x-4)^2\times2=128$, $(x-4)^2=64$

$x-4=\pm8$ $\therefore x=-4$ 또는 $x=12$

이때 $x>4$이므로 $x=12$

따라서 처음 정사각형 모양의 종이의 한 변의 길이는 12 cm이다.

115 답 ⑤

빗금 친 부분은 세로의 길이가 x cm, 가로의 길이가 $(48-2x)$ cm인 직사각형이므로

$x(48-2x)=280$, $2x^2-48x+280=0$

$x^2-24x+140=0$, $(x-10)(x-14)=0$

$\therefore x=10$ 또는 $x=14$

따라서 x의 값이 될 수 있는 것은 ⑤ 14이다.

116 답 4

x를 장치 B에 입력하면 출력되는 수는 $x+2$

$x+2$를 장치 A에 입력하면 출력되는 수는 $(x+2)^2$

즉, $(x+2)^2=36$이므로

$x+2=\pm6 \quad \therefore x=-8$ 또는 $x=4$

이때 $x>0$이므로 $x=4$

117 답 달, 10.5초

지구: $-5x^2+10x=0$, $x^2-2x=0$

$x(x-2)=0 \quad \therefore x=0$ 또는 $x=2$

이때 $x>0$이므로 $x=2$

달: $-0.8x^2+10x=0$, $8x^2-100x=0$

$2x^2-25x=x(2x-25) \quad \therefore x=0$ 또는 $x=12.5$

이때 $x>0$이므로 $x=12.5$

따라서 던진 공이 지면에 떨어질 때까지 지구에서는 2초가 걸리고, 달에서는 12.5초가 걸리므로 걸리는 시간이 더 긴 곳은 달이고, 그때의 시간 차이는 $12.5-2=10.5$(초)이다.

단원 마무리

P. 98~101

1 ㄱ, ㅁ **2** ④ **3** ② **4** 2 **5** ④
6 $x=\frac{3}{2}$ 또는 $x=2$ **7** ②, ⑤ **8** -1, 5 **9** $x=2$
10 1 **11** ① **12** 6 **13** ⑤ **14** $k\le\frac{4}{3}$
15 ② **16** 22 **17** 6 **18** ④
19 $a=-2$, $b=5$ **20** $x=-1\pm\sqrt{6}$ **21** ①
22 ② **23** $x=-5$ 또는 $x=-1$
24 $x^2-4x+3=0$ **25** ② **26** 7 cm **27** 10 m
28 7개 **29** 30 **30** 250보

1 ㄱ. $x^2=4$에서 $x^2-4=0$ ⇨ 이차방정식

ㄴ. x^2+6x-7 ⇨ 이차식

ㄷ. $x(x^2-1)=x^3+5x$에서 $x^3-x=x^3+5x$

$-6x=0$ ⇨ 일차방정식

ㄹ. $x^2-\frac{1}{x^2}=x^2+3$에서

$-\frac{1}{x^2}-3=0$ ⇨ 이차방정식이 아니다.

ㅁ. $2x(x-2)=x^2+2x+1$에서 $2x^2-4x=x^2+2x+1$

$x^2-6x-1=0$ ⇨ 이차방정식

따라서 이차방정식인 것은 ㄱ, ㅁ이다.

2 $2x^2+x-1=a(x-3)^2$에서

$2x^2+x-1=ax^2-6ax+9a$

$(2-a)x^2+(1+6a)x-1-9a=0$

이때 x^2의 계수가 0이 아니어야 하므로

$2-a\neq0 \quad \therefore a\neq2$

3 $x=-2$일 때, $(-2)^2+4\times(-2)+3\neq0$

$x=-1$일 때, $(-1)^2+4\times(-1)+3=0$

$x=0$일 때, $0^2+4\times0+3\neq0$

$x=1$일 때, $1^2+4\times1+3\neq0$

$x=2$일 때, $2^2+4\times2+3\neq0$

따라서 주어진 이차방정식의 해는 $x=-1$이다.

4 $(a+1)x^2+3(a-1)x-6=0$에 $x=-2$를 대입하면

$(a+1)\times(-2)^2+3(a-1)\times(-2)-6=0$

$4a+4-6a+6-6=0$

$-2a+4=0 \quad \therefore a=2$

5 $(2x+3)\left(\frac{1}{2}x-3\right)=0$에서

$2x+3=0$ 또는 $\frac{1}{2}x-3=0$

$\therefore x=-\frac{3}{2}$ 또는 $x=6$

6 $(x-3)(x-4)=-x^2+6$에서

$x^2-7x+12=-x^2+6$, $2x^2-7x+6=0$

$(2x-3)(x-2)=0 \quad \therefore x=\frac{3}{2}$ 또는 $x=2$

7 ① $5x^2-45=0$에서 $x^2-9=0$

$(x+3)(x-3)=0 \quad \therefore x=-3$ 또는 $x=3$

② $4x^2-12x+9=0$에서 $(2x-3)^2=0$

$\therefore x=\frac{3}{2}$

③ $3(x-3)^2=12$에서 $(x-3)^2=4$

$x-3=\pm2 \quad \therefore x=1$ 또는 $x=5$

④ $x(x-8)=0$에서 $x=0$ 또는 $x=8$

⑤ $3-x^2=6(x+2)$에서 $x^2+6x+9=0$

$(x+3)^2=0 \quad \therefore x=-3$

따라서 중근을 갖는 것은 ②, ⑤이다.

8 $x^2+2ax+4a+5=0$이 중근을 가지므로

$4a+5=\left(\frac{2a}{2}\right)^2$, $a^2-4a-5=0$

$(a+1)(a-5)=0 \quad \therefore a=-1$ 또는 $a=5$

9 $x^2+3x-10=0$에서 $(x+5)(x-2)=0$

$\therefore x=-5$ 또는 $x=2$ $\cdots$ (i)

$5x^2-7x=6$에서 $5x^2-7x-6=0$

$(5x+3)(x-2)=0$

$\therefore x=-\frac{3}{5}$ 또는 $x=2$ … (ii)

따라서 두 이차방정식의 공통인 근은 $x=2$이다. … (iii)

채점 기준	비율
(i) $x^2+3x-10=0$의 근 구하기	40 %
(ii) $5x^2-7x=6$의 근 구하기	40 %
(iii) 두 이차방정식의 공통인 근 구하기	20 %

10 $6(x+a)^2=18$에서 $(x+a)^2=3$

$x+a=\pm\sqrt{3}$　　$\therefore x=-a\pm\sqrt{3}$

따라서 $a=-2$, $b=3$이므로

$a+b=-2+3=1$

11 $3x^2-2=x^2+8x-7$에서

$2x^2-8x=-5$, $x^2-4x=-\frac{5}{2}$

$x^2-4x+4=-\frac{5}{2}+4$

$\therefore (x-2)^2=\frac{3}{2}$

따라서 $a=-2$, $b=\frac{3}{2}$이므로

$ab=-2\times\frac{3}{2}=-3$

12 $x=\frac{-(-5)\pm\sqrt{(-5)^2-4\times3\times a}}{2\times3}=\frac{5\pm\sqrt{25-12a}}{6}$

따라서 $b=5$, $25-12a=13$에서

$a=1$, $b=5$

$\therefore a+b=1+5=6$

13 양변에 12를 곱하면 $4x^2-6x+1=0$

$\therefore x=\frac{-(-3)\pm\sqrt{(-3)^2-4\times1}}{4}=\frac{3\pm\sqrt{5}}{4}$

14 $3x^2+4x+k=0$이 해를 가지려면

$2^2-3k\geq0$

$-3k\geq-4$　　$\therefore k\leq\frac{4}{3}$

15 두 근이 -4, 2이고 x^2의 계수가 2인 이차방정식은

$2(x+4)(x-2)=0$, $2(x^2+2x-8)=0$

$\therefore 2x^2+4x-16=0$

따라서 $a=4$, $b=-16$이므로

$a+b=4+(-16)=-12$

16 연속하는 세 짝수를 $x-2$, x, $x+2$라고 하면

$(x-2)^2+x^2+(x+2)^2=1208$

$3x^2=1200$, $x^2=400$

$\therefore x=20$ 또는 $x=-20$

이때 x는 자연수이므로 $x=20$

따라서 연속하는 세 짝수는 18, 20, 22이므로 가장 큰 수는 22이다.

17 $x^2+x-1=0$에 $x=a$를 대입하면

$a^2+a-1=0$　　$\therefore a^2+a=1$

$\therefore a^5+a^4-a^3+a^2+a+5$

$=a^3(a^2+a-1)+(a^2+a)+5$

$=a^3\times0+1+5=6$

18 $2x^2-x-10=0$에서 $(x+2)(2x-5)=0$

$\therefore x=-2$ 또는 $x=\frac{5}{2}$

이때 $a>b$이므로 $a=\frac{5}{2}$, $b=-2$

즉, $x^2-2ax-2b=0$에서 $x^2-5x+4=0$

$(x-1)(x-4)=0$　　$\therefore x=1$ 또는 $x=4$

19 $x^2+ax-3=0$에 $x=3$을 대입하면

$3^2+a\times3-3=0$, $6+3a=0$

$\therefore a=-2$ … (i)

즉, $x^2-2x-3=0$에서 $(x+1)(x-3)=0$

$\therefore x=-1$ 또는 $x=3$

이때 다른 한 근은 $x=-1$이므로 … (ii)

$3x^2+8x+b=0$에 $x=-1$을 대입하면

$3\times(-1)^2+8\times(-1)+b=0$

$-5+b=0$　　$\therefore b=5$ … (iii)

채점 기준	비율
(i) a의 값 구하기	30 %
(ii) 다른 한 근 구하기	40 %
(iii) b의 값 구하기	30 %

20 $(x-1)(x+2)=-2x+8$에서 $x^2+3x-10=0$

$(x+5)(x-2)=0$　　$\therefore x=-5$ 또는 $x=2$

이때 $a>b$이므로 $a=2$, $b=-5$

즉, $x^2+ax+b=0$은 $x^2+2x-5=0$이므로

$x=-1\pm\sqrt{1^2-1\times(-5)}=-1\pm\sqrt{6}$

21 양변에 6을 곱하면

$3(x+1)(x+3)=4x(x+2)$

$3x^2+12x+9=4x^2+8x$, $x^2-4x-9=0$

$\therefore x=-(-2)\pm\sqrt{(-2)^2-1\times(-9)}=2\pm\sqrt{13}$

두 근 중 큰 근은 $2+\sqrt{13}$이므로 $a=2+\sqrt{13}$

이때 $3<\sqrt{13}<4$이므로 $5<2+\sqrt{13}<6$

따라서 $5<a<6$이므로 구하는 정수 n의 값은 5이다.

22 $x^2-(k+5)x+1=0$이 중근을 가지므로

$\{-(k+5)\}^2-4\times1\times1=0$

$k^2+10k+21=0$, $(k+7)(k+3)=0$

$\therefore k=-7$ 또는 $k=-3$

이때 k의 값 중 큰 값은 -3이므로
$-2x^2+ax+a^2=0$에 $x=-3$을 대입하면
$-2\times(-3)^2+a\times(-3)+a^2=0$
$a^2-3a-18=0$, $(a+3)(a-6)=0$
$\therefore a=-3$ 또는 $a=6$
이때 $a>0$이므로 $a=6$

23 $x^2+kx+(k-1)=0$의 일차항의 계수와 상수항을 바꾸면
$x^2+(k-1)x+k=0$
$x=-2$를 대입하면
$(-2)^2+(k-1)\times(-2)+k=0$
$-k+6=0\qquad\therefore k=6$
$x^2+kx+(k-1)=0$에 $k=6$을 대입하면
$x^2+6x+5=0$, $(x+5)(x+1)=0$
$\therefore x=-5$ 또는 $x=-1$

24 $a+b=A$로 놓으면
$(A-1)(A+2)-18=0$, $A^2+A-20=0$
$(A+5)(A-4)=0\qquad\therefore A=-5$ 또는 $A=4$
즉, $a+b=-5$ 또는 $a+b=4$
그런데 $a+b>0$이므로 $a+b=4$
이때 서로 다른 자연수 a, b는
$a=1$, $b=3$ 또는 $a=3$, $b=1$
즉, 두 근이 1, 3이고 x^2의 계수가 1인 이차방정식은
$(x-1)(x-3)=0\qquad\therefore x^2-4x+3=0$

25 여행의 날짜를 $(x-1)$일, x일, $(x+1)$일이라고 하면
$(x-1)^2+x^2+(x+1)^2=245$, $3x^2=243$
$x^2=81\qquad\therefore x=\pm9$
이때 x는 자연수이므로 $x=9$
따라서 여행이 시작되는 날짜는 8일이다.

26 $\triangle$AED에서 $\angle A=45°$이고
$\angle AED=90°$이므로 $\triangle$AED는
직각이등변삼각형이다.
이때 $\overline{BF}=x$ cm라고 하면
$\overline{AE}=\overline{ED}=\overline{BF}=x$ cm,
$\overline{BE}=(10-x)$ cm이므로
$x(10-x)=21$
$x^2-10x+21=0$, $(x-3)(x-7)=0$
$\therefore x=3$ 또는 $x=7$
이때 $x>0$, $x>10-x$이므로 $x=7$
따라서 $\overline{BF}$의 길이는 7 cm이다.

27 길의 폭을 x m라고 하면 길을 제외한 땅의 넓이는 오른쪽 그림의 색칠한 부분의 넓이와 같으므로
$(42-2x)(30-x)=440$

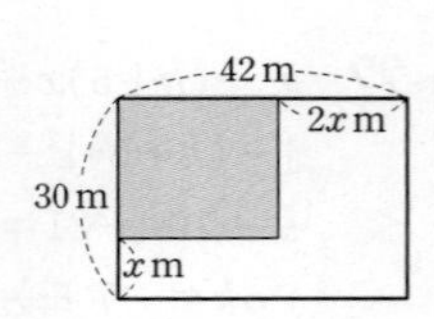

$2x^2-102x+820=0$, $x^2-51x+410=0$
$(x-10)(x-41)=0\qquad\therefore x=10$ 또는 $x=41$
이때 $0<x<21$이므로 $x=10$
따라서 길의 폭은 10 m이다.

28 $x=-(-2)\pm\sqrt{(-2)^2-1\times(-k)}$
$=2\pm\sqrt{4+k}$
이때 해가 정수가 되려면 $\sqrt{4+k}$가 정수이어야 한다.
즉, $4+k$가 0 또는 (자연수)^2 꼴인 수이어야 하므로
$4+k=0, 1, 4, 9, 16, 25, 36, 49, 64, 81, 100, \cdots$
따라서 두 자리의 자연수 k의 값은
12, 21, 32, 45, 60, 77, 96의 7개이다.

29 (판매 금액)$=\underbrace{5000\left(1+\frac{x}{100}\right)}_{\text{정가}}\left(1-\frac{x}{100}\right)$
$=5000\left(1-\frac{x^2}{10000}\right)$
$=5000-\frac{x^2}{2}$(원)
이때 450원의 손해를 보았으므로
(판매 금액)$-$(원가)$=-450$(원)
$\left(5000-\frac{x^2}{2}\right)-5000=-450$
$x^2=900\qquad\therefore x=\pm30$
이때 $x>0$이므로 $x=30$

30 4

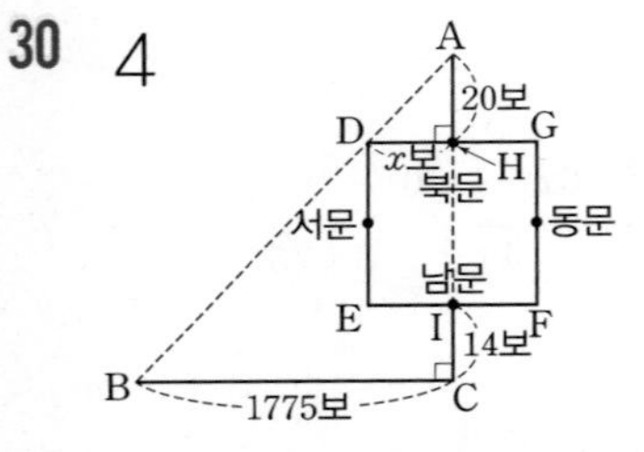

위의 그림과 같이 성벽을 정사각형 DEFG, 북문을 H, 북문에서 북쪽으로 20보 거리에 있는 나무를 A, 남문을 I, 남문에서 남쪽으로 14보 거리에 있는 곳을 C, C에서 직각으로 꺾어 서쪽으로 1775보 거리에 있는 곳을 B라고 하자.
$\overline{DH}=x$보라고 하면
$\overline{AC}=(2x+34)$보
이때 $\triangle ADH\backsim\triangle ABC$ (AA 닮음)이므로
$\overline{AH}:\overline{AC}=\overline{DH}:\overline{BC}$에서
$20:(2x+34)=x:1775$
$x(2x+34)=35500$, $x^2+17x-17750=0$
$(x+142)(x-125)=0$
$\therefore x=-142$ 또는 $x=125$
이때 $x>0$이므로 $x=125$
따라서 성벽의 한 변의 길이는
$2\times125=250$(보)

유형 1~3 P. 104~105

1 답 ③

① $y=3x+1$ ⇨ 일차함수

② $(x+2)^2=x+3$에서 $x^2+3x+1=0$ ⇨ 이차방정식

③ $y=5+x^2$ ⇨ 이차함수

④ $y=x^2-x(x+1)=-x$ ⇨ 일차함수

⑤ $y=\frac{5}{x^2}$ ⇨ 이차함수가 아니다.

따라서 y가 x에 대한 이차함수인 것은 ③이다.

2 답 ㄷ, ㅂ

ㄱ. $y=3x(x+1)=3x^2+3x$ ⇨ 이차함수

ㄴ. $y=2x^2-5x+1$ ⇨ 이차함수

ㄷ. $y=x(x-4)-x^2=-4x$ ⇨ 일차함수

ㄹ. $y=(x-2)(x+7)=x^2+5x-14$ ⇨ 이차함수

ㅁ. $y=\frac{x^2-1}{2}=\frac{1}{2}x^2-\frac{1}{2}$ ⇨ 이차함수

ㅂ. $x^2+3x=0$ ⇨ 이차방정식

따라서 y가 x에 대한 이차함수가 아닌 것은 ㄷ, ㅂ이다.

3 답 ①

ㄱ. $y=\pi\times\left(\frac{1}{2}x\right)^2=\frac{1}{4}\pi x^2$ ⇨ 이차함수

ㄴ. $y=\frac{1}{2}\times\{(x+1)+(x+3)\}\times 6=6x+12$

⇨ 일차함수

ㄷ. $y=\frac{1}{3}\times\pi x^2\times 12=4\pi x^2$ ⇨ 이차함수

ㄹ. $y=24-x$ ⇨ 일차함수

ㅁ. $y=\frac{5}{x}$ ⇨ 이차함수가 아니다.

따라서 y가 x에 대한 이차함수인 것은 ㄱ, ㄷ이다.

4 답 ⑤

$y=5-4x^2+ax(x+2)$

$=5-4x^2+ax^2+2ax$

$=(a-4)x^2+2ax+5$

이때 x^2의 계수가 0이 아니어야 하므로

$a-4\neq 0$ $\quad\therefore a\neq 4$

5 답 ⑤

$y=6x^2+ax(1-2x)+5$

$=6x^2+ax-2ax^2+5$

$=(6-2a)x^2+ax+5$

이때 x^2의 계수가 0이 아니어야 하므로

$6-2a\neq 0$ $\quad\therefore a\neq 3$

따라서 상수 a의 값이 될 수 없는 것은 3이다.

6 답 ②, ③

$y=k^2x^2+k(x-4)^2$

$=k^2x^2+k(x^2-8x+16)$

$=k^2x^2+kx^2-8kx+16k$

$=(k^2+k)x^2-8kx+16k$

이때 x^2의 계수가 0이 아니어야 하므로

$k^2+k\neq 0$, $k(k+1)\neq 0$

$\therefore k\neq -1$이고 $k\neq 0$

따라서 상수 k의 값이 될 수 없는 것은 -1, 0이다.

7 답 6

$f(2)=-2^2-5\times 2+7=-7$

$f(-2)=-(-2)^2-5\times(-2)+7=13$

$\therefore f(2)+f(-2)=-7+13=6$

8 답 ④

$f(-1)=4\times(-1)^2-a\times(-1)+1=6$이므로

$4+a+1=6$ $\quad\therefore a=1$

9 답 6

$f(-6)=-\frac{1}{3}\times(-6)^2+a\times(-6)+b=3$이므로

$-12-6a+b=3$ $\quad\therefore -6a+b=15$ $\quad\cdots$ ㉠

$f(3)=-\frac{1}{3}\times 3^2+a\times 3+b=-6$이므로

$-3+3a+b=-6$ $\quad\therefore 3a+b=-3$ $\quad\cdots$ ㉡

㉠, ㉡을 연립하여 풀면 $a=-2$, $b=3$

즉, $f(x)=-\frac{1}{3}x^2-2x+3$이므로

$f(-3)=-\frac{1}{3}\times(-3)^2-2\times(-3)+3=6$

10 답 ②

$f(a)=2a^2-3a-1=1$이므로

$2a^2-3a-2=0$

$(2a+1)(a-2)=0$

$\therefore a=-\frac{1}{2}$ 또는 $a=2$

이때 a는 정수이므로 $a=2$

유형 4~9 P. 105~108

11 답 ①

주어진 이차함수의 그래프 중 위로 볼록한 것은 x^2의 계수가 음수인 ① $y=-5x^2$이다.

12 답 ③

아래로 볼록한 그래프는 $y=\frac{1}{4}x^2$, $y=x^2$, $y=\frac{7}{3}x^2$이다.

x^2의 계수의 절댓값이 작을수록 그래프의 폭이 넓어지므로

$\left|\frac{1}{4}\right|<|1|<\left|\frac{7}{3}\right|$에서 그래프의 폭이 가장 넓은 것은

③ $y=\frac{1}{4}x^2$이다.

13 답 $-2<a<0$

$y=ax^2$의 그래프의 폭이 $y=-2x^2$의 그래프의 폭보다 넓으므로

$|a|<|-2|$ $\quad\therefore |a|<2$

이때 $a<0$이므로 $-2<a<0$

14 답 ③, ④

색칠한 부분을 지나는 그래프를 나타내는 이차함수의 식을 $y=ax^2$이라고 하면

$-\frac{1}{2}<a<0$ 또는 $0<a<1$

따라서 구하는 이차함수는 ③, ④이다.

15 답 ③

16 답 2쌍

$y=-3x^2$과 $y=3x^2$, $y=-\frac{1}{3}x^2$과 $y=\frac{1}{3}x^2$의 2쌍이다.

17 답 9

$y=-\frac{1}{2}x^2$의 그래프와 x축에 서로 대칭인 그래프의 식은

$y=\frac{1}{2}x^2$ $\quad\therefore a=\frac{1}{2}$

$y=7x^2$의 그래프와 x축에 서로 대칭인 그래프의 식은

$y=-7x^2$ $\quad\therefore b=-7$

$\therefore 4a-b=4\times\frac{1}{2}-(-7)=9$

18 답 ⑤

⑤ $x>0$일 때, x의 값이 증가하면 y의 값도 증가한다.

19 답 ②, ④

② x^2의 계수가 음수이면 그래프는 위로 볼록하므로 위로 볼록한 그래프는 ㄹ, ㅁ, ㅂ이다.

④ x^2의 계수의 절댓값이 작을수록 그래프의 폭이 넓어지므로 그래프의 폭이 가장 넓은 것은 ㅂ이다.

20 답 ③

① 꼭짓점의 좌표는 $(0, 0)$이다.

② $a>0$일 때, 아래로 볼록한 포물선이다.

④ a의 절댓값이 클수록 그래프의 폭이 좁아진다.

⑤ $a<0$일 때, 제3, 4사분면을 지난다.

따라서 옳은 것은 ③이다.

21 답 ③

$y=-2x^2$에 주어진 점의 좌표를 각각 대입하면

① $-8=-2\times(-2)^2$

② $-2=-2\times(-1)^2$

③ $-2\neq-2\times0^2$

④ $-2=-2\times1^2$

⑤ $-18=-2\times3^2$

따라서 $y=-2x^2$의 그래프 위의 점이 아닌 것은 ③이다.

22 답 ③

$y=\frac{1}{3}x^2$의 그래프가 점 $(6, k)$를 지나므로

$k=\frac{1}{3}\times6^2=12$

23 답 ①

$y=4x^2$의 그래프 위의 점 A의 좌표를 (a, a)라고 하면

$a=4a^2$

$4a^2-a=0$

$a(4a-1)=0$

$\therefore a=0$ 또는 $a=\frac{1}{4}$

이때 점 A는 원점이 아니므로 $a=\frac{1}{4}$

따라서 점 A의 좌표는 $\left(\frac{1}{4}, \frac{1}{4}\right)$이다.

24 답 1

$y=ax^2$의 그래프가 점 $(4, 8)$을 지나므로

$8=a\times4^2$ $\quad\therefore a=\frac{1}{2}$ $\quad\cdots$ (i)

즉, $y=\frac{1}{2}x^2$의 그래프가 점 $(-2, b)$를 지나므로

$b=\frac{1}{2}\times(-2)^2=2$ $\quad\cdots$ (ii)

$\therefore ab=\frac{1}{2}\times2=1$ $\quad\cdots$ (iii)

채점 기준	비율
(i) a의 값 구하기	40 %
(ii) b의 값 구하기	40 %
(iii) ab의 값 구하기	20 %

25 답 ⑤

$y=5x^2$의 그래프가 점 $(-2, a)$를 지나므로

$a=5\times(-2)^2=20$

$y=5x^2$의 그래프와 x축에 서로 대칭인 그래프는

$y=-5x^2$ $\quad\therefore b=-5$

$\therefore a+b=20+(-5)=15$

26 답 ②

$y=-3x^2$의 그래프와 x축에 서로 대칭인 그래프는

$y=3x^2$

이 그래프가 점 $(a, -3a)$를 지나므로

$-3a=3a^2$

$a^2+a=0$

$a(a+1)=0$

$\therefore a=0$ 또는 $a=-1$

이때 $a\neq0$이므로 $a=-1$

27 답 ③

꼭짓점이 원점이므로 $y=ax^2$으로 놓자.

이 그래프가 점 $(3, -6)$을 지나므로

$-6=a\times3^2 \quad \therefore a=-\frac{2}{3}$

$\therefore y=-\frac{2}{3}x^2$

28 답 16

꼭짓점이 원점이므로 $y=ax^2$으로 놓자. … (i)

이 그래프가 점 $(-1, 4)$를 지나므로

$4=a\times(-1)^2 \quad \therefore a=4$ … (ii)

즉, $y=4x^2$의 그래프가 점 $(2, m)$을 지나므로

$m=4\times2^2=16$ … (iii)

채점 기준	비율
(i) 이차함수의 식을 $y=ax^2$으로 놓기	20 %
(ii) a의 값 구하기	40 %
(iii) m의 값 구하기	40 %

29 답 ①

(나)에서 꼭짓점이 원점이므로 $y=ax^2$으로 놓자.

(다)에서 $y=ax^2$의 그래프의 폭이 $y=2x^2$의 그래프의 폭보다 좁으므로 $|a|>2$

이때 (가)에서 $a<0$이므로 $a<-2$

따라서 조건을 모두 만족시키는 이차함수의 식은 ①이다.

30 답 18

점 $A(-2, -1)$은 $y=ax^2$의 그래프 위의 점이므로

$-1=a\times(-2)^2 \quad \therefore a=-\frac{1}{4}$

이때 $y=-\frac{1}{4}x^2$의 그래프는 y축에 대칭이고 $\overline{BC}=8$이므로

점 C의 x좌표는 4이다.

즉, 점 C의 y좌표는 $y=-\frac{1}{4}\times4^2=-4$

따라서 사다리꼴 ABCD에서 $\overline{AD}=4$, $\overline{BC}=8$이고

높이가 $-1-(-4)=3$이므로

$\square ABCD=\frac{1}{2}\times(4+8)\times3=18$

31 답 $\frac{3}{4}$

점 D의 y좌표가 12이므로 $y=3x^2$에 $y=12$를 대입하면

$12=3x^2, \ x^2=4 \quad \therefore x=2 \ (\because x>0)$

$\therefore D(2, 12)$

$\overline{DE}=\overline{CD}=2$이므로 $\overline{CE}=4 \quad \therefore E(4, 12)$

$y=ax^2$의 그래프가 점 $E(4, 12)$를 지나므로

$12=a\times4^2 \quad \therefore a=\frac{3}{4}$

유형 10~14 P. 109~113

32 답 ①

33 답 ④

평행이동한 그래프를 나타내는 이차함수의 식은

$y=-2x^2+7$

따라서 꼭짓점의 좌표는 $(0, 7)$, 축의 방정식은 $x=0$이다.

34 답 ④

$y=2x^2+1$의 그래프는 아래로 볼록한 포물선이고, 꼭짓점의 좌표가 $(0, 1)$이므로 그래프로 적당한 것은 ④이다.

35 답 1

평행이동한 그래프를 나타내는 이차함수의 식은

$y=3x^2-2$

이 그래프가 점 $(-1, k)$를 지나므로

$k=3\times(-1)^2-2=1$

36 답 -5

평행이동한 그래프를 나타내는 이차함수의 식은

$y=\frac{2}{3}x^2+a$

이 그래프가 점 $(6, 19)$를 지나므로

$19=\frac{2}{3}\times6^2+a \quad \therefore a=-5$

37 답 -1

$y=ax^2+q$의 그래프가 두 점 $(1, -3)$, $(-2, 3)$을 지나므로

$-3=a\times1^2+q \quad \therefore a+q=-3$ … ㉠

$3=a\times(-2)^2+q \quad \therefore 4a+q=3$ … ㉡ … (i)

㉠, ㉡을 연립하여 풀면

$a=2, \ q=-5$ … (ii)

$\therefore 2a+q=2\times2+(-5)=-1$ … (iii)

채점 기준	비율
(i) a, q에 대한 연립방정식 세우기	40 %
(ii) a, q의 값 구하기	40 %
(iii) $2a+q$의 값 구하기	20 %

38 답 ⑤, ⑥

⑤ $y=-x^2$의 그래프를 y축의 방향으로 5만큼 평행이동한 그래프이다.

⑥ $y=-x^2+5$의 그래프는 위로 볼록한 포물선이고, 꼭짓점의 좌표가 $(0, 5)$이므로 오른쪽 그림과 같다.
따라서 모든 사분면을 지난다.

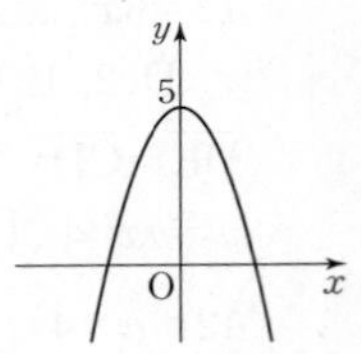

따라서 옳지 않은 것은 ⑤, ⑥이다.

39 답 -1

꼭짓점의 좌표가 $(0, 2)$이므로 $q=2$

즉, $y=ax^2+2$의 그래프가 점 $(2, 0)$을 지나므로

$0=a\times2^2+2 \qquad \therefore a=-\frac{1}{2}$

$\therefore aq=-\frac{1}{2}\times2=-1$

40 답 ②

평행이동한 그래프를 나타내는 이차함수의 식은

$y=-2\{x-(-3)\}^2=-2(x+3)^2$

따라서 꼭짓점의 좌표는 $(-3, 0)$이다.

41 답 ②

$y=2(x+1)^2$의 그래프는 아래로 볼록한 포물선이고, 꼭짓점의 좌표가 $(-1, 0)$이므로 그래프로 적당한 것은 ②이다.

42 답 ⑤

그래프가 아래로 볼록하고, 축의 방정식이 $x=1$이므로

$x>1$일 때, x의 값이 증가하면 y의 값도 증가한다.

43 답 5

평행이동한 그래프를 나타내는 이차함수의 식은

$y=5(x+2)^2$

이 그래프가 점 $(-3, k)$를 지나므로 $k=5\times(-3+2)^2=5$

44 답 ①, ④, ⑦

② 축의 방정식은 $x=2$이다.

③ 꼭짓점의 좌표는 $(2, 0)$이다.

⑤ $y=-4x^2$의 그래프를 x축의 방향으로 2만큼 평행이동한 그래프이다.

⑥ $y=-4(x-2)^2$의 그래프는 위로 볼록한 포물선이고, 꼭짓점의 좌표가 $(2, 0)$이므로 오른쪽 그림과 같다.
따라서 제3, 4사분면을 지난다.

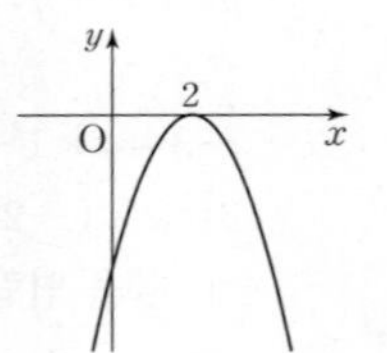

따라서 옳은 것은 ①, ④, ⑦이다.

45 답 $a=-\frac{1}{2}$, $p=4$

꼭짓점의 좌표가 $(4, 0)$이므로 $p=4$

즉, $y=a(x-4)^2$의 그래프가 점 $(0, -8)$을 지나므로

$-8=a\times(0-4)^2 \qquad \therefore a=-\frac{1}{2}$

46 답 -2

$y=-\frac{1}{2}x^2+8$, $y=a(x-p)^2$의 그래프의 꼭짓점의 좌표는 각각 $(0, 8)$, $(p, 0)$이다.

$y=-\frac{1}{2}x^2+8$의 그래프가 점 $(p, 0)$을 지나므로

$0=-\frac{1}{2}p^2+8$, $p^2=16 \qquad \therefore p=\pm4$

이때 $p<0$이므로 $p=-4$

$y=a(x+4)^2$의 그래프가 점 $(0, 8)$을 지나므로

$8=a\times(0+4)^2 \qquad \therefore a=\frac{1}{2}$

$\therefore ap=\frac{1}{2}\times(-4)=-2$

47 답 ③

48 답 ①

$y=-\frac{1}{12}(x+4)^2-3=-\frac{1}{12}\{x-(-4)\}^2-3$의 그래프는

$y=-\frac{1}{12}x^2$의 그래프를 x축의 방향으로 -4만큼, y축의 방향으로 -3만큼 평행이동한 것이다.

따라서 $m=-4$, $n=-3$이므로

$m+n=-4+(-3)=-7$

49 답 ⑤

그래프가 아래로 볼록하므로 x^2의 계수는 양수이어야 한다.

⇨ ①, ③, ⑤

이때 꼭짓점의 좌표를 각각 구하면 다음과 같다.

① $(0, -1)$: y축 위의 점

③ $(2, -2)$: 제4사분면 위의 점

⑤ $(-2, -2)$: 제3사분면 위의 점

따라서 그래프가 아래로 볼록하고, 꼭짓점이 제3사분면 위에 있는 것은 ⑤이다.

50 답 ④

$y=(x-3)^2+4$의 그래프는 아래로 볼록한 포물선이고, 꼭짓점의 좌표가 $(3, 4)$이므로 그래프로 적당한 것은 ④이다.

51 답 ①

꼭짓점의 좌표가 $(1, -1)$로 제4사분면 위에 있고, 위로 볼록한 포물선이므로 그래프는 오른쪽 그림과 같다.
따라서 그래프가 지나지 않는 사분면은 제1, 2사분면이다.

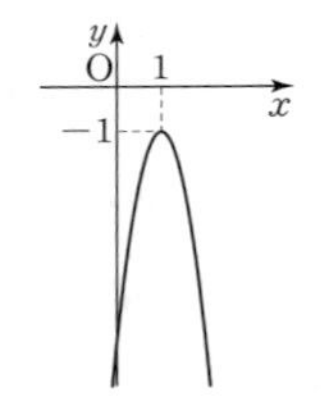

52 답 ①

그래프가 위로 볼록하고, 축의 방정식이 $x=-1$이므로

$x<-1$일 때, x의 값이 증가하면 y의 값도 증가한다.

53 답 ⑤

$y=-3x^2$의 그래프를 평행이동하여 완전히 포개어지려면 x^2의 계수가 -3이어야 하므로 ⑤이다.

54 답 **6**

평행이동한 그래프를 나타내는 이차함수의 식은

$y=2(x-1)^2-2$

이 그래프가 점 $(3,\ a)$를 지나므로

$a=2\times(3-1)^2-2=6$

55 답 ③, ⑥

③ 꼭짓점의 좌표는 $(-3,\ -4)$이다.

⑥ $y=\frac{1}{2}(x+3)^2-4$에 $x=0$을 대입하면

$y=\frac{1}{2}\times(0+3)^2-4=\frac{1}{2}$이므로 점 $\left(0,\ \frac{1}{2}\right)$을 지난다.

따라서 $y=\frac{1}{2}(x+3)^2-4$의 그래프는 오른쪽 그림과 같으므로 제4사분면을 지나지 않는다.

따라서 옳지 않은 것은 ③, ⑥이다.

56 답 ③

㈎에서 그래프가 아래로 볼록하므로 x^2의 계수는 양수이어야 한다. ⇨ ①, ②, ③

㈏에서 $y=-2(x-1)^2$의 그래프와 폭이 같아야 하므로 ②, ③이다.

이때 꼭짓점의 좌표를 각각 구하면 다음과 같다.

② $(1,\ -1)$: 제4사분면 위의 점

③ $(-1,\ -1)$: 제3사분면 위의 점

따라서 조건을 만족시키는 이차함수의 식은 ③이다.

57 답 $\frac{1}{2}$

그래프의 꼭짓점의 좌표가 $(-p,\ 2p^2-1)$이고,

이 점이 직선 $y=5x+2$ 위에 있으므로

$2p^2-1=5\times(-p)+2,\ 2p^2+5p-3=0$

$(p+3)(2p-1)=0$

$\therefore\ p=-3$ 또는 $p=\frac{1}{2}$

이때 $p>0$이므로 $p=\frac{1}{2}$

58 답 $x=1,\ (1,\ -2)$

평행이동한 그래프를 나타내는 이차함수의 식은

$y=-\frac{1}{2}(x-2+1)^2+3-5 \qquad \therefore\ y=-\frac{1}{2}(x-1)^2-2$

따라서 축의 방정식은 $x=1$, 꼭짓점의 좌표는 $(1,\ -2)$이다.

59 답 ①

평행이동한 그래프를 나타내는 이차함수의 식은

$y=-3(x-a-2)^2+5+b$

이 식이 $y=-3(x-1)^2+1$과 같아야 하므로

$-a-2=-1,\ 5+b=1 \qquad \therefore\ a=-1,\ b=-4$

$\therefore\ a+b=-1+(-4)=-5$

60 답 **36**

$y=\frac{2}{3}(x-3)^2$의 그래프는 $y=\frac{2}{3}(x+3)^2$의 그래프를 x축의 방향으로 6만큼 평행이동한 것과 같다.

따라서 다음 그림에서 빗금 친 두 부분의 넓이가 서로 같으므로 색칠한 부분의 넓이는 직사각형 ABCD의 넓이와 같다.

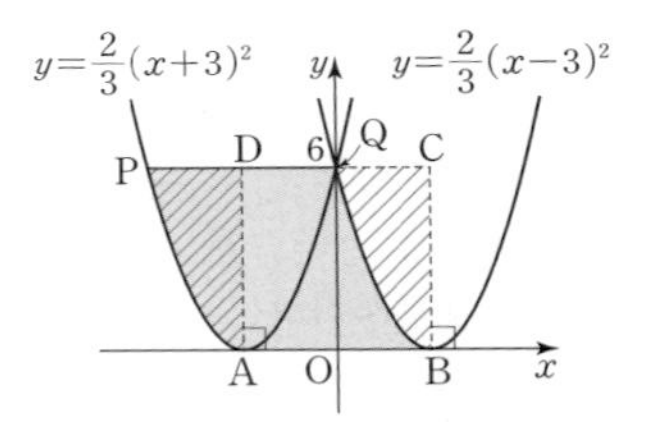

$\mathrm{A}(-3,\ 0),\ \mathrm{B}(3,\ 0)$이고

$y=\frac{2}{3}(x-3)^2$에 $x=0$을 대입하면

$y=\frac{2}{3}\times(0-3)^2=6 \qquad \therefore\ \mathrm{Q}(0,\ 6)$

$\therefore\ \square\mathrm{ABCD}=\overline{\mathrm{AB}}\times\overline{\mathrm{AD}}=6\times6=36$

61 답 ②

그래프가 위로 볼록하므로 $a<0$

꼭짓점 $(p,\ q)$가 제1사분면 위에 있으므로 $p>0,\ q>0$

62 답 ④

그래프가 아래로 볼록하므로 $a>0$

꼭짓점 $(p,\ q)$가 제3사분면 위에 있으므로 $p<0,\ q<0$

③ $pq>0$

④ $a>0,\ q^2>0$이므로 $a+q^2>0$

⑤ $a>0,\ p+q<0$이므로 $a(p+q)<0$

따라서 옳지 않은 것은 ④이다.

63 답 ③

$a>0$이므로 아래로 볼록한 포물선이다.

또 $p>0,\ q<0$이므로 꼭짓점 $(p,\ q)$는 제4사분면 위에 있다.

따라서 그래프로 적당한 것은 ③이다.

64 답 ⑤

주어진 일차함수의 그래프에서 $a>0,\ b<0$

즉, $y=bx^2-a$의 그래프는 $b<0$이므로 위로 볼록한 포물선이고, $-a<0$이므로 꼭짓점 $(0,\ -a)$는 y축 위에 있으면서 x축보다 아래쪽에 있다.

따라서 그래프로 적당한 것은 ⑤이다.

65 답 ②

$y=a(x+p)^2+q$의 그래프가 아래로 볼록하므로 $a>0$

꼭짓점 $(-p, q)$가 제1사분면 위에 있으므로

$-p>0$, $q>0$ $\quad\therefore p<0$, $q>0$

즉, $y=p(x-q)^2-a$의 그래프는 $p<0$이므로 위로 볼록한 포물선이고, $q>0$, $-a<0$이므로 꼭짓점 $(q, -a)$는 제4사분면 위에 있다.

따라서 $y=p(x-q)^2-a$의 그래프는 오른쪽 그림과 같이 제3, 4사분면을 지난다.

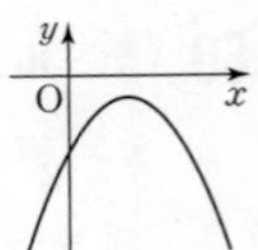

66 답 ㄱ, ㄷ

$y=a(x-p)^2+q$의 그래프가 제1, 2, 3사분면만 지나려면 오른쪽 그림과 같아야 하므로

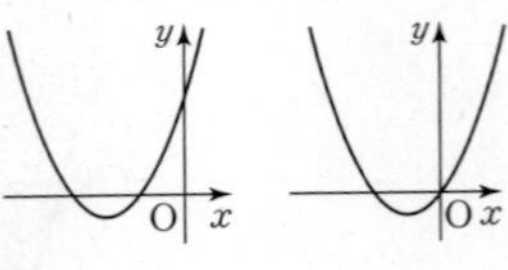

$a>0$, $p<0$, $q<0$

ㄱ. 아래로 볼록한 포물선이다.

ㄷ. 꼭짓점은 제3사분면 위에 있다.

ㄹ. $a>0$, $p<0$, $q<0$이므로 $apq>0$

따라서 옳지 않은 것은 ㄱ, ㄷ이다.

유형 15~23 P. 114~120

67 답 ⑤

$y=-2x^2+8x-5$

$=-2(x^2-\boxed{4}x)-5$

$=-2(x^2-\boxed{4}x+\boxed{4}-\boxed{4})-5$

$=-2(x-\boxed{2})^2+\boxed{3}$

따라서 □ 안에 알맞은 수로 옳지 않은 것은 ⑤이다.

68 답 ④

$y=\frac{1}{3}x^2-6x+10$

$=\frac{1}{3}(x^2-18x+81-81)+10$

$=\frac{1}{3}(x-9)^2-17$

따라서 $a=\frac{1}{3}$, $p=9$, $q=-17$이므로

$ap+q=\frac{1}{3}\times9+(-17)=-14$

69 답 6

$y=3x^2-6x+5$

$=3(x^2-2x+1-1)+5$

$=3(x-1)^2+2$

이 그래프는 $y=3x^2$의 그래프를 x축의 방향으로 1만큼, y축의 방향으로 2만큼 평행이동한 것이다.

따라서 $a=3$, $p=1$, $q=2$이므로

$apq=3\times1\times2=6$

70 답 ⑤

$y=-3x^2+12x-11$

$=-3(x^2-4x+4-4)-11$

$=-3(x-2)^2+1$

꼭짓점의 좌표가 $(2, 1)$이므로 $p=2$, $q=1$

$\therefore p+q=2+1=3$

71 답 ③

축의 방정식을 구하면 각각 다음과 같다.

① $y=x^2-3$ ⇨ $x=0$

② $y=-2(x-4)^2$ ⇨ $x=4$

③ $y=x^2+4x$

$=(x^2+4x+4)-4$

$=(x+2)^2-4$

⇨ $x=-2$

④ $y=2x^2-8x+7$

$=2(x^2-4x+4-4)+7$

$=2(x-2)^2-1$

⇨ $x=2$

⑤ $y=3x^2+6x-7$

$=3(x^2+2x+1-1)-7$

$=3(x+1)^2-10$

⇨ $x=-1$

따라서 그래프의 축이 가장 왼쪽에 있는 것은 ③이다.

72 답 ㄱ, ㄹ

ㄱ. $y=x^2+6x+7$

$=(x^2+6x+9-9)+7$

$=(x+3)^2-2$

꼭짓점의 좌표는 $(-3, -2)$

⇨ 제3사분면

ㄴ. $y=\frac{1}{2}x^2-3x-1$

$=\frac{1}{2}(x^2-6x+9-9)-1$

$=\frac{1}{2}(x-3)^2-\frac{11}{2}$

꼭짓점의 좌표는 $\left(3, -\frac{11}{2}\right)$

⇨ 제4사분면

ㄷ. $y=-x^2-6x$

$=-(x^2+6x+9-9)$

$=-(x+3)^2+9$

꼭짓점의 좌표는 $(-3, 9)$

⇨ 제2사분면

ㄹ. $y=-4x^2-16x-17$

$=-4(x^2+4x+4-4)-17$

$=-4(x+2)^2-1$

꼭짓점의 좌표는 $(-2, -1)$

⇨ 제3사분면

따라서 꼭짓점이 제3사분면 위에 있는 것은 ㄱ, ㄹ이다.

73 답 ②

$y=x^2-2ax-a+1$
$=(x^2-2ax+a^2-a^2)-a+1$
$=(x-a)^2-a^2-a+1$
이므로 꼭짓점의 좌표는 $(a,\ -a^2-a+1)$
이때 꼭짓점이 직선 $y=x+2$ 위에 있으므로
$-a^2-a+1=a+2,\ (a+1)^2=0 \quad \therefore a=-1$

74 답 -2

$y=-x^2-2ax+6$
$=-(x^2+2ax+a^2-a^2)+6$
$=-(x+a)^2+a^2+6$
이때 축의 방정식이 $x=-a$이므로
$-a=2 \quad \therefore a=-2$

75 답 ⑤

$y=x^2-2x+a=(x^2-2x+1-1)+a$
$=(x-1)^2+a-1$
이므로 꼭짓점의 좌표는 $(1,\ a-1)$
$y=-x^2+bx+3$
$=-\left(x^2-bx+\frac{b^2}{4}-\frac{b^2}{4}\right)+3$
$=-\left(x-\frac{b}{2}\right)^2+\frac{b^2}{4}+3$
이므로 꼭짓점의 좌표는 $\left(\frac{b}{2},\ \frac{b^2}{4}+3\right)$
이때 두 그래프의 꼭짓점이 일치하므로
$1=\frac{b}{2},\ a-1=\frac{b^2}{4}+3 \quad \therefore b=2,\ a=5$
$\therefore a+b=5+2=7$

76 답 -12

$y=-3x^2-12x+a=-3(x^2+4x+4-4)+a$
$=-3(x+2)^2+a+12$
이므로 꼭짓점의 좌표는 $(-2,\ a+12)$
이때 꼭짓점이 x축 위에 있으므로
$a+12=0 \quad \therefore a=-12$

77 답 3

$y=x^2+2ax+b$의 그래프가 점 $(-2,\ 3)$을 지나므로
$3=(-2)^2+2a\times(-2)+b \quad \therefore b=4a-1 \quad \cdots$ ㉠
$y=x^2+2ax+b=(x^2+2ax+a^2-a^2)+b$
$=(x+a)^2-a^2+b$
이므로 꼭짓점의 좌표는 $(-a,\ -a^2+b)$
이때 꼭짓점이 직선 $y=-2x$ 위에 있으므로
$-a^2+b=2a \quad \therefore b=a^2+2a \quad \cdots$ ㉡
㉠, ㉡에 의해 $4a-1=a^2+2a$
$a^2-2a+1=0,\ (a-1)^2=0 \quad \therefore a=1$
이때 ㉠에서 $b=4\times1-1=3$
$\therefore ab=1\times3=3$

78 답 ①

$y=-x^2-4x-5=-(x+2)^2-1$
꼭짓점의 좌표는 $(-2,\ -1)$이고, y축과 만나는 점의 좌표는 $(0,\ -5)$이며, 위로 볼록하므로 주어진 이차함수의 그래프는 ①과 같다.

79 답 ②

$y=-2x^2+8x-3=-2(x-2)^2+5$
꼭짓점의 좌표는 $(2,\ 5)$이고, y축과 만나는 점의 좌표는 $(0,\ -3)$이며, 위로 볼록하므로 그래프를 그리면 오른쪽 그림과 같다.
따라서 제2사분면을 지나지 않는다.

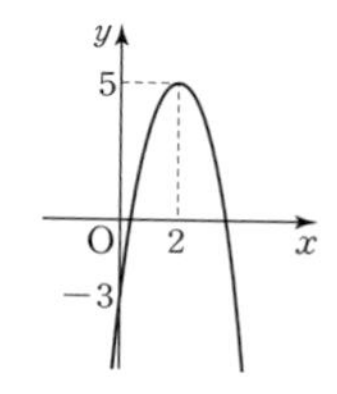

80 답 $a\ge\frac{5}{9}$

$y=ax^2+bx+c$의 그래프의 꼭짓점의 좌표가 $(3,\ -5)$이므로 $y=a(x-3)^2-5=ax^2-6ax+9a-5$
이 그래프가 제3사분면을 지나지 않으려면
그래프의 모양이 아래로 볼록해야 하므로 $a>0$
또 (y축과 만나는 점의 y좌표)≥0이어야 하므로 $9a-5\ge0$
$\therefore a\ge\frac{5}{9}$

81 답 ③

$y=\frac{1}{3}x^2-2x+5=\frac{1}{3}(x-3)^2+2$
이므로 그래프는 아래로 볼록한 포물선이고 축의 방정식은 $x=3$이다.
따라서 $x>3$일 때, x의 값이 증가하면 y의 값도 증가한다.

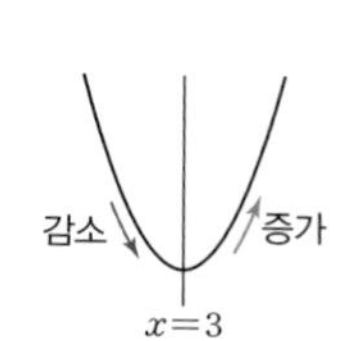

82 답 $x>-2$

$y=-x^2+kx+1$의 그래프가 점 $(1,\ -4)$를 지나므로
$-4=-1^2+k\times1+1 \quad \therefore k=-4$
즉, $y=-x^2-4x+1=-(x+2)^2+5$
이 그래프는 위로 볼록한 포물선이고 축의 방정식은 $x=-2$이다.
따라서 $x>-2$일 때, x의 값이 증가하면 y의 값은 감소한다.

83 답 $(2,\ -9)$

$y=x^2+2ax+3a+1$
$=(x+a)^2-a^2+3a+1 \quad \cdots$ ㉠
이 그래프가 $x<2$이면 x의 값이 증가할 때 y의 값은 감소하고, $x>2$이면 x의 값이 증가할 때 y의 값도 증가하므로 축의 방정식은 $x=2$이다.
㉠에서 그래프의 축의 방정식이 $x=-a$이므로
$-a=2 \quad \therefore a=-2$
따라서 $y=x^2-4x-5=(x-2)^2-9$이므로 꼭짓점의 좌표는 $(2,\ -9)$이다.

84 답 4

$y=x^2+2x-3$에 $y=0$을 대입하면 $x^2+2x-3=0$

$(x+3)(x-1)=0$ $\therefore x=-3$ 또는 $x=1$

따라서 $A(-3, 0)$, $B(1, 0)$이므로

$\overline{AB}=1-(-3)=4$

85 답 ⑤

$y=x^2-6x+8$에 $y=0$을 대입하면 $x^2-6x+8=0$

$(x-2)(x-4)=0$ $\therefore x=2$ 또는 $x=4$

$\therefore A(2, 0)$, $C(4, 0)$

$y=x^2-6x+8=(x-3)^2-1$이므로 $B(3, -1)$

$y=x^2-6x+8$에 $x=0$을 대입하면 $y=8$이므로 $D(0, 8)$

이때 점 E의 y좌표가 8이므로 $y=8$을 대입하면

$8=x^2-6x+8$, $x^2-6x=0$, $x(x-6)=0$

$\therefore x=0$ 또는 $x=6$ $\therefore E(6, 8)$

따라서 옳지 않은 것은 ⑤이다.

86 답 ②

$y=x^2+4x+a=(x+2)^2+a-4$의 그래프의 축의 방정식은 $x=-2$이다.

$\overline{AB}=6$이므로 그래프의 축에서 두 점 A, B까지의 거리는 각각 3이다.

$\therefore A(-5, 0)$, $B(1, 0)$ 또는 $A(1, 0)$, $B(-5, 0)$

$y=x^2+4x+a$의 그래프가 점 $(1, 0)$을 지나므로

$0=1^2+4\times1+a$ $\therefore a=-5$

87 답 ③

$y=x^2+3x+1=\left(x+\frac{3}{2}\right)^2-\frac{5}{4}$이므로 평행이동한 그래프를 나타내는 이차함수의 식은

$y=\left(x-2+\frac{3}{2}\right)^2-\frac{5}{4}=\left(x-\frac{1}{2}\right)^2-\frac{5}{4}=x^2-x-1$

88 답 ①

$y=2x^2-4x+3=2(x-1)^2+1$이므로 평행이동한 그래프를 나타내는 이차함수의 식은

$y=2(x-p-1)^2+1+q$

$\therefore y=2\{x-(p+1)\}^2+1+q$

이 식이 $y=2x^2-12x+3=2(x-3)^2-15$와 같아야 하므로

$p+1=3$, $1+q=-15$ $\therefore p=2$, $q=-16$

$\therefore pq=2\times(-16)=-32$

89 답 1

$y=-x^2+6x-6=-(x-3)^2+3$이므로 평행이동한 그래프를 나타내는 이차함수의 식은

$y=-(x+1-3)^2+3-1$

$\therefore y=-(x-2)^2+2$

이 그래프가 점 $(1, k)$를 지나므로

$k=-(1-2)^2+2=1$

90 답 ③

위로 볼록한 그래프는 $y=-x^2-8x$, $y=-3x^2+5$, $y=-\frac{1}{2}x^2+2x-2$이다.

x^2의 계수의 절댓값이 클수록 그래프의 폭이 좁아지므로

$\left|-\frac{1}{2}\right|<|-1|<|-3|$에서 그래프의 폭이 가장 좁은 것은

③ $y=-3x^2+5$이다.

91 답 ③

$y=\frac{1}{2}x^2-4x+3$의 그래프를 평행이동하여 완전히 포개어지려면 x^2의 계수가 $\frac{1}{2}$이어야 하므로 ③이다.

92 답 0

$y=-2x^2-x+a$의 그래프가 점 $(-1, 5)$를 지나므로

$5=-2\times(-1)^2-(-1)+a$ $\therefore a=6$

즉, $y=-2x^2-x+6$의 그래프가 점 $(1, b)$를 지나므로

$b=-2\times1^2-1+6=3$

$\therefore a-2b=6-2\times3=0$

93 답 ①, ②, ⑤, ⑥

$y=-x^2+2x+3=-(x-1)^2+4$

① x^2의 계수가 음수이므로 위로 볼록한 포물선이다.

② 직선 $x=1$을 축으로 한다.

⑤ 그래프는 오른쪽 그림과 같으므로 모든 사분면을 지난다.

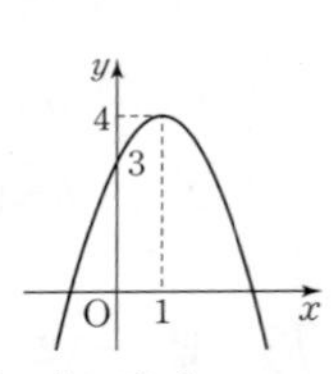

⑥ $x>1$일 때, x의 값이 증가하면 y의 값은 감소한다.

⑦ $y=-x^2+2x+3$에 $y=0$을 대입하면

$-x^2+2x+3=0$, $x^2-2x-3=0$

$(x+1)(x-3)=0$ $\therefore x=-1$ 또는 $x=3$

따라서 x축과 두 점 $(-1, 0)$, $(3, 0)$에서 만난다.

따라서 옳지 않은 것은 ①, ②, ⑤, ⑥이다.

94 답 ②

$y=ax^2+bx+c=a\left(x+\frac{b}{2a}\right)^2-\frac{b^2-4ac}{4a}$

ㄱ. 축의 방정식은 $x=-\frac{b}{2a}$이다.

ㅁ. $y=ax^2$의 그래프를 평행이동하면 완전히 포개어진다.

95 답 ①

그래프가 위로 볼록하므로 $a<0$

축이 y축의 왼쪽에 있으므로 $ab>0$ $\therefore b<0$

y축과 만나는 점이 x축보다 아래쪽에 있으므로 $c<0$

96 답 ⑤

그래프가 아래로 볼록하므로 $a>0$

축이 y축의 오른쪽에 있으므로 $ab<0$　　$\therefore b<0$

y축과 만나는 점이 x축보다 아래쪽에 있으므로 $c<0$

① $ab<0$　② $ac<0$　③ $bc>0$

④ $x=-1$일 때, $y>0$이므로 $a-b+c>0$

⑤ $x=1$일 때, $y<0$이므로 $a+b+c<0$

따라서 옳은 것은 ⑤이다.

97 답 ①

$a<0$, $ab>0$에서 $b<0$

$b<0$, $bc>0$에서 $c<0$

$y=ax^2-bx-c$에서

$a<0$이므로 그래프는 위로 볼록하다.

$-b>0$이므로 a, $-b$는 부호가 서로 다르다.

즉, 축은 y축의 오른쪽에 있다.

$-c>0$이므로 y축과 만나는 점은 x축보다 위쪽에 있다.

따라서 그래프로 적당한 것은 ①이다.

98 답 ②

$y=ax^2+bx+c$의 그래프에서

그래프가 아래로 볼록하므로 $a>0$

축이 y축의 왼쪽에 있으므로 $ab>0$　　$\therefore b>0$

y축과 만나는 점이 x축보다 아래쪽에 있으므로 $c<0$

따라서 $a>0$, $\frac{c}{b}<0$이므로 $y=ax+\frac{c}{b}$의 그래프는 오른쪽 그림과 같이 제2사분면을 지나지 않는다.

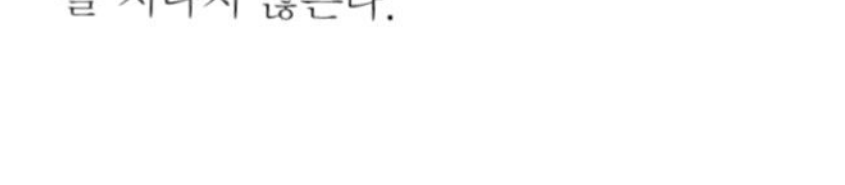

99 답 ②

$y=ax+b$의 그래프에서 $a<0$, $b>0$

$y=x^2+ax-b$에서

x^2의 계수가 양수이므로 그래프는 아래로 볼록하다.

$a<0$이므로 x^2의 계수와 부호가 서로 다르다.

즉, 축은 y축의 오른쪽에 있다.

$-b<0$이므로 y축과 만나는 점은 x축보다 아래쪽에 있다.

따라서 그래프로 적당한 것은 ②이다.

100 답 (1) **A(1, 9)**　(2) **B(−2, 0), C(4, 0)**　(3) **27**

(1) $y=-x^2+2x+8=-(x-1)^2+9$에서 A(1, 9)

(2) $y=-x^2+2x+8$에 $y=0$을 대입하면

$-x^2+2x+8=0$, $x^2-2x-8=0$

$(x+2)(x-4)=0$　　$\therefore x=-2$ 또는 $x=4$

$\therefore$ B(−2, 0), C(4, 0)

(3) $\triangle ABC=\frac{1}{2}\times 6\times 9=27$

101 답 **10**

$y=x^2+3x-4$에 $y=0$을 대입하면

$x^2+3x-4=0$, $(x+4)(x-1)=0$

$\therefore x=-4$ 또는 $x=1$

$\therefore$ A(−4, 0), B(1, 0)　　… (i)

$y=x^2+3x-4$에 $x=0$을 대입하면 $y=-4$이므로

C(0, −4)　　… (ii)

$\therefore \triangle ACB=\frac{1}{2}\times 5\times 4=10$　　… (iii)

채점 기준	비율
(i) 두 점 A, B의 좌표 구하기	50 %
(ii) 점 C의 좌표 구하기	20 %
(iii) △ACB의 넓이 구하기	30 %

102 답 **4**

$y=\frac{1}{3}x^2-\frac{4}{3}x-4$에 $x=0$을 대입하면 $y=-4$이므로

A(0, −4)

$y=\frac{1}{3}x^2-\frac{4}{3}x-4=\frac{1}{3}(x-2)^2-\frac{16}{3}$이므로

$B\left(2, -\frac{16}{3}\right)$

$\therefore \triangle OAB=\frac{1}{2}\times 4\times 2=4$

103 답 **3**

$y=-x^2+2x+3=-(x-1)^2+4$이므로 A(1, 4)

$y=-x^2+2x+3$에 $x=0$을 대입하면 $y=3$이므로

B(0, 3)

$y=-x^2+2x+3$에 $y=0$을 대입하면

$-x^2+2x+3=0$, $x^2-2x-3=0$

$(x+1)(x-3)=0$　　$\therefore x=-1$ 또는 $x=3$

점 C의 x좌표가 양수이므로 C(3, 0)

$\therefore \triangle ABC=\triangle ABO+\triangle AOC-\triangle BOC$

$=\frac{1}{2}\times 3\times 1+\frac{1}{2}\times 3\times 4-\frac{1}{2}\times 3\times 3$

$=3$

104 답 ②

$y=-x^2+4x+5=-(x-2)^2+9$이므로 A(2, 9)

$y=-x^2+4x+5$에 $x=0$을 대입하면 $y=5$이므로

B(0, 5)

$y=-x^2+4x+5$에 $y=0$을 대입하면

$-x^2+4x+5=0$, $x^2-4x-5=0$

$(x+1)(x-5)=0$　　$\therefore x=-1$ 또는 $x=5$

$\therefore$ C(−1, 0), D(5, 0)

$\therefore \square ABCD=\triangle BCO+\triangle ABO+\triangle AOD$

$=\frac{1}{2}\times 1\times 5+\frac{1}{2}\times 5\times 2+\frac{1}{2}\times 5\times 9$

$=30$

유형 24~27 P. 120~122

105 답 ③

꼭짓점의 좌표가 $(-2,\ 1)$이므로 $y=a(x+2)^2+1$로 놓자.
이 그래프가 점 $(-3,\ 2)$를 지나므로
$2=a\times(-3+2)^2+1 \qquad \therefore a=1$
즉, $y=(x+2)^2+1=x^2+4x+5$이므로
$b=4,\ c=5$
$\therefore a+b-c=1+4-5=0$

106 답 ①

꼭짓점의 좌표가 $(3,\ -2)$이므로 $y=a(x-3)^2-2$로 놓자.
이 그래프가 점 $(-1,\ 6)$을 지나므로
$6=a\times(-1-3)^2-2 \qquad \therefore a=\frac{1}{2}$
$\therefore y=\frac{1}{2}(x-3)^2-2$
이 식에 $x=0$을 대입하면 $y=\frac{1}{2}\times(0-3)^2-2=\frac{5}{2}$
따라서 y축과 만나는 점의 좌표는 $\left(0,\ \frac{5}{2}\right)$이다.

107 답 ⑤

꼭짓점의 좌표가 $(4,\ 6)$이므로 $y=a(x-4)^2+6$으로 놓자.
이 그래프가 점 $(0,\ 2)$를 지나므로
$2=a\times(0-4)^2+6 \qquad \therefore a=-\frac{1}{4}$
$\therefore y=-\frac{1}{4}(x-4)^2+6$
이 그래프가 점 $(5,\ k)$를 지나므로
$k=-\frac{1}{4}\times(5-4)^2+6=\frac{23}{4}$

108 답 8

축의 방정식이 $x=-2$이므로 $p=-2$
즉, $y=a(x+2)^2+q$의 그래프가 두 점 $(0,\ 6)$, $(2,\ 0)$을 지나므로
$6=a\times(0+2)^2+q \qquad \therefore 4a+q=6 \qquad \cdots$ ㉠
$0=a\times(2+2)^2+q \qquad \therefore 16a+q=0 \qquad \cdots$ ㉡
㉠, ㉡을 연립하여 풀면
$a=-\frac{1}{2},\ q=8$
$\therefore apq=-\frac{1}{2}\times(-2)\times8=8$

109 답 4

축의 방정식이 $x=1$이므로 $y=a(x-1)^2+q$로 놓자.
이 그래프가 y축과 만나는 점의 y좌표가 -2이므로 점 $(0,\ -2)$를 지난다.
$-2=a\times(0-1)^2+q \qquad \therefore a+q=-2 \qquad \cdots$ ㉠
이 그래프가 점 $(-2,\ 14)$를 지나므로
$14=a\times(-2-1)^2+q \qquad \therefore 9a+q=14 \qquad \cdots$ ㉡
㉠, ㉡을 연립하여 풀면
$a=2,\ q=-4$
$\therefore y=2(x-1)^2-4$
이 그래프가 점 $(3,\ k)$를 지나므로
$k=2\times(3-1)^2-4=4$

110 답 -1

(가)에서 $a=-2$이고
(다)에서 축의 방정식이 $x=-3$이므로 $y=-2(x+3)^2+q$로 놓자.
(나)에서 이 그래프가 점 $(-1,\ -3)$을 지나므로
$-3=-2\times(-1+3)^2+q \qquad \therefore q=5$
$\therefore y=-2(x+3)^2+5$
$\quad =-2x^2-12x-13$
따라서 $a=-2,\ b=-12,\ c=-13$이므로
$a+b-c=-2+(-12)-(-13)=-1$

111 답 10

$y=ax^2+bx+c$의 그래프가 점 $(0,\ 1)$을 지나므로
$c=1$
즉, $y=ax^2+bx+1$의 그래프가 두 점 $(-1,\ 6)$, $(1,\ 2)$를 지나므로
$6=a-b+1 \qquad \therefore a-b=5 \qquad \cdots$ ㉠
$2=a+b+1 \qquad \therefore a+b=1 \qquad \cdots$ ㉡
㉠, ㉡을 연립하여 풀면
$a=3,\ b=-2$
$\therefore a-2b+3c=3-2\times(-2)+3\times1=10$

112 답 $(1,\ 7)$

$y=ax^2+bx+c$로 놓으면 그래프가 점 $(0,\ 8)$을 지나므로
$c=8$ … (i)
즉, $y=ax^2+bx+8$의 그래프가 두 점 $(-1,\ 11)$, $(4,\ 16)$을 지나므로
$11=a-b+8 \qquad \therefore a-b=3 \qquad \cdots$ ㉠
$16=16a+4b+8 \qquad \therefore 4a+b=2 \qquad \cdots$ ㉡
㉠, ㉡을 연립하여 풀면
$a=1,\ b=-2$ … (ii)
따라서 $y=x^2-2x+8=(x-1)^2+7$이므로
구하는 꼭짓점의 좌표는 $(1,\ 7)$이다. … (iii)

채점 기준	비율
(i) 이차함수의 식의 상수항 구하기	20 %
(ii) 이차함수의 식의 x^2의 계수와 x의 계수 구하기	50 %
(iii) 꼭짓점의 좌표 구하기	30 %

113 답 ③

$y=ax^2+bx+c$로 놓으면 그래프가 점 $(0, 3)$을 지나므로
$c=3$
즉, $y=ax^2+bx+3$의 그래프가 두 점 $(-3, 0)$, $(-2, 7)$을 지나므로
$0=9a-3b+3 \quad \therefore 3a-b=-1 \quad \cdots$ ㉠
$7=4a-2b+3 \quad \therefore 2a-b=2 \quad \cdots$ ㉡
㉠, ㉡을 연립하여 풀면
$a=-3$, $b=-8$
$\therefore y=-3x^2-8x+3$

114 답 ⑤

x축과 두 점 $(-2, 0)$, $(3, 0)$에서 만나므로
$y=a(x+2)(x-3)$으로 놓자.
이 그래프가 점 $(1, -12)$를 지나므로
$-12=a\times3\times(-2) \quad \therefore a=2$
$\therefore y=2(x+2)(x-3)=2x^2-2x-12$
따라서 $a=2$, $b=-2$, $c=-12$이므로
$ab-c=2\times(-2)-(-12)=8$

115 답 ⑤

x축과 두 점 $(1, 0)$, $(5, 0)$에서 만나고, x^2의 계수가 1이므로
$y=(x-1)(x-5)=x^2-6x+5$
$\therefore b=-6$, $c=5$
이 그래프가 점 $(4, k)$를 지나므로
$k=4^2-6\times4+5=-3$
$\therefore b+c-k=-6+5-(-3)=2$

116 답 $(2, -1)$

x축과 두 점 $(1, 0)$, $(3, 0)$에서 만나므로
$y=a(x-1)(x-3)$으로 놓자.
이 그래프가 점 $(0, 3)$을 지나므로
$3=a\times(-1)\times(-3) \quad \therefore a=1$
$\therefore y=(x-1)(x-3)=x^2-4x+3=(x-2)^2-1$
따라서 구하는 꼭짓점의 좌표는 $(2, -1)$이다.

117 답 ④

ㄱ. $y=ax^2$의 그래프의 폭이 $y=bx^2$의 그래프의 폭보다 좁으므로 $|a|>|b|$
이때 $a>0$, $b>0$이므로 $a>b$
ㄴ. $d=-a$, $c=-b$이므로
$a+b+c+d=a+b+(-b)+(-a)=0$
ㄷ. $y=dx^2$의 그래프의 폭이 $y=cx^2$의 그래프의 폭보다 좁으므로 $|d|>|c|$
이때 $|a|=|d|$이므로 $a+c>0$
ㄹ. $a>0$, $b>0$, $c<0$이므로 $abc<0$
따라서 옳은 것은 ㄱ, ㄴ, ㄷ이다.

118 답 16 m

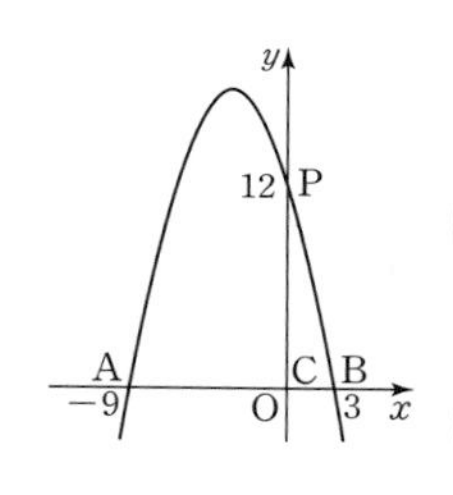

오른쪽 그림과 같이 C 지점을 원점, 지면을 x축으로 하는 좌표평면 위에 세 지점 A, B, P를 지나는 포물선을 그리면 이 그래프는 x축과 두 점 $\mathrm{A}(-9, 0)$, $\mathrm{B}(3, 0)$에서 만나므로 $y=a(x+9)(x-3)$으로 놓을 수 있다.
이 그래프가 $\mathrm{P}(0, 12)$를 지나므로
$12=a\times9\times(-3) \quad \therefore a=-\frac{4}{9}$
즉, $y=-\frac{4}{9}(x+9)(x-3)$
$=-\frac{4}{9}x^2-\frac{8}{3}x+12$
$=-\frac{4}{9}(x+3)^2+16$
이므로 이 그래프의 꼭짓점의 y좌표는 16이다.
따라서 이 공이 가장 높이 올라갔을 때의 지면으로부터의 높이는 16 m이다.

단원 마무리 P. 123～126

1 ③	2 ㉢	3 ①	4 ④	5 -4
6 $(0, -5)$		7 $x>2$	8 ③	9 ④
10 ②	11 2	12 ①, ④	13 ②	14 -10
15 1	16 ④	17 7	18 1	19 $(2, -9)$
20 14	21 ㄱ, ㄴ, ㅁ		22 $\frac{3}{2}$	23 ②
24 1	25 $\frac{5}{4}$	26 $(1, 5)$	27 36	

1 ① $y=1500x$ ⇨ 일차함수
② $y=35x$ ⇨ 일차함수
③ $y=x(5-x)=-x^2+5x$ ⇨ 이차함수
④ $\frac{1}{2}xy=8 \quad \therefore y=\frac{16}{x}$ ⇨ 이차함수가 아니다.
⑤ $y=\frac{4}{3}\pi x^3$ ⇨ 이차함수가 아니다.
따라서 y가 x에 대한 이차함수인 것은 ③이다.

2 $y=-3x^2$의 그래프는 위로 볼록하면서 $y=-x^2$의 그래프보다 폭이 좁아야 하므로 ㉢이다.

3 ① x축과 원점 $(0, 0)$에서 만난다.
② $y=-x^2$의 그래프보다 폭이 넓다.
③ 제3, 4사분면을 지난다.
④ 위로 볼록한 포물선이다.
⑤ $x>0$일 때, x의 값이 증가하면 y의 값은 감소한다.
따라서 옳은 것은 ①이다.

4 $y=-\frac{2}{3}x^2$의 그래프와 x축에 서로 대칭인 그래프는

$y=\frac{2}{3}x^2$

이 그래프가 점 $(3,\ a)$를 지나므로

$a=\frac{2}{3}\times 3^2=6$

5 꼭짓점이 원점이므로 $y=ax^2$으로 놓자.

이 그래프가 점 $(2,\ -1)$을 지나므로

$-1=a\times 2^2 \qquad \therefore\ a=-\frac{1}{4}$

즉, $f(x)=-\frac{1}{4}x^2$이므로

$f(4)=-\frac{1}{4}\times 4^2=-4$

6 평행이동한 그래프를 나타내는 이차함수의 식은

$y=-\frac{1}{2}x^2+a$ ··· (i)

이 그래프가 점 $(-2,\ -7)$을 지나므로

$-7=-\frac{1}{2}\times(-2)^2+a \qquad \therefore\ a=-5$ ··· (ii)

따라서 $y=-\frac{1}{2}x^2-5$의 그래프의 꼭짓점의 좌표는

$(0,\ -5)$이다. ··· (iii)

채점 기준	비율
(i) 평행이동한 그래프를 나타내는 이차함수의 식 세우기	30 %
(ii) a의 값 구하기	40 %
(iii) 꼭짓점의 좌표 구하기	30 %

7 그래프가 위로 볼록하고, 축의 방정식이 $x=2$이므로

$x>2$일 때, x의 값이 증가하면 y의 값은 감소한다.

8 그래프가 위로 볼록하므로 $a<0$

꼭짓점 $(-p,\ q)$가 제4사분면 위에 있으므로

$-p>0,\ q<0$

$\therefore\ a<0,\ p<0,\ q<0$

9 $y=-3x^2+12x-6$

$=-3(x^2-4x+4-4)-6$

$=-3(x-2)^2+6$

따라서 축의 방정식은 $x=2$이고, 꼭짓점의 좌표는 $(2,\ 6)$이다.

10 ① $y=-x^2-8x-10=-(x+4)^2+6$

꼭짓점의 좌표는 $(-4,\ 6)$이고, y축과 만나는 점의 좌표는 $(0,\ -10)$이며, 위로 볼록하므로 그래프를 그리면 오른쪽 그림과 같다.

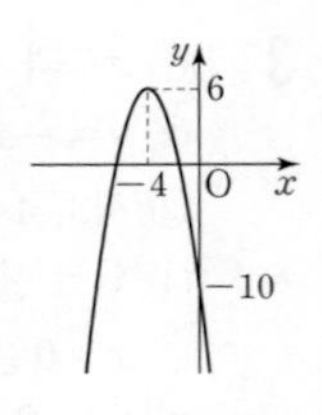

따라서 제1사분면을 지나지 않는다.

② $y=-x^2-2x+1=-(x+1)^2+2$

꼭짓점의 좌표는 $(-1,\ 2)$이고, y축과 만나는 점의 좌표는 $(0,\ 1)$이며, 위로 볼록하므로 그래프를 그리면 오른쪽 그림과 같다.

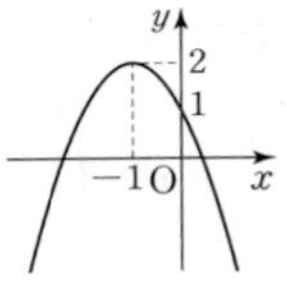

따라서 모든 사분면을 지난다.

③ $y=x^2+6x+9=(x+3)^2$

꼭짓점의 좌표는 $(-3,\ 0)$이고, y축과 만나는 점의 좌표는 $(0,\ 9)$이며, 아래로 볼록하므로 그래프를 그리면 오른쪽 그림과 같다.

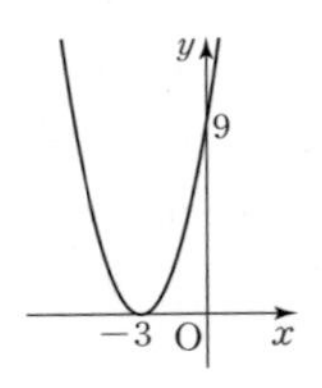

따라서 제3, 4사분면을 지나지 않는다.

④ $y=2x^2+4$

꼭짓점의 좌표는 $(0,\ 4)$이고, 아래로 볼록하므로 그래프를 그리면 오른쪽 그림과 같다.

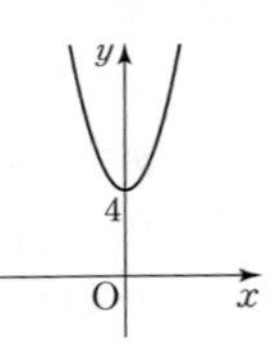

따라서 제3, 4사분면을 지나지 않는다.

⑤ $y=3x^2-9x=3\left(x-\frac{3}{2}\right)^2-\frac{27}{4}$

꼭짓점의 좌표는 $\left(\frac{3}{2},\ -\frac{27}{4}\right)$이고, y축과 만나는 점의 좌표는 $(0,\ 0)$이며, 아래로 볼록하므로 그래프를 그리면 오른쪽 그림과 같다.

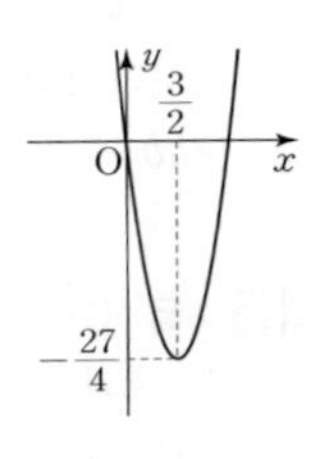

따라서 제3사분면을 지나지 않는다.

따라서 그래프가 모든 사분면을 지나는 것은 ②이다.

11 $y=-x^2+10x-19=-(x-5)^2+6$이므로 평행이동한 그래프를 나타내는 이차함수의 식은

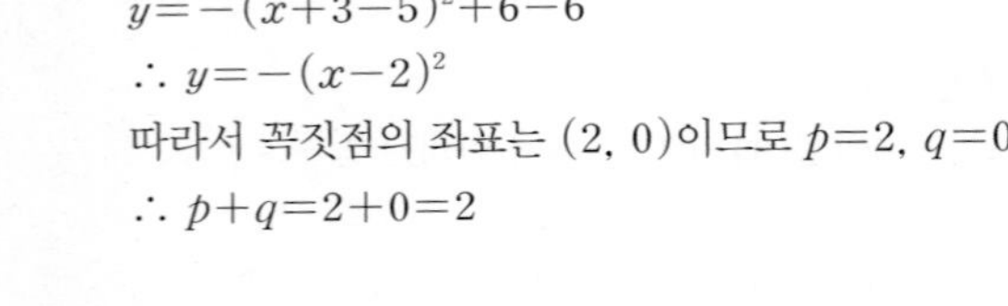

$y=-(x+3-5)^2+6-6$

$\therefore\ y=-(x-2)^2$

따라서 꼭짓점의 좌표는 $(2,\ 0)$이므로 $p=2,\ q=0$

$\therefore\ p+q=2+0=2$

12 $y=2x^2+4x-3=2(x+1)^2-5$

① 축의 방정식은 $x=-1$이다.

③ 그래프는 오른쪽 그림과 같으므로 모든 사분면을 지난다.

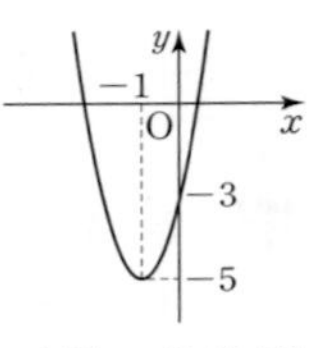

④ $y=2x^2$의 그래프를 x축의 방향으로 -1만큼, y축의 방향으로 -5만큼 평행이동한 그래프이다.

따라서 옳지 않은 것은 ①, ④이다.

13 꼭짓점의 좌표가 $(-1,\ -2)$이므로

$y=a(x+1)^2-2$로 놓자.

이 그래프가 점 $(0,\ -1)$을 지나므로

$-1=a\times(0+1)^2-2 \qquad \therefore\ a=1$

$\therefore\ y=(x+1)^2-2=x^2+2x-1$

14 $y=ax^2+bx+c$의 그래프가 점 $(0, 16)$을 지나므로

$c=16$ … (i)

즉, $y=ax^2+bx+16$의 그래프가 두 점 $(1, 10)$, $(3, -14)$를 지나므로

$10=a+b+16$ ∴ $a+b=-6$ … ㉠

$-14=9a+3b+16$ ∴ $3a+b=-10$ … ㉡

㉠, ㉡을 연립하여 풀면

$a=-2$, $b=-4$ … (ii)

∴ $a-2b-c=-2-2\times(-4)-16=-10$ … (iii)

채점 기준	비율
(i) c의 값 구하기	30 %
(ii) a, b의 값 구하기	50 %
(iii) $a-2b-c$의 값 구하기	20 %

15 $f(a)=3a^2-7a+2=-2$이므로

$3a^2-7a+4=0$, $(a-1)(3a-4)=0$

∴ $a=1$ 또는 $a=\frac{4}{3}$

이때 a는 정수이므로 $a=1$

16 (가)에서 꼭짓점의 좌표가 $(0, -1)$이므로 $y=ax^2-1$로 놓자.

(나)에서 그래프가 제1, 2사분면을 지나지 않으므로 그래프의 모양은 위로 볼록한 포물선이다.

∴ $a<0$ … ㉠

(다)에서 $y=x^2$의 그래프보다 폭이 넓으므로

$0<a<1$ 또는 $-1<a<0$ … ㉡

㉠, ㉡에 의해 $-1<a<0$

따라서 $y=ax^2-1$ 꼴 중에서 $-1<a<0$인 것은 ④이다.

17 $y=a(x-p)^2$, $y=-\frac{1}{3}x^2+12$의 그래프의 꼭짓점의 좌표는 각각 $(p, 0)$, $(0, 12)$이다.

$y=-\frac{1}{3}x^2+12$의 그래프가 점 $(p, 0)$을 지나므로

$0=-\frac{1}{3}p^2+12$, $p^2=36$ ∴ $p=\pm 6$

이때 $p>0$이므로 $p=6$

$y=a(x-6)^2$의 그래프가 점 $(0, 12)$를 지나므로

$12=a\times(0-6)^2$ ∴ $a=\frac{1}{3}$

∴ $3a+p=3\times\frac{1}{3}+6=7$

18 $y=x^2-2ax+a+4$

$=(x^2-2ax+a^2-a^2)+a+4$

$=(x-a)^2-a^2+a+4$

이때 꼭짓점 $(a, -a^2+a+4)$가 직선 $y=4x$ 위에 있으므로

$-a^2+a+4=4a$, $a^2+3a-4=0$

$(a+4)(a-1)=0$ ∴ $a=-4$ 또는 $a=1$

이때 $a>0$이므로 $a=1$

19 $y=\frac{1}{4}x^2-x+k=\frac{1}{4}(x-2)^2+k-1$의 그래프의 축의 방정식은 $x=2$이다.

$\overline{AB}=12$이므로 그래프의 축에서 두 점 A, B까지의 거리는 각각 6이다.

∴ $A(-4, 0)$, $B(8, 0)$ 또는 $A(8, 0)$, $B(-4, 0)$

$y=\frac{1}{4}x^2-x+k$의 그래프가 점 $(8, 0)$을 지나므로

$0=\frac{1}{4}\times 8^2-8+k$ ∴ $k=-8$

따라서 $y=\frac{1}{4}x^2-x-8=\frac{1}{4}(x-2)^2-9$이므로 그래프의 꼭짓점의 좌표는 $(2, -9)$이다.

20 $y=x^2+4$의 그래프는 $y=x^2-3$의 그래프를 y축의 방향으로 7만큼 평행이동한 것이다.

따라서 오른쪽 그림에서 빗금 친 두 부분의 넓이가 서로 같으므로 색칠한 부분의 넓이는 가로의 길이가 2이고 세로의 길이가 7인 직사각형의 넓이와 같다.

∴ (색칠한 부분의 넓이)$=2\times 7$

$=14$

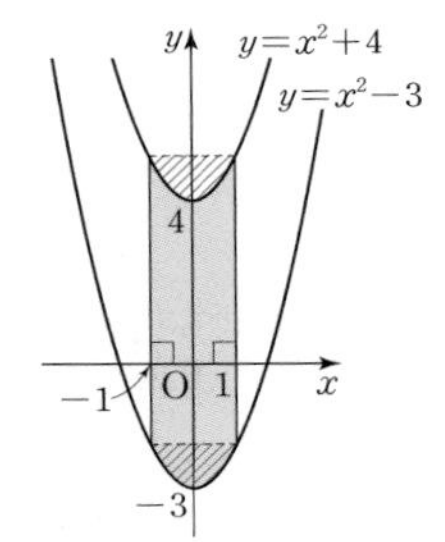

21 그래프가 위로 볼록하므로 $a<0$

축이 y축의 오른쪽에 있으므로 $ab<0$ ∴ $b>0$

y축과 만나는 점이 x축보다 위쪽에 있으므로 $c>0$

ㄱ. $bc>0$ ㄴ. $abc<0$ ㄷ. $\frac{a}{b}<0$

ㄹ. $x=-\frac{1}{2}$일 때, $y>0$이므로 $\frac{1}{4}a-\frac{1}{2}b+c>0$

ㅁ. $x=2$일 때, $y>0$이므로 $4a+2b+c>0$

따라서 옳은 것은 ㄱ, ㄴ, ㅁ이다.

22 $y=-\frac{1}{2}x^2+x+4$에 $y=0$을 대입하면

$-\frac{1}{2}x^2+x+4=0$

$x^2-2x-8=0$, $(x+2)(x-4)=0$

∴ $x=-2$ 또는 $x=4$

∴ $A(-2, 0)$, $B(4, 0)$ … (i)

$y=-\frac{1}{2}x^2+x+4$에 $x=0$을 대입하면 $y=4$이므로

$C(0, 4)$ … (ii)

$y=-\frac{1}{2}x^2+x+4=-\frac{1}{2}(x-1)^2+\frac{9}{2}$이므로

$D\left(1, \frac{9}{2}\right)$ … (iii)

∴ $\triangle ABC=\frac{1}{2}\times 6\times 4=12$,

$\triangle ABD=\frac{1}{2}\times 6\times\frac{9}{2}=\frac{27}{2}$ … (iv)

따라서 구하는 넓이의 차는

$\triangle ABD - \triangle ABC = \frac{27}{2} - 12 = \frac{3}{2}$ … (v)

채점 기준	비율
(i) 두 점 A, B의 좌표 구하기	30 %
(ii) 점 C의 좌표 구하기	10 %
(iii) 점 D의 좌표 구하기	20 %
(iv) △ABC, △ABD의 넓이 구하기	30 %
(v) 두 삼각형의 넓이의 차 구하기	10 %

23 $y=4x^2+24x+41=4(x+3)^2+5$의 그래프의 꼭짓점의 좌표가 $(-3, 5)$이므로 $y=a(x+3)^2+5$로 놓자.

$y=\frac{1}{3}x^2-x-4$의 그래프가 y축과 만나는 점의 좌표는 $(0, -4)$

즉, $y=a(x+3)^2+5$의 그래프가 점 $(0, -4)$를 지나므로

$-4=a\times(0+3)^2+5 \quad \therefore a=-1$

$\therefore y=-(x+3)^2+5=-x^2-6x-4$

24 (가)에서 x^2의 계수가 -2이고

(나)에서 축의 방정식이 $x=1$이므로

$y=-2(x-1)^2+q$로 놓자.

(다)에서 이 그래프가 점 $(-2, -7)$을 지나므로

$-7=-2\times(-2-1)^2+q \quad \therefore q=11$

$\therefore y=-2(x-1)^2+11=-2x^2+4x+9$

따라서 $a=-2$, $b=4$, $c=9$이므로

$ab+c=-2\times4+9=1$

25 $y=-3x^2$에 $x=1$을 대입하면 $y=-3\times1^2=-3$이므로 점 B의 좌표가 $(1, -3)$이고, $y=-3x^2$의 그래프는 y축에 대칭이므로 점 A의 좌표는 $(-1, -3)$이다.

$y=ax^2$의 그래프는 y축에 대칭이고 $\overline{CD}=2\overline{AB}=4$이므로 두 점 C, D의 좌표는 각각 $(2, 4a)$, $(-2, 4a)$

이때 □ABCD는 사다리꼴이고, 그 넓이가 24이므로

$\frac{1}{2}\times(4+2)\times\{4a-(-3)\}=24$

$3(4a+3)=24$, $4a+3=8$, $4a=5 \quad \therefore a=\frac{5}{4}$

26 점 A는 $y=-x^2+6x$의 그래프 위의 점이므로 $A(a, -a^2+6a)$라고 하면 $B(a, 0)$이다.

$\therefore \overline{AB}=-a^2+6a$

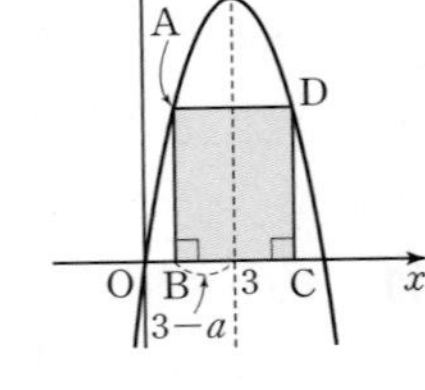

한편 $y=-x^2+6x=-(x-3)^2+9$ 이므로 축의 방정식은 $x=3$이고, 점 B와 점 C는 축에 대하여 대칭이므로

$\overline{BC}=2(3-a)=6-2a$

이때 □ABCD의 둘레의 길이가 18이므로

$2\{(-a^2+6a)+(6-2a)\}=18$

$a^2-4a+3=0$, $(a-1)(a-3)=0$

$\therefore a=1$ 또는 $a=3$

이때 $a<3$이므로 $a=1$

따라서 점 A의 좌표는 $(1, 5)$이다.

27 $y=-x^2+2x+8=-(x-1)^2+9$

$\therefore A(1, 9)$

$y=-x^2+10x-16=-(x-5)^2+9$

$\therefore B(5, 9)$

즉, $y=-x^2+10x-16$의 그래프는 $y=-x^2+2x+8$의 그래프를 x축의 방향으로 4만큼 평행이동한 것이므로 □ACDB는 평행사변형이다.

$\therefore$ □ACDB$=4\times9=36$

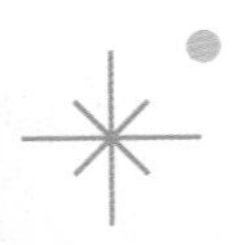

memo

memo